Marcus Röppischer

Optische Eigenschaften von Aluminium-Galliumnitrid-Halbleitern

Marcus Röppischer

Optische Eigenschaften von Aluminium-Galliumnitrid-Halbleitern

Südwestdeutscher Verlag für Hochschulschriften

Impressum/Imprint (nur für Deutschland/only for Germany)
Bibliografische Information der Deutschen Nationalbibliothek: Die Deutsche Nationalbibliothek verzeichnet diese Publikation in der Deutschen Nationalbibliografie; detaillierte bibliografische Daten sind im Internet über http://dnb.d-nb.de abrufbar.
Alle in diesem Buch genannten Marken und Produktnamen unterliegen warenzeichen-, marken- oder patentrechtlichem Schutz bzw. sind Warenzeichen oder eingetragene Warenzeichen der jeweiligen Inhaber. Die Wiedergabe von Marken, Produktnamen, Gebrauchsnamen, Handelsnamen, Warenbezeichnungen u.s.w. in diesem Werk berechtigt auch ohne besondere Kennzeichnung nicht zu der Annahme, dass solche Namen im Sinne der Warenzeichen- und Markenschutzgesetzgebung als frei zu betrachten wären und daher von jedermann benutzt werden dürften.

Verlag: Südwestdeutscher Verlag für Hochschulschriften GmbH & Co. KG
Dudweiler Landstr. 99, 66123 Saarbrücken, Deutschland
Telefon +49 681 37 20 271-1, Telefax +49 681 37 20 271-0
Email: info@svh-verlag.de

Zugl.: Berlin, TU Berlin, Diss., 2011

Herstellung in Deutschland:
Schaltungsdienst Lange o.H.G., Berlin
Books on Demand GmbH, Norderstedt
Reha GmbH, Saarbrücken
Amazon Distribution GmbH, Leipzig
ISBN: 978-3-8381-2954-9

Imprint (only for USA, GB)
Bibliographic information published by the Deutsche Nationalbibliothek: The Deutsche Nationalbibliothek lists this publication in the Deutsche Nationalbibliografie; detailed bibliographic data are available in the Internet at http://dnb.d-nb.de.
Any brand names and product names mentioned in this book are subject to trademark, brand or patent protection and are trademarks or registered trademarks of their respective holders. The use of brand names, product names, common names, trade names, product descriptions etc. even without a particular marking in this works is in no way to be construed to mean that such names may be regarded as unrestricted in respect of trademark and brand protection legislation and could thus be used by anyone.

Publisher: Südwestdeutscher Verlag für Hochschulschriften GmbH & Co. KG
Dudweiler Landstr. 99, 66123 Saarbrücken, Germany
Phone +49 681 37 20 271-1, Fax +49 681 37 20 271-0
Email: info@svh-verlag.de

Printed in the U.S.A.
Printed in the U.K. by (see last page)
ISBN: 978-3-8381-2954-9

Copyright © 2011 by the author and Südwestdeutscher Verlag für Hochschulschriften GmbH & Co. KG and licensors
All rights reserved. Saarbrücken 2011

Kurzzusammenfassung

In dieser Arbeit wurden grundlegende optische Eigenschaften von AlN, GaN und ihren Mischkristallen vorgestellt und interpretiert. Spektrale Ellipsometrie in einem ausgedehnten Spektralbereich vom nahen Infraroten (NIR) bis ins Vakuumultraviolette (VUV) war dabei die Hauptuntersuchungsmethode.

Erstmalig war es möglich eine geschlossene dielektrische Funktion (DF) von kubischem Zinkblende (zb) und hexagonalem Wurtzit (wz) GaN (AlN) im Spektralbereich zwischen 0.6 eV und 20 eV zu bestimmen und anschließend mit einem geeigneten Schichtmodell zu analysieren. Bei der Modellierung wurden sowohl Oberflächenrauhigkeiten als auch etwaige Pufferschichten berücksichtigt. Infolgedessen war eine Separation der DF der zu untersuchenden Schicht im gesamten Bereich möglich. Anschließend erfolgte die ausführliche Interpretation aller ermittelten Absorptionsstrukturen in den DF. Durch den Vergleich mit zuvor berechneten Bandstrukturen konnten den einzelnen Banden Übergänge an Punkten hoher Symmetrie in der Brillouin Zone (BZ) zugeordnet werden. Im Zuge dieser Analyse wurden Unterschiede und Gemeinsamkeiten zwischen GaN und AlN herausgearbeitet und deren Entwicklung im AlGaN-Mischsystem verfolgt. So konnte für zb-AlN im Gegensatz zu zb-GaN eine indirekte Bandlücke nachgewiesen werden. Darüber hinaus erfolgt eine energetische Vertauschung der Interbandübergänge am L - (E_1) und X - Punkt (E_2) zwischen den beiden kubischen Materialien.

Ein weiteres wesentliches Ergebnis liegt in der Bestimmung der Bänderreihenfolge von wz-AlN im Zentrum der BZ. Dabei zeigte sich im Vergleich zu GaN eine Vertauschung der beiden obersten Valenzbänder wodurch die optischen Auswahlregeln grundlegend geändert werden. Infolge der analytischen Auswertung des Bandkantenbereichs der anisotropen DF von wz-AlN konnte die Spin - Bahn - ($\Delta_{so} = 14$ meV) und Kristallfeld - Aufspaltung ($\Delta_{cr} = -226$ meV) für dieses Material ermittelt werden. Des Weiteren liefert diese detaillierte Analyse Exzitonenübergangsenergien von 6.0465 eV, 6.2694 eV und 6.2775 eV bei $T = 15$ K für nahezu verspannungsfreies Material. Im Vergleich zu Raumtemperaturmessungen zeigt sich eine Verschiebung beider Absorptionskanten von ungefähr 80 meV.

Auf Grundlage der energetischen Lage der Absorptionskante in Verbindung mit gemessenen Gitterparametern verschiedener AlN - Schichten auf Silizium -, Saphir - und SiC - Substrat konnten Verspannungseinflüsse auf die optischen Eigenschaften untersucht werden. Diesbezüglich wurden die Deformationspotentiale für wz-AlN in kubischer Näherung ermittelt.

Aus der Analyse des Transparenzbereichs unterhalb der fundamentalen Absorptionskante von kubischen AlGaN Proben konnte ein Modell zur Beschreibung der Dispersion in diesem Bereich mit beliebigem Mischungsverhältnis entwickelt werden. Des Weiteren kann mit Hilfe dieses Modells die Hochfrequenz-Dielektrizitätszahl für jede Zusammensetzung abgeschätzt werden.

Abstract

In this work fundamental optical properties of AlN, GaN and their alloys are presented. Spectroscopic ellipsometry from the near infrared (NIR) to the vacuum-ultraviolet (VUV) spectral region was the main tool to investigate these properties.

The complete dielectric function (DF) of cubic as well as hexagonal GaN and AlN in the range between 0.6 eV and 20 eV is shown here, for the first time. A layer model including surface roughness and buffer layers was used to separate the DF of the investigated layer from the measured pseudo-DF. Afterwards all absorption structures in the DF's are discussed in detail. Due to the comparison with calculated bandstructures these absorption structures could be connected to interband transitions at high symmetry points in the brillouin zone (BZ). Within this analysis similarities and differences between GaN and AlN are discussed. For zincblende (zb) AlN a pronounced absorption tail below the direct band gap transition was detected. This behaviour is typical for a phonon-assisted indirect absorption. In contrast zb-GaN exhibits a clear direct absorption. Furthermore, a change in the energetic position of the two main interband absorptions E_1 and E_2 at the L - and X - point of the BZ was found.

A detailed analysis of the anisotropic fundamental band gap of hexagonal AlN offers a interchange of the two topmost valance bands at the BZ center compared to GaN. Due to this permutation the fundamental band edge of wurtzit (wz) AlN is only visible for parallel polarized light, while for GaN it can be detect in the perpendicular configuration. By analysing the energetic position of the three excitonic transitions the crystal - field - and spin - orbit - splitting were defined to be $\Delta_{cr} = -226$ meV and $\Delta_{so} = 14$ meV. In addition, the energetic positions for these transitions at $T = 15$ K are 6.0465 eV, 6.2694 eV and 6.2775 eV. The comparison between measurements at room and low temperature shows an energetic shift for both absorption edges of about 80 meV.

By comparing the energetic positions of the excitonic transitions with the lattice parameters of different samples on silicon, sapphire and SiC substrate the influence of strain on the optical properties of wz-AlN was investigated. Due to this analysis the deformation potentials within the cubic approximation were calculated.

Finally the spectral region below the fundamental band gap absorption of cubic AlGaN layers were studied. Therefore an analytical model was developed to calculate the dispersion in the transparent range for an arbitrary Al-content.

Im Rahmen dieser Promotion veröffentlichte Arbeiten

[1] M. Röppischer, R. Goldhahn, G. Rossbach, P. Schley, C. Cobet, N. Esser, T. Schupp, K. Lischka, D.J. As, *Dielectric function of zinc-blende AlN from 1 to 20 eV: Band gap and van Hove singularities* J. Appl. Phys. **106**, 076104 (2009)

[2] (Editor's Choice) M. Röppischer, R. Goldhahn, C. Buchheim, F. Furtmayr, T. Wassner, M.Eickhoff, C. Cobet, N. Esser, *Analysis of polarization-dependent photoreflectance studies for c-plane GaN films grown on a-plane sapphire* Phys. Stat. Sol. (a) **206**, 773 (2009)

[3] G. Rossbach, M. Röppischer, P. Schley, G. Gobsch, C. Werner, C. Cobet, N. Esser, A. Dadgar, M. Wieneke, A. Krost, R. Goldhahn, *Valence-band splitting and optical anisotropy of AlN* Phys. Stat. Sol. (b) **247**, 1679-1682 (2010)

[4] G. Rossbach, M. Feneberg, M. Röppischer, C. Werner, C. Cobet, N. Esser, T. Meisch, K. Thonke, A. Dadgar, J. Bläsing, A. Krost, R. Goldhahn, *Influence of exciton-phonon coupling and strain on the anisotropic optical response of wurtzite AlN around the band-edge*, Phys. Rev. B **83**, 195202 (2011)

[5] C. Buchheim, M. Röppischer, R. Goldhahn, G. Gobsch, C. Cobet, C. Werner, N. Esser, A. Dadgar, M. Wieneke, J. Bläsing, A. Krost, *Influence of anisotropic strain on excitonic transitions in a-plane GaN films*, Microelectronic J. **40**, 322 (2009)

[6] P. Petrik, Z. Zolnai, O. Polgar, M. Fried, Z. Betyak, E. Agocs, T. Lohner, C. Werner, M. Röppischer, C. Cobet, *Characterization of damage structure in ion implanted SiC using high photon energy synchrotron ellipsometry*, Thin Solid Films **519**, 2791 (2011)

Zur Veröffentlichung eingereichte Arbeiten

[7] E. Sakalauskas, B. Reuters, L.R. Khoshroo, M. Röppischer, H. Kalisch, M. Heuken, R.H. Jansen, A. Vescan, C. Cobet, G. Gobsch, R. Goldhahn, *Optical properties of quaternary AlInGaN alloys*, J. Appl. Phys. (2011) (eingereicht)

[8] M. Feneberg, M. Röppischer, N. Esser, C. Cobet, Benjamin Neuschl, Tobias Meisch, Klaus Thonke, R. Goldhahn, *Synchrotron-based photoluminescence excitation spectroscopy applied to investigate the valence band splittings in AlN and $Al_{0.94}Ga_{0.06}N$*, Appl. Phys. Lett. (2011) (eingereicht)

Buchkapitel

R. Goldhahn, P. Schley, M. Röppischer, *Ellipsometry of InN and related alloys*, in T. D. Veal, C. F. McConville, W. J. Schaff (Hg.), *Indium Nitride and Related Alloys*, 315-375 (CRC Press/Taylor & Francis, Boca Raton, London, New York, 2009)

Inhaltsverzeichnis

1	**Einleitung**	**11**
2	**Dielektrische Funktion und Ellipsometrie**	**15**
	2.1 Dielektrische Funktion	15
	2.1.1 Polarisierbarkeit	17
	2.1.2 Elektronische Übergänge	22
	2.1.3 Anisotrope dielektrische Funktion	35
	2.2 Spektroskopische Ellipsometrie	36
	2.2.1 Theoretische Grundlagen	36
	2.2.2 Labor-VASE-Ellipsometer	41
	2.2.3 BESSY-Ellipsometer	42
	2.3 Modelle und Datenanalyse	47
3	**Theoretische Beschreibung der Gruppe-III-Nitride**	**53**
	3.1 Kristallstruktur	53
	3.1.1 Hexagonal	53
	3.1.2 Kubisch	56
	3.2 Bandstruktur	56
	3.2.1 Dichtefunktionaltheorie (DFT)	57
	3.2.2 DFT-Bandstrukturen von GaN und AlN	60
	3.2.3 Bandkante - k·p - Theorie	64
4	**Messergebnisse und Auswertung**	**89**
	4.1 Kubische Nitride	89
	4.1.1 GaN	89
	4.1.2 AlN	99
	4.1.3 AlGaN	105
	4.2 Hexagonale Nitride - Interbandübergänge	113
	4.2.1 GaN	113
	4.2.2 AlN	122
	4.2.3 AlGaN	128
	4.3 Hexagonale Nitride - Bandkante und Verspannung	133

Inhaltsverzeichnis

    4.3.1   GaN 133
    4.3.2   AlN 140
    4.3.3   AlGaN 157

5 Zusammenfassung und Ausblick   161

A Ionen- und Orientierungspolarisation   165

B Kalibrierung des Bessy-Ellipsometers   169

C Dichtefunktionaltheorie   171

D Störungstheorie   175
    D.1   Zeitunabhängige Störungstheorie 175
    D.2   Löwdin's Störungstheorie 176

E k·p Theorie   181
    E.1   k·p für ein Band 181
    E.2   k·p für zwei Bänder 182
    E.3   Kane - Modell 182
    E.4   Luttinger - Kohn - Modell 185

F Matrixelemente   189
    F.1   Kane - Matrixelemente 189
    F.2   Luttinger - Kohn - Matrixelemente 193

Literaturverzeichnis   197

Danksagung   213

1 Einleitung

Auf Grund einzigartiger chemischer und physikalischer Eigenschaften sind Nitridhalbleiter Gegenstand umfangreicher Untersuchungen seit den letzten drei Jahrzehnten. Aus diesen besonderen Eigenschaften resultiert eine Großzahl von Anwendungen vor allem im Bereich optischer Bauelemente wie Leucht - (LED) und Laserdioden (LD), aber auch bezüglich UV- und Infrarotdetektoren [1–4], Hochtemperaturgassensoren [5] oder Transistoren für die Hochfrequenztechnik [6, 7]. Ein großer Vorteil von UV-Festkörper Lichtquellen gegenüber teilweise giftigen Gaslasern oder Quecksilberlampen ist die hohe Effizienz und die lange Lebensdauer. Nachdem es bereits Anfang der 90er Jahre gelang, LED's für den sichtbaren und ultravioletten Spektralbereich auf InGaN/GaN Basis herzustellen [8–14], wurden erst vor kurzem die erste AlN basierende VUV-Dioden mit einer Emissionswellenlänge von 210 nm vorgestellt [15].

Diese Entwicklung zeigt, dass GaN und InN bereits seit vielen Jahren Gegenstand intensiver Forschung sind, während die Charakterisierung von AlN noch am Anfang steht. Es gibt sowohl einige theoretische Berechnungen [16–19] als auch optische Untersuchungen [20–28], die aber noch nicht ausreichen um das Material vollständig zu verstehen. Deshalb sind viele elementare physikalische Eigenschaften wie die Bänderreihenfolge im Zentrum der Brillouin-Zone unbekannt oder werden kontrovers diskutiert. Weiterhin gibt es keine experimentellen Arbeiten zur Analyse der dielektrischen Eigenschaften im Bereich der Interbandübergänge. Die Schwierigkeit liegt zum einen im Mangel an hochwertigen AlN Volumenmaterialien zum anderen an der großen Bandlücke von ca. 6 eV und dem damit verbundenen experimentellen Aufwand für optische Untersuchungen in diesem Spektralbereich. Infolge des technologischen Fortschritts in den letzten Jahren ist es jedoch mittlerweile möglich, dünne epitaktische Schichten sowie Einkristalle mittels verschiedener Verfahren wie Hydridgasphasenepitaxie (HVPE) oder plasmaunterstützter Molekularstrahlepitaxie (PAMBE) herzustellen [29–32]. Die Qualität der Proben auf Saphir, Silizium oder SiC hat deutlich zugenommen wodurch erstmals umfangreiche optische Untersuchungen möglich werden. Darüber hinaus ermöglicht MBE-Wachstum bei niedriger Temperatur seit geraumer Zeit das Abscheiden von hochqualitativen metastabilen kubischen Nitriden [33–36]. Infolge der kubischen Kristallsymmetrie gibt es, im Vergleich zum hexagonalen System, keine internen elektrischen Felder durch spontane Polarisation. Das Fehlen dieser Effizienz mindernden Felder macht solche unpolaren Schichten für Anwendungen sehr interessant. Darüber hinaus besitzt das kubische Kristallsystem eine wesentlich höhere Symmetrie, wodurch sich weniger komplizierte optische Eigenschaften ergeben. Grundsätzliche Entwicklungen im AlGaN System können somit leichter beobachtet und interpretiert werden.

1 Einleitung

Infolge der fehlenden d - Elektronen in Aluminium im Vergleich zu den beiden anderen Elementen der dritten Hauptgruppe sollten sich die elektronische Bandstruktur sowie die damit verbunden optischen Eigenschaften von AlN zu GaN (InN) unterscheiden. Aus der fehlenden Wechselwirkung zwischen d - und s - (p -) Bändern in AlN ergeben sich unter anderem veränderte Energiepositionen der einzelnen Zustände, was zur Verschiebung von optischen Übergängen führt. Darüber hinaus unterscheiden sich AlN und GaN in den Gitterkonstanten infolge der veränderten Atomgrößen von Gallium zu Aluminium sowie in der Stärke der kovlenten Bindung. Die abweichenden Elektronegativitäten, welche die Stärke der Bindung beeinflussen, sind auch für ihren abweichenden ionischen Charakter verantwortlich. Am auffälligsten zeigen sich die beschriebenen Unterschiede in der Anhebung der direkten Bandlücke beim Einbau von Al in den GaN Kristall. Auf Grundlage der Bandverschiebung durch fehlende Wechselwirkung ergeben theoretische Arbeiten eine indirekte Bandlücke für kubisches AlN [37–40], welche jedoch experimentell noch nicht bestätigt werden konnte. Des Weiteren hat der schon erwähnte größere ionische Charakter von AlN, bedingt durch die kleinere Elektronegativität von Al, direkte Auswirkungen auf das interne Kristallfeld. Dieses wiederum beeinflusst direkt die Bandlage bzw. Bandordnung im Zentrum der Brillouin-Zone. Verschiedene Rechnungen sowie erste experimentelle Arbeiten zeigen eine negative Kristallfeld-Aufspaltung für hexagonales AlN, was zu einer Vertauschung der beiden obersten Valenzbänder im Vergleich zu GaN führt. Auf Grund dieses Wechsels ändern sich die polarisationsabhängigen optischen Eigenschaften, weshalb lange irrtümlicherweise eine Bandlücke von ca. 6.2 eV für AlN angegeben wurde. Die Ursache dieser Fehleinschätzung liegt darin, dass der kleinste Bandabstand nur in einer bestimmten Polarisation des Lichts beobachtet werden kann, sodass bei üblichen c - orientierten Schichten ausschließlich Anregungen aus dem zweiten Valenzband erlaubt sind. Da letzteres ungefähr 200 meV über dem niedrigsten Valenzband liegt, entsteht ein entsprechend großer Fehler bei den Angaben der fundamentalen Bandlücke. Weiterhin haben die fehlenden d - Elektronen sowie hoher ionischer Bindungscharakter eine wesentlich höhere Exzitonenbindungsenergie im AlN zur Folge. Diese hat wiederum großen Einfluss auf Energielage und Amplitude der Interband - und Bandkantenabsorption. Wie bereits erwähnt gibt es einige experimentelle [41] und theoretische Arbeiten [18] zu den dielektrischen Eigenschaften von AlN im sichtbaren und UV-Spektralbereich. Für eine vollständige Interpretation sind diese Arbeiten jedoch nicht ausreichend.

Ziel dieser Arbeit ist die umfassende Untersuchung der optischen Eigenschaften von AlN und GaN im Bereich der Bandkante und aller Interbandübergänge. Hierbei werden erstmals lückenlose (anisotrope) dielektrische Funktionen im Spektralbereich zwischen 1 eV und 20 eV sowohl für kubische als auch hexagonale Kristalle dargestellt und interpretiert. Spektrale Ellipsometrie mittels Synchrotronstrahlung dient hierbei als Hauptuntersuchungsmethode. Der große Vorteil dieser Strahlungsquelle liegt in der extrem hohen örtlichen und spektralen Auflösung über einen großen Wellenlängenbereich. Durch Modifkation der benutzten Messapparatur, im Vergleich zu vorherigen Arbeiten [41, 42], sowie der vollständigen Modellierung der gemessenen Daten können die gezeigten dielektrischen Funktionen als Referenzspektren angesehen werden. Innerhalb der umfangreichen Diskussion werden Gemeinsamkeiten und Unterschiede zwischen GaN und AlN im kubischen und hexagonalen Kristallsystem herausgearbeitet und interpretiert. Grundlage der gesamten Analyse der Interbandübergänge waren mittels DFT-LDA im Rahmen dieser Arbeit gerechnete Bandstrukturen für GaN und AlN. Diese *ab initio* Rechnungen sind zur Erläuterung von Bandkanteneigenschaften jedoch infolge der fehlenden Spin-Bahn-Wechselwirkung nicht geeignet. Auf Grund dessen werden zur Beschreibung der optischen Eigenschaften im Energiebereich um die fundamentale Bandlücke kp-Rechnungen angewendet. Die theoretischen Resultate werden anschließend mit detaillierten Messungen in diesem Bereich korreliert und fundamentale Parameter wie Exzitonenbindungs-, Spin-Bahn- und Kristallfeld-Energie in hexagonalem AlN bestimmt. Darüber hinaus wird das Temperaturverhalten im Bereich der anisotropen fundamentalen Bandlücke untersucht.

Auf Grund interner Verspannungen können sich die elektronische Bandstruktur und die damit verbundenen optischen Eigenschaften von Halbleitern drastisch ändern [43, 44]. Hinsichtlich dieser Tatsache ist die genaue Kenntnis dieser Verspannungseinflüsse grundlegend für die Modellierung von hocheffizienten Bauelementen. Der zweite Schwerpunkt dieser Arbeit liegt deshalb in der Analyse dieser Effekte auf die optischen Eigenschaften von AlN und GaN an der Bandkante. Dabei werden diese Auswirkungen zunächst innerhalb der k·p-Methode theoretisch beschrieben und diskutiert und anschließend mit experimentellen Ergebnissen verglichen. Eine Anpassung der zur Beschreibung optischer Eigenschaft nötigen Deformationspotentiale wird dabei ebenso vorgenommen wie die Ermittlung weiterer fundamentaler materialspezifischer Parameter.

Da es sich bei den in dieser Arbeit betrachteten Materialien um Halbleiter mit großer Bandlücke handelt sind diese auch für Anwendungen im Bereich transparenter Elektronik und als Wellenleiter interessant. Bezüglich des beschriebenen Potentials bedarf es einer detaillierten Beschreibung des Transparenzbereichs unterhalb der Absorption an der fundamentalen Bandkante. Durch Messung dieses Spektralbereichs unter verschiedenen Einfallswinkeln ist eine präzise Analyse der Dispersion möglich. Dabei kann der spektrale Verlauf des Brechungsindex sowie die Hochfrequenz-Dielektrizitätszahl ermittelt werden. Weiterhin ist es möglich ein Modell dieser Parameter für beliebige Zusammensetzungen von AlGaN Schichten zu entwickeln.

Der erste Teil dieser Arbeit befasst sich umfassend mit dem Einfluss elektromagnetischer Felder auf die dielektrischen Eigenschaften von Festkörpern. Des Weiteren werden Grundlagen der zur Messung dieser Einflüsse verwendete Spektralellipsometrie (SE) dargestellt. Eine ausführliche Beschreibung des Aufbaus sowie der Funktionsweise des verwendeten Synchrotron-Ellipsometer ist ebenfalls in diesem Abschnitt zu finden. Zum Ende wird auf die Vorgehensweise zur Auswertung und Modellierung der gemessenen Spektren eingegangen. An diesen Teil, der sich im wesentlichen mit der Messmethode und deren Grundlagen beschäftigt, schließt sich ein theoretischer Teil an. Dabei stehen zunächst die beiden untersuchten Kristallsysteme im Vordergrund, wobei besonders auf die Symmetrie sowie den Unterschied der beiden Vertreter (GaN, AlN) eingegangen wird. Anschließend erfolgt eine kurze Einführung in die Dichtefunktionaltheorie (DFT) zur Berechnung von Bandstrukturen. Weiterführend werden die unter Anwendung dieser *ab initio*-

1 Einleitung

Methode neu berechneten Bandstrukturen von kubischen und hexagonalen GaN und AlN dargestellt und diskutiert. Die zweite Hälfte des Theorieteils beschäftigt sich mit der Beschreibung des Spektralbereichs um die fundamentale Bandlücke. Hierbei wird zunächst auf die Grundlagen der k·p - Methode sowie auf Stärken und Schwächen verschiedener Modelle (Kane, Luttinger - Kohn) eingegangen. An diese Vorbetrachtungen schließt sich eine Darstellung der berechneten Bandverläufe sowie der optischen Eigenschaften in der Umgebung der Brillouin - Zonen Mitte an. Weiterhin werden berechnete Einflüsse von Verspannungen auf dieses Verhalten dargelegt und diskutiert. An diese theoretischen Vorbetrachtungen schließt sich der, die Messergebnisse sowie deren Interpretation beinhaltende Hauptteil der Arbeit an. Dabei werden die dielektrischen Funktionen der kubischen sowie hexagonalen Materialien dargestellt und die wichtigsten Absorptionsstrukturen diskutiert und mit den berechneten Bandstrukturen verglichen. Des Weiteren erfolgt eine ausführliche Analyse der mittels kp-Theorie vorhergesagten optischen Eigenschaften der Bandlücke. Die Auswertung und Modellierung der Dispersion unterhalb der Absorptionskante ist ebenfalls Teil dieses Abschnittes. Das abschließende Kapitel enthält neben einer kurzen Zusammenfassung der erzielten Ergebnisse einen Ausblick auf zukünftige Untersuchungen zur Vervollständigung und Erweiterung der hier erzielten Ergebnisse.

2 Dielektrische Funktion und Ellipsometrie

2.1 Dielektrische Funktion

Die linearen dielektrischen Eigenschaften von Festkörpern werden durch die Dielektrizitätszahl oder dielektrische Funktion (DF) ε verkörpert. Sie beschreibt die frequenzabhängige Wechselwirkung des Festkörpers mit elektromagnetischen Wellen. Diese Wechselwirkung ist direkt mit den optischen Eigenschaften des Festkörpers verknüpft. Im Allgemeinen beschreibt die DF den linearen Zusammenhang zwischen einem eingestrahlten elektrischen Feld $\vec{E}(\omega)$ und der dielektrischen Verschiebung

$$\vec{D}(\omega) = \varepsilon_0 \bar{\bar{\varepsilon}}(\omega)\vec{E}(\omega), \tag{2.1}$$

wobei $\bar{\bar{\varepsilon}}$ ein Tensor zweiter Stufe und ε_0 die Permittivität des Vakuums (elektrische Feldkonstante) ist. Entscheidend für die materialabhängige DF (allg. dielektrischer Tensor) ist die Polarisierbarkeit des Mediums, welche durch die intrinsische Polarisation $\vec{P}$ beschrieben wird. Mit Hilfe der elektrischen Suszeptibilität $\chi_e(\omega)$ lässt sich Gleichung 2.1 wie folgend umformen:

$$\vec{D}(\omega) = \varepsilon_0 \vec{E}(\omega) + \vec{P}(\omega) \tag{2.2}$$

$$\vec{P}(\omega) = (\bar{\bar{\varepsilon}}(\omega) - 1)\varepsilon_0 \vec{E}(\omega) = \chi_e(\omega)\varepsilon_0 \vec{E}(\omega). \tag{2.3}$$

Die Polarisierbarkeit eines Materials setzt sich aus Beiträgen durch Verschiebungspolarisation von Elektronen und Ionen sowie Orientierungspolarisation vorhandener Dipole zusammen. Im Allgemeinen handelt es sich bei der dielektrischen Funktion um eine komplexe Funktion, wodurch eine Phasenverschiebung zwischen Polarisation und elektrischem Feld berücksichtigt wird. Wie später noch gezeigt wird, besteht unter bestimmten Voraussetzungen ein linearer Zusammenhang zwischen dem Imaginärteil der DF und der Absorption. In Abbildung 2.1 ist ein schematischer Verlauf der DF im elektromagnetische Spektrum (Radiowellen- bis Röntgenbereich) gezeigt. Aus dem Diagramm wird deutlich, dass es im Verlauf der DF in mehreren Bereichen zu Absorption auf Grund verschiedener Mechanismen kommt. Dazwischen befinden sich Bereiche in denen die DF keine auffälligen Strukturen zeigt und das Medium transparent ist. Die Form und die Häufigkeit der auftretenden Absorptionsstrukturen ist verschieden. Die wichtigsten Vorgänge welche sich durch charakteristische Strukturen in der DF äußern sollen im Folgenden genauer erläutert werden. Dabei soll sowohl auf die Form als auch auf die energetische Lage eingegangen werden. Wie in Grafik 2.1 zu sehen ist, zeigen sich diese typischen Strukturen in beiden Teilen der DF. Daraus folgt, dass zum vollständigen Verständnis der optischen Eigenschaften von Materialien die Kenntnis beider Teile notwendig ist. Mit Hilfe der von Kramers und Kronig entwickelten, und auf

2 Dielektrische Funktion und Ellipsometrie

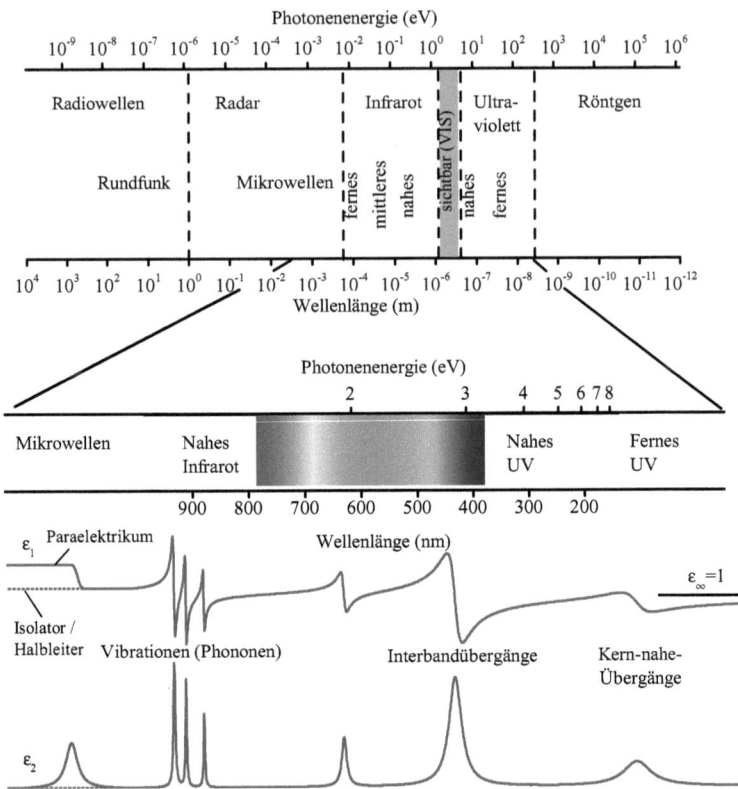

Abbildung 2.1: Schematische Darstellung der wellenlängenabhängigen dielektrischen Funktion im Bereich vom Infraroten bis ins Ultraviolette.

der Kausalität von $\vec{E}$ und $\vec{P}$ beruhenden Beziehung, lassen sich die zwei Komponenten ineinander umrechnen [45]:

$$\varepsilon_1(\omega) - 1 = \frac{2}{\pi}\mathbf{P}\int_0^\infty \frac{\omega'\varepsilon_2(\omega')}{\omega'^2 - \omega^2}d\omega' \tag{2.4a}$$

$$\varepsilon_2(\omega) = -\frac{2}{\pi}\mathbf{P}\int_0^\infty \frac{\omega\varepsilon_1(\omega')}{\omega'^2 - \omega^2}d\omega'. \tag{2.4b}$$

P beschreibt hierbei den Cauchy-Hauptwert des auftretenden Integrals. Diese Integralgleichungen stellen einen Spezialfall der Hilbert - Transformation dar. Auf Grund der Integrationsgrenzen (0 → ∞) ist eine exakte Umrechnung nur unter Kenntnis der DF im gesamten Bereich möglich. Mit

2.1 Dielektrische Funktion

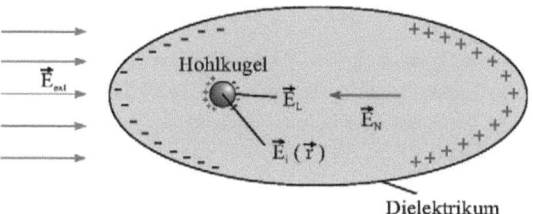

Abbildung 2.2: Zur Illustration von Entelektrisierungs- $\vec{E}_N$, Lorentz- $\vec{E}_L$, Nah- $\vec{E}_i(\vec{r})$ und externem Feld $\vec{E}_{ext}$.

Hilfe der Ellipsometrie ist es jedoch möglich beide Komponenten unabhängig voneinander zu bestimmen. Im Folgenden wird der bereits gezeigte Zusammenhang zwischen Polarisierbarkeit (oder Polarisation) des Mediums und der DF genauer beleuchtet.

2.1.1 Polarisierbarkeit

Die elektrische Polarisation ist definiert als makroskopisches elektrisches Dipolmoment pro Volumen. In einem Festkörper wird dieses aus der Überlagerung aller mikroskopischen Dipole gebildet. Hierbei ist das lokale elektrische Feld $\vec{E}_{lokal}$ am Ort eines Atoms entscheidend für dessen Polarisation. Im Allgemeinen setzt es sich aus dem äußeren Feld $\vec{E}_{ext}$ sowie einem Anteil $\vec{E}_{diel}$ zusammen, der durch das resultierende Feld aller Dipole verursacht wird. Da sich dieses lokale Feld als eine Mittelung über das Volumen des Festkörpers darstellt, unterscheidet es sich von dem in den Maxwell-Gleichungen. Im Folgenden wird eine fiktive Hohlkugel im inneren eines Dielektrikum betrachtet (Diagramm 2.2). Ferner wird davon ausgegangen, dass die Abmessung der Kugel klein gegen die des Dielektrikums ist. Nun soll das lokale Feld in der Mitte dieser Kugel ($\vec{r} = 0$) berechnet werden. Grundlegend gilt für das lokale Feld [46]:

$$\vec{E}_{Lokal} = \vec{E}_{ext} + \underbrace{\vec{E}_N + \vec{E}_L + \vec{E}_i(\vec{r})}_{\vec{E}_{diel}}. \tag{2.5}$$

Hierbei ist $\vec{E}_N$ das Entelektrisierungsfeld (Polarisationsfeld), welches durch die Polarisation des Dielektrikums hervorgerufen wird. $\vec{E}_L$ ist das Lorentz-Feld, dass die Änderung des Feldes am Ort des Gitteratoms beschreibt, wenn man es aus der Probe entfernt. Des Weiteren berücksichtigt $\vec{E}_i(\vec{r})$ das Nahfeld am Ort des Gitteratoms, welches von der Kristallstruktur abhängig ist. Für den Wert des Entelektrisierungsfeldes ist allein die Geometrie des betrachteten Körpers verantwortlich, wobei nur für eine einzelne Kugel ein exakter Wert angeben werden kann. Andere Körper weisen keine homogene Polarisierung auf. Deshalb müssen Näherungen eingeführt werden. Für

2 Dielektrische Funktion und Ellipsometrie

eine homogene Polarisierung gilt:

$$\vec{E}_N = -\frac{1}{\epsilon_0} N \vec{P}. \tag{2.6}$$

Typische Werte für N sind 1 (Ellipsoid), 1/3 (Kugel) sowie 1 oder 0 für eine Scheibe senkrecht bzw. parallel zum elektrischen Feld. Das Lorentzfeld $\vec{E}_L$ wird durch die Polarisationsladungen auf der Innenseite der Hohlkugel hervorgerufen. Aus dieser Überlegung ergibt sich auf Grund der Kugelsymmetrie das Lorentz-Feld zu $\vec{E}_L = \vec{P}/(3\epsilon_0)$. Zur Berechnung des Nahfeldes wird eine Summation über alle Ladungen des Gitters durchgeführt. Für isotrope Materialien mit sc, bcc oder fcc Gitterstruktur erhält man $\vec{E}_i(\vec{r}) = 0$. Des Weiteren ergibt sich durch Mittelung über die Einheitszelle das makroskopische Feld $\vec{E}_{makro} = \vec{E}_{ext} + \vec{E}_N$. Damit folgt:

$$\vec{E}_{Lokal} = \vec{E}_{ex} + \vec{E}_{diel}$$

$$= \vec{E}_{ex} + \vec{E}_N + \vec{E}_L + \overbrace{\vec{E}_i(\vec{r})}^{=0} = (\vec{E}_{makro} - \vec{E}_N) + \vec{E}_N + \vec{E}_L$$

$$\vec{E}_{Lokal} = \vec{E}_{makro} + E_L. \tag{2.7}$$

Das elektrische Dipolmoment $\vec{p}$ sowie die Polarisation $\vec{P}$ eines Festkörpers mit N_e Teilchen pro Volumeneinheit sind linear von der Polarisierbarkeit α und vom lokalen elektrischen Feld abhängig.

$$\vec{p} = \varepsilon_0 \, \alpha \, \vec{E}_{lokal} \tag{2.8}$$

$$\vec{P} = N_e \, \varepsilon_0 \, \alpha \, \vec{E}_{lokal} \tag{2.9}$$

Aus den Gleichungen 2.7 und 2.9 ergibt sich das lokale Feld für isotrope kubische Materialien:

$$\vec{E}_{Lokal} = \vec{E}_{makro} + \frac{\vec{P}}{3\varepsilon_0} \tag{2.10}$$

$$\vec{P} = \varepsilon_0 N_e \alpha \left(\vec{E}_{makro} + \frac{\vec{P}}{3\varepsilon_0} \right) \tag{2.11}$$

$$= \varepsilon_0 \frac{N_e \alpha}{1 - 1/3 N_e \alpha} \vec{E}_{makro} = \varepsilon \chi \vec{E}_{makro}. \tag{2.12}$$

Aus $\varepsilon = 1 + \chi$ ergibt sich für die DF:

$$\varepsilon = 1 + \frac{N_e \alpha}{1 - 1/3 N_e \alpha}. \tag{2.13}$$

Durch Umstellen ergibt sich die Clausius-Mossotti-Gleichung:

$$\frac{1}{3} N_e \alpha = \frac{\varepsilon - 1}{\varepsilon + 2}, \tag{2.14}$$

die den direkten Zusammenhang zwischen der lokalen Polarisierbarkeit α und der DF ε eines Mediums zeigt. Wie bereits erwähnt, setzt sich die Polarisation eines Materials aus verschiedenen

2.1 Dielektrische Funktion

Teilen zusammen. Im Folgenden wird der in dieser Arbeit grundlegende Anteil der elektrischen Polarisation intensiver diskutiert. Ein kurzer Überblick über die Beiträge von Ionischer - sowie Orientierungspolarisation ist im Anhang A zu finden.

Ein einfaches klassisches Modell zur Beschreibung der elektronischen Polarisation ist das Oszillatormodell eines schwingenden Elektrons in einem Isolator oder Halbleiter. In einem Metall bewegen sich die Elektronen quasi frei was ein Grenzfall dieses Modells darstellt. Lenkt man ein Elektron um die Strecke x aus seiner Ruhelage $x_0 = 0$ aus, so erhält man folgende Bewegungsgleichung:

$$m_e \frac{d\vec{x}^2}{dt^2} + m_e \beta \frac{d\vec{x}}{dt} + m_e \omega_0'^2 \vec{x} = -e\vec{E}_0(\omega)e^{-i\omega t}. \tag{2.15}$$

Der rechte Teil der Gleichung beschreibt die anregende Kraft, die das Elektron der Masse m_e und der Ladung $-e$ aus seiner Ruhelage auslenkt. $\beta = \tau^{-1}$ ist hierbei eine phänomenologische Dämpfungskonstante (bzw. Relaxationszeit τ) und ω_0 die Resonanzfrequenz ohne Dämpfung. Die Auslenkung des Elektrons aus der Ruhelage im Feld der positiven Atomrümpfe beschreibt nun einen elektrischen Dipol. Betrachtet man N_e gleiche Dipole so können die zugehörigen Dipolmomente direkt mit einer makroskopischen Polarisation verknüpft werden. Als Lösung für die Auslenkung x eines Elektrons erhält man:

$$x = -\frac{e}{m_e} \frac{E_0}{\omega^2 - \omega_0'^2 - i\beta\omega}. \tag{2.16}$$

Durch die komplexe Darstellung wird die Phasenverschiebung zwischen x und E_0 berücksichtigt. Für das Dipolmoment des zugehörigen Dipols erhält man einen linearen Zusammenhang mit der elektronischen Polarisierbarkeit α_{el}.

$$\vec{p} = -e x = \epsilon_0 \alpha_{el} \vec{E}_0 \tag{2.17}$$

$$\alpha_{el}(\omega) = \frac{e^2}{\epsilon_0 m_e} \frac{1}{(\omega^2 - \omega_0'^2) - i\beta\omega}. \tag{2.18}$$

Betrachtet man nun wieder eine dreidimensionales Netz aus N_e Oszillatoren pro Volumeneinheit, so ergibt sich eine vorläufige Polarisationsdichte $\vec{P}$ mit der Amplitude:

$$\vec{P}_0 = N_e \alpha_{el} \vec{E}_0 = \frac{N_e e^2}{\epsilon_0 m_e} \frac{\vec{E}_0}{(\omega^2 - \omega_0'^2) - i\beta\omega}. \tag{2.19}$$

Ferner gilt für die dielektrische Verschiebung D sowie dielektrische Funktion:

$$\vec{D} = \epsilon_0 \vec{E} + \vec{P} = \epsilon_0 \left[1 + \frac{N_e e^2}{\epsilon_0 m_e} \frac{1}{(\omega^2 - \omega_0'^2) - i\beta\omega} \right] \vec{E} \tag{2.20}$$

$$\varepsilon(\omega) = 1 + \frac{N_e e^2}{\epsilon_0 m_e} \frac{1}{(\omega^2 - \omega_0'^2) - i\beta\omega} = \chi + 1. \tag{2.21}$$

Diese Gleichungen stellen ein sehr einfaches Modell identischer ungekoppelter harmonischer Oszillatoren dar. In der Natur kommt dies so nicht vor, weshalb einige Korrekturen in das Modell eingebracht werden müssen. Die zwei wesentlichen Korrekturen gehen auf quantenmechanische

2 Dielektrische Funktion und Ellipsometrie

Überlegungen sowie den Einfluss lokaler Felder zurück. Im bisherigen einfachen mechanischen Modell beschreibt der erste Term $N_e e^2 m^{-1}$ in Gleichung 2.19 die Stärke der Kopplung zwischen dem Oszillator und dem elektrischen Feld. In der Quantenmechanik wird diese Kopplung durch das Quadrat des Übergangsmatrixelement für Dipol erlaubte Übergänge

$$|H_{ij}^D|^2 = |\langle j|e\vec{E}\vec{r}|i\rangle|^2 \qquad (2.22)$$

beschrieben. Hierbei ist $e\vec{r}$ der Dipoloperator für ein dreidimensionales System und i,j der Anfangs - beziehungsweise Endzustand. Nun wird die dimensionslose Oszillatorstärke eingeführt welche direkt mit H_{ij}^D verknüpft ist.

$$f^{QM} = \frac{2N_e \omega_0'}{\varepsilon_0 \hbar}|H_{ij}^D|^2 \qquad (2.23)$$

Mit Hilfe dieses Ausdrucks ergibt sich für die DF:

$$\varepsilon(\omega) = 1 + \frac{f^{QM}}{(\omega^2 - \omega_0'^2) - i\beta\omega}. \qquad (2.24)$$

Als nächstes wird das elektrische Feld, welches an die Oszillatoren angreift, betrachtet. In einem System mit einer niedrigen Oszillatordichte N_e ist das lokale Feld $\vec{E}_{lokal}$ gleich dem externen Feld. Hingegen kommt bei Systemen mit hoher Dichte eine zweite Komponente hinzu, die durch die umliegenden Oszillatoren selbst hervorgerufen wird. Für kubische Materialien lässt sich dies durch die Clausius-Mosotti Beziehung (2.14)

$$\frac{\varepsilon(\omega)-1}{\varepsilon(\omega)+2} = \frac{N_e \alpha(\omega)}{3} = \frac{\frac{1}{3}N_e \frac{e^2}{m_e \varepsilon_0}}{\omega^2 - \omega_0'^2 - i\beta\omega} \qquad (2.25)$$

beschreiben. Diese Gleichung sieht der für Systeme kleiner Dichte (2.24) sehr ähnlich. Geht man nun von kleinen Dämpfungen aus so kann die Gleichung 2.24 für Systeme großer Dichte umgeschrieben werden wobei die Eigenfrequenz ω_0' verschoben ist.

$$\omega_0^2 = \omega_0'^2 - \frac{N_e e^2}{3m_e \varepsilon_0} = \omega_0'^2 - f^{Kl}/3 \qquad (2.26)$$

Für die DF resultiert dann:

$$\begin{aligned}\varepsilon &= 1 + \frac{N_e e^2}{\varepsilon_0 m_e}\frac{1}{\omega_0'^2 - \omega^2 - i\beta\omega - \frac{1}{3}N_e \frac{e^2}{\varepsilon_0 m_e}} \\ &= 1 + \frac{f^{QM}}{\omega_0^2 - \omega^2 - i\beta\omega}.\end{aligned} \qquad (2.27)$$

Gleichung 2.27 enthält nun quantenmechanische Effekte sowie Einflüsse von lokalen Feldern. Ferner ist die neue Eigenfrequenz ω_0 die einzige physikalisch relevante und experimentell zugängliche Größe. Diese Betrachtungen können auch für nicht kubische Kristallsysteme durchgeführt werden, was im Tensorcharakter der DF zum tragen kommt. Dabei sind f, ω_0 und β abhängig von

2.1 Dielektrische Funktion

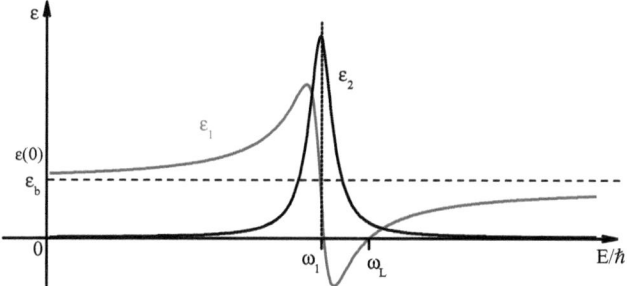

Abbildung 2.3: Frequenzabhängiger Verlauf des Real- und Imaginärteil der DF eines Dipol-Oszillators in der Nähe einer Resonanz.

der Ausrichtung des Kristalls im elektrischem Feld. Typische Resonanzfrequenzen in Kristallen liegen im sichtbaren und ultravioletten Spektralbereich. Reale Atome sowie Festkörper besitzen verschiedene Oszillatoren mit unterschiedlichen Eigenfrequenzen ω_0. Liegen diese hinreichend weit auseinander ($\omega_n - \omega_{n+1} \gg \beta$), so dass die Wechselwirkung vernachlässigt werden kann, lässt sich Gleichung 2.27 als Linearkombination einzelner Resonanzen schreiben.

$$\varepsilon = 1 + \sum_n \frac{f_n}{\omega_n^2 - \omega^2 - i\beta_n\omega} \qquad (2.28)$$

ω_n sind hierbei die Resonanzfrequenzen der einzelnen Übergänge und f_n die zugehörigen Oszillatorstärken. Der Verlauf der DF in der Nähe einer isolierten Resonanz bei ω_1 ist in Abbildung 2.3 dargestellt. Für nicht zu große Dämpfungen liegt die Nullstelle des Realteils von ε bei ω_1. Diese Resonanzstelle wird transversale Eigenfrequenz ω_T genannt. Auf der hochenergetischen Seite dieser Resonanz gibt es eine zweite Nullstelle der dielektrischen Funktion. Bei dieser Energie (bzw. Frequenz) kann als Lösung der Maxwell-Gleichungen eine longitudinale Welle auftreten, bei der elektrisches Feld und Polarisation entgegengesetzt gerichtet und parallel zum Wellenvektor schwingen. Daher wird die Frequenz, bei der die DF null wird, longitudinale Eigenfrequenz ω_L genannt. Für eine verschwindende Dämpfung ist der Abstand dieser beide Resonanzen

$$\omega_L^2 - \omega_T^2 = f/\varepsilon_b. \qquad (2.29)$$

Diese Aufspaltung wird dadurch erzeugt, dass die longitudinale Welle im Gegensatz zur transversalen ein longitudinales elektrisches Feld erzeugt. Daraus folgt eine zusätzliche rücktreibende Kraft, was zu einer Erhöhung der longitudinalen Eigenfrequenz führt. Besagter Sachverhalt wird auch als ionische Polarisation bezeichnet und im nächsten Abschnitt erklärt. Unterhalb aller Resonanzstellen nimmt der Realteil der DF einen Wert $\varepsilon(0)$ an, der statische Dielektrizitätskonstante genannt wird, während alle Resonanzstellen oberhalb der Betrachteten in eine sogenannte Hintergrunddielektrizitätskonstante ε_b zusammengefasst werden. Für die energetisch höchste Resonanz

2 Dielektrische Funktion und Ellipsometrie

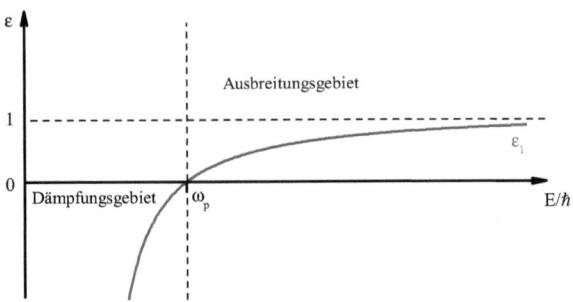

Abbildung 2.4: Verlauf des Realteil der DF für eine Metall.

gilt somit $\varepsilon_b = 1$. Die bisherigen Betrachtungen galten für Isolatoren oder Halbleiter, in denen die Elektronen an des Kristallgitter gebunden sind. Bei Metallen können sich die Elektronen quasi frei zwischen den Atomrümpfen bewegen. Dies lässt sich durch ein sogenanntes Elektronengas beschreiben. Die Rückstellkraft an der Stelle ω_1 in Gleichung 2.27 verschwindet in diesem Fall (keine Resonanz), wodurch sich für die DF ergibt:

$$\varepsilon_1(\omega) = 1 - \frac{f}{\omega^2 + \beta^2} \tag{2.30}$$

$$\varepsilon_2(\omega) = \frac{\beta f}{\omega^3 + \beta^2 \omega}. \tag{2.31}$$

Da in einem Metall die Dämpfung nahezu null ist, kann für die DF

$$\varepsilon = 1 - \frac{f}{\omega^2} = \frac{\omega_p^2}{\omega^2} \tag{2.32}$$

angenommen werden. Das elektrische Feld welches an den Elektronen angreift, ist hierbei gleich dem makroskopischen Feld. $\omega_p = N_e e^2 / \varepsilon_0 m$ ist die Plasmafrequenz des betrachteten Metalls, bei der die DF null wird. Der allgemeine Verlauf der dielektrischen Funktion für ein Metall ist in Abbildung 2.4 gezeigt. Abhängig von der Frequenz treten nun zwei Bereiche mit völlig unterschiedlichen Eigenschaften auf. Für $\omega < \omega_p$ ist ε_1 negativ, wodurch es zu einer Dämpfung der Schwingungen kommt. Auf Grund dessen wird eine elektromagnetische Welle mit kurzer Wellenlänge in diesem Bereich total reflektiert. Oberhalb der Plasmafrequenz kommt es zu einer kollektiven Schwingung, was eine Ausbreitung von elektromagnetischen Wellen ermöglicht. Daraus folgt die Transparenz von Metallen oberhalb von ω_p.

2.1.2 Elektronische Übergänge

Wie in Abschnitt 2.1.1 beschrieben wird im mechanischen Bild für die Auslenkung eines Elektrons aus seiner "Ruhelage" Energie benötigt. Die dadurch verursachte Schwingung im Potential eines

2.1 Dielektrische Funktion

Atomkern hat eine elektrische Polarisationsänderung zur Folge. In realen Kristallen muss dieses Potential durch ein periodisches Potential der Atomrümpfe ersetzt werden. Die delokalisierten Valenzelektronen können nun durch Blochwellen mit einem bestimmte Wellenvektor $\vec{k}$ innerhalb der ersten BZ beschrieben werden. Durch Absorption eines Photons kann eine Elektron vom Valenzband ins unbesetztes Leitungsband angehoben werden. Zur Beschreibung der Absorption in Festkörpern wird *Fermi's Goldene Regel* angewendet. Im Allgemeinen beschreibt diese die Übergangsrate zwischen zwei Zuständen eines Quantensystems mittels zeitabhängiger Störungstheorie. Für die Übergangswahrscheinlichkeit pro Zeiteinheit W der Absorption bei der Wechselwirkung mit Licht ergibt sich dann:

$$W = \frac{2\pi}{\hbar} \sum_{\vec{k}_c, \vec{k}_v} \left| \langle c | \hat{H}' | v \rangle \right|^2 \left[\underbrace{\delta(E_c(\vec{k}_c) - E_v(\vec{k}_v) - \hbar\omega)}_{\text{Absorption}} + \underbrace{\delta(E_c(\vec{k}_c) - E_v(\vec{k}_v) + \hbar\omega)}_{\text{stimulierte Emission}} \right]. \quad (2.33)$$

Hierbei ist $\hat{H}'$ der Hamilton-Operator des, durch eine elektromagnetische Welle, gestörten Systems. Die Energieerhaltung wird durch die δ-Funktionen der stimulierte Emission sowie Absorption gewährleistet. Da im Weiteren nur die Absorption betrachtet wird, kann der zweite Term in Gleichung 2.33 vernachlässigt werden. Für das Übergangsmatrixelement gilt

$$\left| \langle c | \hat{H}' | v \rangle \right|^2 = \left(\frac{e}{2m\omega} \right)^2 \left| \vec{E} \right|^2 |\mathbf{ep}_{cv}|^2 \quad (2.34)$$

mit der Abkürzung

$$\mathbf{ep}_{cv} = \langle c | \vec{e} \cdot \hat{p} | v \rangle. \quad (2.35)$$

Vergleicht man den Ausdruck mit Gleichung 2.22 so sind $|c\rangle$ und $|v\rangle$ die Bloch-Zustände der beteiligten Anfangs- und Endzustände, die hier die Leitungs- bzw. Valenzbänder darstellen. $\vec{e}$ ist der Einheitsvektor in Richtung der Polarisation des einfallenden Lichtes und $\hat{p}$ der Impulsoperator. Durch die Vereinfachung mittels Bloch-Funktionen erhält man die Impulserhaltung als Auswahlregel ($\vec{k}_c = \vec{k}_v + \vec{q}$). Da bei Energien im Bereich der Interbandübergänge der Impuls des einfallenden Photons $\vec{q}$ wesentlich kleiner ist als der eines Elektrons in der ersten BZ kann man hier von senkrechten Übergängen ausgehen. Dies bedeutet das die am Übergang beteiligten Zustände bei den gleichen k-Werten liegen ($\vec{k}_c = \vec{k}_v = \vec{k}$). Mit diesen Annahmen ergibt sich aus Gleichung 2.33

$$W = \frac{\pi e^2}{2\hbar m^2 \omega^2} \left| \vec{E} \right|^2 |\mathbf{ep}_{cv}|^2 \sum_{\vec{k}} \delta\left(E_c(\vec{k}) - E_v(\vec{k}) - \hbar\omega \right). \quad (2.36)$$

Bei dieser Umformung wurde ein $\vec{k}$-unabhängiges Übergangsmatrixelement angenommen [47]. Im Weiteren wird für die betrachteten Halbleiter im Bereich optischer Frequenzen $\mu(\omega) \approx 1$ angenommen. Hieraus ergibt sich ein analytischer Zusammenhang zwischen der DF und der komplexen Brechzahl

$$\bar{n} = \sqrt{\bar{\bar{\varepsilon}}} \quad (2.37)$$

$$\bar{n} = n + i\kappa \qquad \bar{\bar{\varepsilon}} = \bar{\bar{\varepsilon}}_1 + i\bar{\bar{\varepsilon}}_2. \quad (2.38)$$

2 Dielektrische Funktion und Ellipsometrie

Der Brechungsindex n und der den Extinktionskoeffizient κ stehen über

$$\varepsilon_1 = n^2 - \kappa^2 \tag{2.39}$$

$$\varepsilon_2 = 2n\kappa \tag{2.40}$$

in Beziehung zum Real - und Imaginärteil der DF. Auf Grund dieser Annahme kann Intensität der einfallenden Lichtwelle I mit der folgenden Beziehung beschreiben werden

$$I = \frac{\varepsilon_0}{2} c_0 n(\omega) |\vec{E}|^2. \tag{2.41}$$

Über die allgemeinen Beziehungen für den Absorptionskoeffizient $\alpha = (2\omega\kappa(\omega))/c$ sowie das Lambert - Beersche Gesetz $\alpha = (\hbar\omega W(\omega))/I$ lässt sich der Imaginärteil der DF schreiben als:

$$\epsilon_2(\omega) = \frac{\pi e^2}{m^2 \omega^2 \varepsilon_0} |\mathbf{e}\mathbf{p}_{cv}|^2 \sum_{\vec{k}} \delta\left(E_c(\vec{k}) - E_v(\vec{k}) - \hbar\omega\right) \tag{2.42}$$

Mit $E_{cv} = \hbar\omega_{cv} = E_c(\vec{k}) - E_v(\vec{k})$ und der Kramers - Kronig - Beziehung (2.4a) erhält man den Realteil der DF

$$\varepsilon_1(\omega) = 1 + \frac{e^2}{m\varepsilon_0} \sum_{\vec{k}} \left(\frac{2}{m\hbar\omega_{cv}}\right) \frac{|\mathbf{e}\mathbf{p}_{cv}|^2}{\omega_{cv}^2 - \omega^2}. \tag{2.43}$$

Ein Vergleich mit dem in Abschnitt 2.1.1 beschriebenen ungedämpften Dipol - Oszillator - Modell führt wiederum zur Einführung der dimensionslosen Größe *Oszillatorstärke*

$$f_{cv} = \frac{2}{mE_{cv}} |\mathbf{e}\mathbf{p}_{cv}|^2. \tag{2.44}$$

Durch die Betrachtung eines Elektrons in einem ausgedehnten Kristall mit einem periodischen Potential wird aus der Summation in Gleichung 2.42 eine Integration. Auf Grund der Vielzahl von Einheitszellen im Kristall kann nun von nahezu kontinuierlichen Zuständen in der Brillouin - Zone (BZ) ausgegangen werden. Diese Annahme führt, unter Berücksichtigung der Normierung sowie des Spins, auf die sogenannte kombinierte Zustandsdichte (joint-density of states, JDOS)

$$D_{\hbar\omega}(E_{cv}) = \frac{1}{4\pi^3} \int_{BZ} \delta\left(E_c(\vec{k}) - E_v(\vec{k}) - \hbar\omega\right) d\vec{k}. \tag{2.45}$$

Wird anstelle einer Integration über alle $\vec{k}$ über die Flächen konstanter Energie in der BZ integriert, ergibt sich für die JDOS

$$D_{\hbar\omega}(E_{cv}) = \frac{1}{4\pi^3} \int_{E_{cv}(\vec{k})=\hbar\omega} \frac{dS}{|\nabla_{\vec{k}} E_{cv}|}. \tag{2.46}$$

Dabei besteht folgender Zusammenhang zur DF:

$$\epsilon_2(\omega) = \frac{\pi e^2}{\epsilon_0 \omega^2 m^2} |\mathbf{e}\mathbf{p}_{cv}|^2 D_{cv}. \tag{2.47}$$

2.1 Dielektrische Funktion

Die JDOS und damit die Übergangswahrscheinlichkeit, wird groß (bzw. enthält Singularitäten), wenn der Gradient beider Bänder gleich ist. Diese Punkte werden van - Hove - Singularitäten oder kritische Punkte (CP) der Bandstruktur genannt. Es gibt zwei verschiedene Arten kritischer Punkte: wenn beide Gradienten null sind sowie wenn beide Bänder parallel laufen und somit, die Gradienten annähernd gleich sind. Daraus folgt das nur k - Vektoren nahe der kritischen Punkten merkliche Beiträge zur dielektrischen Funktion liefern.

Kritische Punkte der Bandstruktur

Gleichung 2.47 stellt die DF als Summe von erlaubten Übergängen dar. Zur weiteren Analyse kann $E(\vec{k})$ in erster Näherung in der CP-Umgebung durch eine parabolische Funktion beschrieben werden:

$$E_{cv}(\vec{k}) = E_0 + \frac{\hbar^2}{2}\left(\frac{k_x^2}{\mu_x^*} + \frac{k_y^2}{\mu_y^*} + \frac{k_z^2}{\mu_z^*}\right). \qquad (2.48)$$

Dabei entspricht μ_i^* der reduzierten effektiven Masse in i - Richtung, welche durch die effektiven Massen von Elektronen im Leitungsband (e) und Löchern im Valenzband (h)

$$\mu_i^* = \frac{m_{e,i}^* \cdot m_{h,i}^*}{m_{e,i}^* + m_{h,i}^*} \qquad (2.49)$$

definiert sind ist. Weiterhin wird die Dimensionalität der einzelnen kritischen Punkt unterschieden. Für 3D - CP sind die Gradienten in allen drei Raumrichtungen null, für 2D und 1D entsprechend nur zwei bzw. einer. Um das Vorzeichen der Gradienten zu berücksichtigen, werden die Singularitäten noch in verschiedene Kategorien (M_0, M_1, M_2, M_3) eingeteilt. Dabei gibt der Index die Anzahl der negativen effektiven reduzierten Massen an. An der Bandkante eines direkten Halbleiters findet man zum Beispiel einen 3D - M_0 CP, der ein Maximum beschreibt. Im Gegensatz dazu stellen M_1 - und M_2 - CP Sattelpunkte dar. Jede Klasse von kritischen Punkten zeigt auf Grund des Dispersionsverlauf von Leitungs - und Valenzband, der in die JDOS eingeht, eine charakteristische Absorptionsstruktur im Imaginärteil der DF. Im Folgenden sollen die wichtigsten CP-Klassen und ihre Auswirkungen auf die DF gezeigt werden.

3D - M_0 kritischer Punkt (Ein - Teilchen Bild)

Zunächst wird ein 3D - M_0 CP betrachtet, der in direkten Halbleitern an der fundamentalen Bandlücke vorliegt. Hierbei sind alle drei reduzierten effektiven Massen positiv. Unter Annahme parabolischer Bändern in Gleichung 2.48 ergibt die Integration von Gleichung 2.46 den Imaginärteil der DF 2.47

$$\epsilon_2(\hbar\omega) = \frac{C}{\hbar^2 \omega^2} \sqrt{\hbar\omega - E_g}\,\Theta(\hbar\omega - E_g). \qquad (2.50)$$

C ist hierbei eine materialspezifische Konstante und Θ die Stufenfunktion, wodurch reelle Werte gewährleistet sind.

$$\Theta(\hbar\omega - E_g) = \begin{cases} 0, & \text{wenn } \hbar\omega < E_g \\ 1, & \text{wenn } \hbar\omega \geq E_g \end{cases} \qquad (2.51)$$

2 Dielektrische Funktion und Ellipsometrie

Unterhalb der fundamentalen Bandlücke E_g ist der Imaginärteil der DF null, was ein transparentes Medium in diesem Bereich beschreibt. Oberhalb von E_g steigt ε_2 zunächst wurzelförmig an, wird dann aber durch den $1/\hbar^2\omega^2$ - Term nach unten gedämpft. In diesem einfachen Modell wird für das Valenz- sowie Leitungsband nur ein einzelnes Band angenommen. In allen wz-Halbleiter ergeben sich auf Grund von Spin - Bahn - und Kristallfeld - Aufspaltung drei Valenzbänder im Zentrum der Brillouin - Zone, die alle einen Beitrag zur DF liefern. Ihre Beiträge können additiv zusammengefasst werden. Wie in Abschnitt 3.2.3 ausführlich beschrieben wird, sind die Oszillatorstärken der verschiedenen Übergänge von der Verspannung und noch viel entscheidender von der Polarisationsrichtung des eingestrahlten Lichtes abhängig. Bei energetisch sehr nahe liegenden Bändern kommt es zu Wechselwirkung zwischen diesen, was ebenfalls einen Einfluss auf den Verlauf der DF hat. Diese Wechselwirkung wird ausführlich im Kapitel über die k·p - Theorie beschrieben.

3D-M$_0$ kritischer Punkt (Exziton)

Die Absorption eines Photons führt zur Anregung eines Elektron - Loch - Paares, dass über die Coulomb - Anziehung wechselwirken kann. In Gleichung 2.50 wurde diese Wechselwirkung vernachlässigt. Im Allgemeinen handelt es sich bei Halbleitern um kovalent gebundene Kristalle, was eine hohe statische Dielektrizitätskonstante zur Folge hat [48]. Auf Grund dessen wird die Coulomb-Wechselwirkung zwischen Elektron und Loch durch andere Valenzelektronen stark abgeschirmt. Ferner nimmt die Bindungsstärke bzw. Bindungsenergie ab, wodurch es zu einer Delokalisierung über mehrere Gitterkonstanten kommt [49, 50]. In diesem Fall spricht man von einem Wannier - Mott - Exziton das sich klar vom, in Ionenkristallen auftretenden, Frenkel - Exziton unterscheidet. Durch die schwache Wechselwirkung zwischen Elektron und Loch kann hier die Näherung effektiver Massen angewendet werden. Dabei wird der gitterperiodische Anteil der potentiellen Energie des Hamilton - Operators in effektive Massen umgerechnet. Somit wird das Elektron (Loch) als frei beweglicher Ladungsträger mit der effektiven Masse m_e^* (m_h^*) am Ort $\vec{r}_e$ ($\vec{r}_h$) angesehen. Zur Herleitung dieser Näherung werden die Wellenfunktionen eines Zustandes in fouriertransformierten Bloch - Funktionen (Wannier - Funktionen) entwickelt. Der resultierenden Hamilton - Operator wirkt dadurch nicht auf die Wellenfunktionen des Zustandes, sondern auf die Entwicklungskoeffizienten der Wannier - Funktionen. Die eigentliche Wellenfunktion (dann Enveloppenfunktion) wird durch nachträgliche Entwicklung gewonnen. Um die Exzitonen-Wellenfunktion $\chi(\vec{r}_e, \vec{r}_h)$ zu erhalten muss eine Entwicklung der Wannier - Funktionen für Elektronen $a_{\vec{R}_e}(\vec{r}_e)$ und Löcher $a_{\vec{R}_h}(\vec{r}_h)$ durchgeführt werden. Mit Hilfe der Exzitonenenveloppenfunktion $\Phi(\vec{R}_e, \vec{R}_h)$ und den Gittervektoren ($\vec{R}_e, \vec{R}_h$) ergibt sich die Wellenfunktion des Exzitons zu

$$\chi(\vec{r}_e, \vec{r}_h) = \sum_{\vec{R}_e, \vec{R}_h} \Phi(\vec{R}_e, \vec{R}_h) a_{\vec{R}_e}(\vec{r}_e) a_{\vec{R}_h}(\vec{r}_h). \tag{2.52}$$

Ausgehend von einem isotropen Medium mit parabolischen Bändern, kann ein solches Zwei - Teilchen - Problem in erster Näherung wie ein Wasserstoffatom behandelt werden. Die Beschreibung der e-h - Wechselwirkung erfolgt durch Einfügen eines Coulomb - Terms in die Schrödinger-

2.1 Dielektrische Funktion

Gleichung 3.1 in effektiv Massen Näherung

$$\left[-\frac{\hbar^2}{2m_e^*}\nabla_{\vec{R}_e}^2 - \frac{\hbar^2}{2m_h^*}\nabla_{\vec{R}_h}^2 - \frac{e^2}{4\pi\varepsilon_0\varepsilon_s|\vec{R}_e - \vec{R}_h|}\right]\Phi(\vec{R}_e, \vec{R}_h) = (E - E_g)\Phi(\vec{R}_e, \vec{R}_h) \quad (2.53)$$

Durch Einführung von Schwerpunkt $\vec{R}$ - und Relativkoordinaten $\vec{r}$ kann der Sachverhalt auf zwei äquivalente Ein - Teilchen - Probleme reduziert werden. Mit Hilfe des Separationsansatz ($\Phi(\vec{R}, \vec{r}) = \psi(\vec{r})\psi(\vec{R})$) lassen sich somit die beiden Bewegungen (Schwerpunkt - und Relativbewegung) voneinander entkoppeln, wobei der Coulomb - Term nur Auswirkungen auf die Relativbewegung hat. Die resultierende, dem Wasserstoffatom ähnliche, Schrödingergleichung lautet dann:

$$\left[-\frac{\hbar^2}{2\mu^*}\nabla_{\vec{r}}^2 - \frac{e^2}{4\pi\varepsilon_0\varepsilon_s r}\right]\psi(\vec{r}) = E_r\psi(\vec{r}). \quad (2.54)$$

Als Lösungen dieser Schrödingergleichung erhält man die vom Wasserstoffatom bekannten Wellenfunktionen und Energieeigenwerte, wobei die Masse nun die reduzierte effektive Masse ist. Des Weiteren muss die Abschirmung des Coulombpotentials in der statischen Dielektrizitätskonstante des Mediums ε_s berücksichtigt werden. Als Lösung ergeben sich für $E_r < E_g$ gebundene Zustände mit diskreten Energieeigenwerten sowie kontinuierliche Eigenwerte, für $E_r \geq E_g$ die als Kontinuum bezeichnet werden. Für die diskreten Zustände ergeben sich mit der Quantenzahl n die Energien

$$E_{\vec{r},n} = E_g + \frac{\hbar^2\vec{K}^2}{2M^*} - \frac{R^*}{n^2}, \quad (2.55)$$

mit der effektiven Rydberg - Energie

$$R^* = \frac{\mu^* e^4}{2(4\pi\varepsilon_0\varepsilon_s\hbar)^2} = \frac{\mu^*}{m_0}\frac{1}{\varepsilon_s^2} \cdot 13.6\,\text{eV}. \quad (2.56)$$

Hierbei entspricht der zweite Term in Gleichung 2.55 der Energie aus der Schwerpunktbewegung mit dem Wellenvektor $\vec{K}$ des Exziton. Da dieser Beitrag in den hier betrachteten Halbleitern sehr klein ist wird er im Folgenden vernachlässigt. Der Verlauf der Bänder im Ein - Teilchen - Bild sowie im Exzitonen - Bild ist in Abbildung (2.5) gezeigt. Der Grundzustand im Ein - Teilchen - Bild wird durch ein gefülltes Valenzband und ein leeres Leitungsband beschrieben. Solange keine Elektron - Loch Paare vorhanden sind, befindet man sich im Grundzustand $|0\rangle$ des Exzitonen - Bild. Durch Absorption eines Photons kommt es zur Bildung des Zwei - Teilchen - Zustandes, was im Ein - Teilchen - Bild durch ein Elektron im Leitungsband und ein Loch im Valenzband mit $\vec{k}_h = -\vec{k}_e$ beschrieben wird. Dieser angeregte Zustand korreliert mit einem Exziton im Zwei - Teilchen - Bild mit dem Wellenvektor $\vec{K} = \vec{k}_e + \vec{k}_h$. Auf Grund der Wechselwirkung des Elektrons im Leitungsband mit dem Loch im Valenzband über die Coulomb - Anziehung ändert sich der Verlauf der DF im Vergleich zum vorher beschriebenen Ein - Teilchen - Bild in Gleichung 2.50. Unterhalb der Bandkante liegen nun die diskreten erlaubten Exzitonenniveaus. Auf Grund der Wellenfunktion bei $\vec{r} = 0$ liefern hierbei nur s - artige Eigenfunktionen eine Beitrag. Die DF dieser

2 Dielektrische Funktion und Ellipsometrie

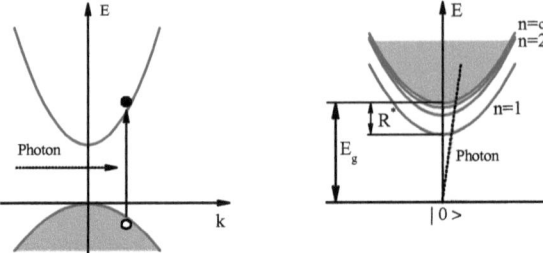

Abbildung 2.5: Dispersionsrelation im Ein-Teilchen- (links) sowie Zwei-Teilchen-Bild. Die durchgezogenen Linien im Zwei-Teilchen-Bild stellen die diskreten gebundenen Zustände dar. Das Exzitonen-Kontinuum ist durch den grauen Bereich gekennzeichnet. |0> bezeichnet den Grundzustand.

diskreten Niveaus lässt sich beschreiben durch:

$$\varepsilon_2(\hbar\omega) = C \cdot \frac{2\pi\sqrt{R^*}}{\hbar^2\omega^2} \cdot \sum_{n=1}^{\infty} \frac{2R^*}{n^3} \cdot \delta\left(\hbar\omega - E_g + \frac{R^*}{n^2}\right). \tag{2.57}$$

Die Oszillatorstärke der diskreten Zustände nimmt mit $1/n^3$ ab, wodurch im Experiment meist nur ein oder zwei dieser Übergänge beobachtet werden. Im Grenzfall $n \to \infty$ bilden die diskreten Zustände ein Quasi-Kontinuum, was zu einer Erhöhung der kombinierten Zustandsdichte an der Bandkante und oberhalb führt. Aus diesem Anstieg folgt eine Anhebung des Imaginärteils der dielektrische Funktion. Dies kann man mit Hilfe des Sommerfeld-Faktors beschreiben.

$$\varepsilon_2(\hbar\omega) = C \cdot \frac{2\pi\sqrt{R^*}}{\hbar^2\omega^2} \cdot \frac{\Theta(\hbar\omega - E_g)}{1 - \exp(-2\pi\sqrt{R^*/\sqrt{\hbar\omega - E_g}})}$$

$$\varepsilon_2(\hbar\omega) = \overbrace{\frac{\xi e^\xi}{\sinh\xi}}^{SF} \frac{C}{(\hbar\omega)^2} \sqrt{\hbar\omega - E_g}\, \Theta(\hbar\omega - E_g) \qquad \text{mit} \quad \xi^2 = \pi^2 \left|\frac{R^*}{\hbar\omega - E_g}\right| \tag{2.58}$$

Hierbei entspricht der erste Term in dieser Gleichung dem Sommerfeld-Faktor (SF). Im Grenzwert $\hbar\omega \to E_g$ sind die Ergebnisse beider Gleichungen (2.57, 2.58) identisch, was einen stetigen Übergang zwischen diskreten Zuständen und Quasikontinuum gewährleistet. Abbildung 2.6 zeigt die Verläufe des Imaginärteils der DF mit und ohne Coulomb-Wechselwirkung. Für $\hbar\omega \gg E_g$ konvergiert der Sommerfeld-Faktor gegen 1, so dass der Imaginärteil der DF gegen den Wert des Ein-Teilchen-Bild läuft.

In diesem Modell wurde von einfachen sphärischen Exzitonen ausgegangen bei denen die effektiven Massen aus Gleichung 2.48 in allen drei Raumrichtungen identisch sind. Betrachtet man jedoch anisotrope Kristalle so ist dies nicht mehr der Fall. Des Weiteren unterscheiden sich die

2.1 Dielektrische Funktion

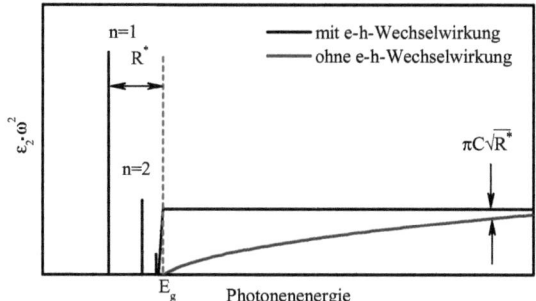

Abbildung 2.6: Imaginärteil der DF eines 3D-M_0 kritischen Punkt mit und ohne Coulomb-Wechselwirkung.

statischen Dielektrizitätszahlen entlang der entsprechenden Richtungen. Wie aus Gleichung 2.56 ersichtlich hat diese Anisotropie eine unterschiedliche Rydberg - Energie in verschiedenen Richtungen zur Folge. Da sich diese Energien jedoch nur wenig unterscheiden wird im Allgemeinen die isotrope Näherung angewendet.

Hochenergetische Kritische Punkte

Für andere kritische Punkte der Bandstruktur kann, unter der Näherung parabolischer Bänder 2.48, der Verlauf der DF ebenfalls berechnet werden. Von einer detaillierte Betrachtung wird hier abgesehen und nur auf die Ergebnisse eingegangen [48]. Die betrachteten Übergänge liegen dabei gewöhnlich im Ultravioletten oder Vakuum - UV Spektralbereich. Das allgemeine Spektrum der DF in der Nähe eines 3D - kritischen Punktes ist in Abbildung 2.7 gezeigt. In einer realen DF, wie sie in Abschnitt 2.1.2 an einem Beispiel gezeigt ist, sehen die Absorptionsstrukturen nur noch annähernd wie in der Theorie aus. Dies kommt durch den hohen Einfluss der Coulomb - Wechselwirkung der am Beispiel der Bandkante schon diskutiert wurde. Dadurch stimmen die aus dem Ein - Teilchen - Bild berechneten theoretische Verläufen nicht mehr mit dem Experiment überein. Des Weiteren werden auch bei tiefen Temperaturen keine scharfen diskreten Exzitonen - Linien an diesen hochenergetischen Übergängen aufgelöst. Der Grund hierfür liegt in den nahezu parallelen Bändern über einen großen Bereich der BZ. Durch Reduzierung der Dimensionalität der CP ändert sich ihre Gestalt. Eine detaillierte Beschreibung der DF aller CP findet man in der Literatur [48]. Eine Analyse der Dimensionalität der CP aus dem Spektrum ist aus den genannten Gründen schwierig. Deshalb wird dieses Modell meist nur auf die dritte Ableitung der DF angewendet. Infolge der Ableitung verschwinden alle Konstanten sowie lineare und quadratische Terme wodurch die kritischen Punkte wesentlich besser zu erkennen sind. Die Linienformen der dritten Ableitung aller van - Hove Singularitäten ist ebenfalls in der Literatur aufgeführt[48]. Wie später noch genauer gezeigt wird kann durch Anpassung der dritten Ableitung die Energieposition der CP sehr gut

2 Dielektrische Funktion und Ellipsometrie

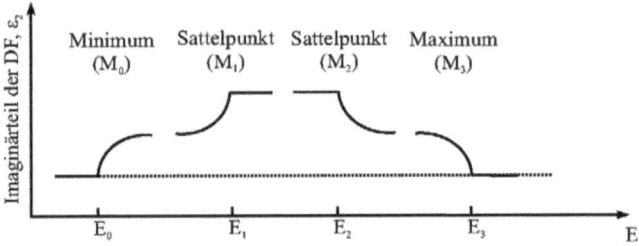

Abbildung 2.7: Verlauf des Imaginärteil der DF für die dreidimensionalen kritischen Punkte M_0, M_1, M_2 und M_3.

bestimmt werden.

Indirekte Übergänge

In den bisherigen Ausführungen wurde stets davon ausgegangen, dass sich das Leitungsband-Minimum an der gleichen Stelle im $\vec{k}$-Raum, meist dem Γ-Punkt, wie das Valenzband-Maximum befindet. In diesem Fall spricht man von einem direkten Halbleiter. Viele für die Halbleitertechnologie wichtige Materialien wie Si, Ge, GaP oder AlAs sind indirekte Halbleiter, bei denen die beiden Extrema bei unterschiedlichen $\vec{k}$-Werten liegen. Auf Grund der $\vec{k}$-Erhaltung können diese Zustände nicht direkt an das elektrische Feld koppeln. Sowohl in der Emission als auch in der Absorption ist zur Realisierung eines Übergangs ein zusätzliches Teilchen, normalerweise ein Phonon, nötig. Das grundlegende Verhalten im Ein-Teilchen- sowie im Exzitonen-Bild ist in der Abbildung 2.8 dargestellt. Bei niedrigen Temperaturen ist die Absorption eines Photons nur unter Bildung eines oder mehrerer Phononen wahrscheinlich, während bei hohen Temperaturen auch die Vernichtung eines solchen erlaubt ist. Für die Energie- bzw. $\vec{k}$-Erhaltung gilt dann

$$\hbar\omega = E_g \pm E_{ph} \qquad \text{und} \qquad \vec{k}_c - \vec{k}_v \mp \vec{q}. \qquad (2.59)$$

Durch eine ähnliche Rechnung wie für das Ein-Teilchen-Bild lässt sich der Verlauf der DF in der Nähe eines indirekten Übergang bestimmen zu

$$\varepsilon_2(\omega) \propto \begin{cases} (\hbar\omega \mp E_{ph} - E_{g,ind})^2 & \text{für} \quad \hbar\omega \geq E_{g,ind} \pm E_{ph} \\ 0 & \text{sonst} \end{cases} \qquad (2.60)$$

Wie aus der Gleichung 2.60 zu sehen ist, führt eine indirekte Bandlücke zu zwei Absorptionskanten (bei $E_{g,ind} - E_{ph}$ und $E_{g,ind} + E_{ph}$) für jedes Phonon das Gleichung 2.60 erfüllt. Auf Grund dessen kann ein direkter Übergang eindeutig von einem indirekten unterschieden werden.

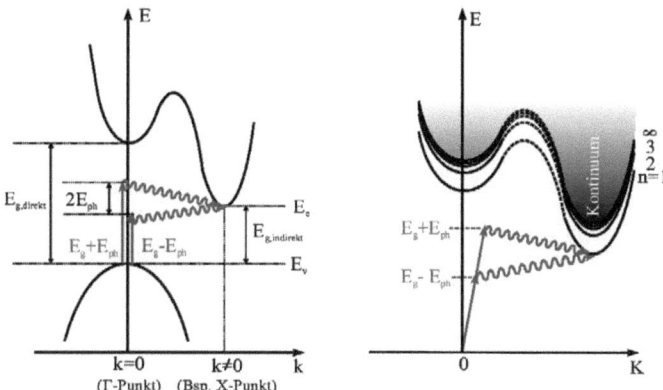

Abbildung 2.8: Absorption eines Photons in einem indirekten Halbleiter im Ein-Teilchen-(links) bzw. Zwei-Teilchen-Bild (rechts) durch Erzeugung oder Vernichtung eines Phonons.

Hierbei wird die Phononenabsorption durch $E_{g,ind} - E_{ph}$ beschrieben. Da das Übergangsmatrixelement proportional zur Anzahl der vorhandenen Phononen N_{ph} ist, ist dieser Absorptionsprozess nur bei hohen Temperaturen zu beobachten. Wie die Bose-Einstein-Statistik beschreibt sind ab einer bestimmten Temperatur keine Schwingungen mehr thermisch angeregt wodurch der Übergang nicht mehr realisierbar ist. Auf der anderen Seite steht $E_{g,ind} + E_{ph}$ für Prozesse, die unter Emission eines Phonons ablaufen. Diese sind proportional zu $1 + N_{ph}$ und somit bei hohen sowie niedrigen Temperaturen zu beobachten. Aus der Lage der beiden Absorptionskanten bei unterschiedlichen Temperaturen kann sowohl $E_{g,ind}$ als auch E_{ph} bestimmt werden. In Abbildung 2.9 ist exemplarisch für Germanium die Wurzel des Absorptionskoeffizienten für zwei verschiedene Temperaturen dargestellt [51]. Für hohe Temperatur sind zwei Absorptionskanten sichtbar, während für Helium-Temperatur nur eine gemessen wurde. Die im Spektrum gekennzeichneten indirekten Übergänge weichen vom theoretisch berechneten parabolischen Verlauf ab. Hier spielen wiederum die Coulomb-Wechselwirkungen auf Grund der Exzitonen-Bildung eine entscheidende Rolle. Analog zu direkten Übergängen müssen diese Einflüsse in den Rechnungen berücksichtigt werden, was zu einem abweichenden Kurvenverlauf führt. Diese theoretischen Überlegungen sind ähnlich denen im direkten Fall, sollen hier aber nicht weiter ausgeführt werden. Aus den Diagrammen 2.9 ist ersichtlich, dass die ebenfalls gemessene direkte Absorptionskante einen um mehr als eine Größenordnung höheren Absorptionskoeffizienten hat als der indirekte Übergang. Daraus lässt sich schließen, dass man eine sehr gute Kristallqualität sowie einen hohen Wirkungsquerschnitt der Messung benötigt, um diese "Phononen-Kanten" zu detektieren. Sind

2 Dielektrische Funktion und Ellipsometrie

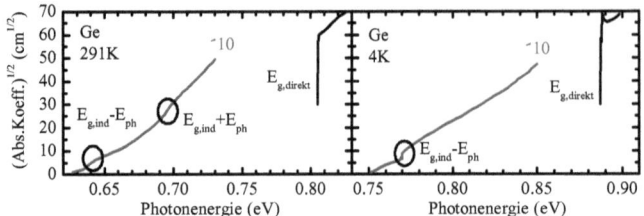

Abbildung 2.9: Absorptionsspektrum von Germanium bei verschiedenen Temperaturen [51]. Die Absorptionskanten sind mit Kreisen gekennzeichnet.

diese Kriterien nicht erfüllt, zeigt sich der indirekte Übergang durch einen ausgeprägten Ausläufer unterhalb der direkten Bandkante.

Exziton-Phonon-Wechselwirkung

Optische Untersuchungen mittels Transmission - Messungen von Liang und Yoffe [52] zeigten erstmals zusätzliche Absorptionsstrukturen auf der hochenergetischen Seite der Bandkanten - Exzitonen - Übergänge in ZnO. Der energetische Abstand zum Exziton liegt im Bereich der LO - Phononenenergie. Auf Grund dessen kann diese breite Struktur auf eine Exzitonen - Phonon - Kopplung zurückgeführt werden. Später wurden gleiche Banden in GaN [53, 54], ZnO [55, 56], CdS, CdSe [57] und weiteren Materialien [58] nachgewiesen. Aus diesen Experimenten zeigt sich, dass der Einfluss der Exziton - Phonon - Komplexe (EPC) mit dem ionischen Charakter des Materials zunimmt, da das Gitter hier leichter polarisiert werden kann. Des Weiteren zeigt sich, dass die Energie dieser EPC - Struktur nicht der Summe aus Exziton und Phonon entspricht. Daraus lässt sich schließen, dass mehrere Phononen beteiligt sein müssen. Der Prozess, in welchem die Wechselwirkung eines Photon mit einem Kristall gleichzeitig ein Exziton und ein Phonon hervorruft, wurde in mehreren theoretischen Arbeiten beschrieben [59–61]. Das erste empirische Modell, welches diese Wechselwirkung zwischen Exzitonen und Phononen berücksichtigt, wurde von Shokhovets et al. vorgestellt [62]. Als Ausgangspunkt dient die Struktur der "Phononenwolke" in Fröhlich - Polaronen [63], wobei die Ausdehnung der Polaronen groß gegen den Gitterabstand ist. Durch theoretische Betrachtungen wurde die Abhängigkeit der relativen Anteile der Zustände (mit $m = 1,2,3...$ Phononen), welche die Phononenwolke bilden, durch den Fröhlich - Parameter ermittelt. Dieser Parameter beschreibt die Stärke der Kopplung zwischen Exziton und Phonon im Kristall. Als Ergebnis wurde eine asymmetrische Verteilung der Mehrphononenzustände mit einem Ausläufer in Richtung höherer Phononenzahlen erhalten. Shokhovets modellierte nun den Einfluss der EPC's auf die DF, wobei deren Auswirkung als Phononenrepliken der exzitonischen Beiträge angenommen wurde. Dabei zeigen sich Exzitonen mit $m = 1,2,3...$ Phononen die äquidistant zueinander liegen. Der Abstand, der auf der hochenergetischen Seite des freien Exzitons liegenden Strukturen, be-

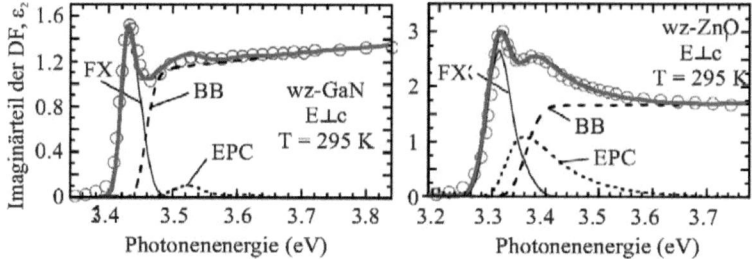

Abbildung 2.10: Einfluss der EPC auf den Verlauf des Imaginärteil der DF von GaN und ZnO [62].

trägt genau $m\Delta E_0$. Daraus resultiert das ΔE_0 eine mittlere Phononenenergie darstellt. Bei niedrigen Temperaturen können die einzelnen phononischen Beiträge getrennt werden und die mittlere Phononenenergie nähert sich der Energie des longitudinal optischen Phonons $\hbar\omega_{LO}$ an. Die EPC liefern folgenden Beitrag zum Imaginärteil der DF:

$$\varepsilon_2^{EPC} = f_0 \sum_m b^{m-1} \varepsilon_2 \quad \text{mit} \quad E = E_g - \frac{E_B^X}{n^2} + m\Delta E_0. \quad (2.61)$$

Der asymmetrische Verlauf des EPC - Beitrags wird durch den Faktor $f_0 b^{m-1}$ berücksichtigt. f_0 beschreibt hierbei das Verhältnis der integralen Intensität der $m = 1$ - Phononenreplik zum $n = 1$ - Exziton und dient somit zur Skalierung des EPC-Beitrages. Die Besetzungswahrscheinlichkeit der einzelnen Phononenzustände wird durch die Größe b angenähert, indem hier das Verhältnis der Intensität von $m + 1$ - ter und m - ter Replik gebildet wird. Die gesamte Größe $F^{EPC} = f_0 \sum b^{m-1}$ ist somit ein Maß für den Beitrag der EPC im Verhältnis zu den Exzitonen. In Abbildung 2.10 sind die Verläufe des Imaginärteils der ordentlichen DF von GaN und ZnO aus Ref. [23] zu sehen. Es ist klar ersichtlich, dass die experimentellen Daten nicht allein mit einem Gauß - verbreitertem Elliott-Modell für Exziton - und Bandkantenabsorption angepasst werden können. Erst durch die Berücksichtigung der EPC kann der Verlauf der gemessenen DF gut beschrieben werden. Des Weiteren sieht man sehr klar, dass die Beiträge der EPC im ZnO wesentlich größer sind als im GaN, was am höheren ionischen Charakter der Oxid - Verbindung liegt. Neben dem beschriebenen Modell gibt es eine weitere analytische Beschreibung der Exziton - Phonon Wechselwirkung und ihre Auswirkung auf die optischen Eigenschaften. In diesem von Müller *et al.* entwickelten Ansatz wird ebenfalls von Phononenreplika des Exzitonenübergangs ausgegangen [64]. Der Unterschied der beiden Modelle liegt in der Besetzung der Phononenzustände, die durch die Verteilungsfunktion beschrieben wird. In diesem zweiten Modell wird die oft in Lumineszenzmessungen beobachtete Poisson - Verteilung $S^m/m! \cdot \exp(-S)$ verwendet. S wird als Huang - Rhys - Faktor bezeichnet.

2 Dielektrische Funktion und Ellipsometrie

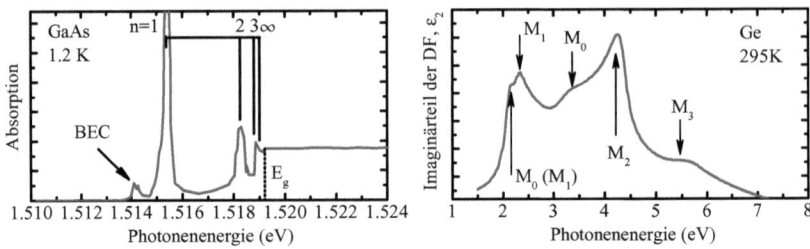

Abbildung 2.11: Absorptionsspektrum von GaAs bei $T = 1.2$ K (links) [65]. Interbandübergänge an verschiedenen kritischen Punkten in Germanium (rechts) [48].

Beispiele

Die im vorigen Abschnitt beschriebenen elektronischen Übergänge an verschiedenen kritischen Punkten der Bandstruktur sollen im Folgenden kurz an Beispielen veranschaulicht werden. Abbildung 2.11 zeigt die Absorption in der Umgebung der Bandkante für GaAs bei $T = 1.2$ K [65] sowie den Imaginärteil der DF Bereich der Interbandübergänge für Germanium [48]. Das Absorptionsspektrum von GaAs zeigt sehr ausgeprägt diskrete Exzitonen-Übergänge unterhalb der Bandkante. Bis $n = 3$ lassen sich diese s - Zustände sehr gut auflösen, während sie anschließend ins Quasikontinuum übergehen. Des Weiteren ist das theoretische Abklingen der Intensität mit n^{-3} auch im Experiment gut zu erkennen. Oberhalb des Bandgaps zeigt das Spektrum ein sehr ausgeprägtes Plateau, dass durch den Sommerfeld - Faktor bestimmt wird. Insgesamt zeigt das Absorptionsspektrum von GaAs, welches über das Lambert - Beersche Gesetz direkt mit der DF verknüpft ist, eine sehr gute Übereinstimmung mit den im vorigen Abschnitt theoretisch berechneten Verläufen für direkte 3D - M_0 kritische Punkte im Exzitonen - Bild. Die BEC (bound exciton complex)-Struktur auf der niederenergetischen Seite des ersten Exziton ist auf gebundene Exzitonen-Zustände zurückzuführen. Im rechten Teil der Abbildung 2.11 sind die verschiedenen Interbandübergänge für Germanium zu erkennen. Das Verhalten an der Bandkante dieses indirekten Halbleiters wurde bereits im vorigen Abschnitt erläutert. Die beiden energetisch tiefsten Übergange im Germanium erfolgen auf der Verbindungslinie zwischen Γ - und L - Punkt. Auf Grund der Spin - Bahn - Wechselwirkung kommt es hier zur Aufspaltung des obersten Leitungsband, wodurch sich diese Doppelstruktur ergibt. Der hochenergetische Übergang stellt einen klaren M_1 kritischen Punkt dar während der niederenergetische eher einen M_0 Verlauf zeigt. Infolge des gleichen Charakters der beiden benachbarten Valenzbänder handelt es sich jedoch bei beiden um M_1 CP. Auf Grund des geringen energetischen Abstand können beide Übergänge nicht getrennt aufgelöst werden. Sowohl diese Superposition als auch der exzitonische Einfluss verändern den erwartete Kurvenverlauf, so dass keine eindeutige Zuordnung zu CP mehr möglich ist. An diese Zweifachabsorption schließt sich wiederum ein M_0-Übergang an, welcher im Zentrum der BZ lokalisiert ist, nun aber vom höchsten Valenz - ins zweite Leitungsband erfolgt. Die stark ausgeprägte Absorptionsstruktur bei ca. 4.2 eV ist eine Überlagerung eines M_1 - Übergang am X - Punkt sowie eines M_2 - Übergang zwischen K - und Γ - Punkt. Wie bereits erwähnt, weichen auch diese Linienformen von den im Ein - Teilchen - Bild (Abbildung 2.7) berechneten Kurven ab. Dies liegt wiederum am Einfluss der Elektron - Loch - Wechselwirkung, die sowohl die Linienform verändert, als auch die Oszillatorstärke zu Gunsten der energetisch niedrigeren Übergänge verschiebt.

2.1.3 Anisotrope dielektrische Funktion

Wie zu Beginn des Abschnitts angedeutet müssen das elektrische Feld $\vec{E}$ und die Polarisation $\vec{P}$ nicht unbedingt parallel sein. Im Allgemeinen ist die DF ein Tensor zweiter Stufe.

$$\bar{\bar{\varepsilon}} = \begin{pmatrix} \widetilde{\varepsilon}_{xx} & \widetilde{\varepsilon}_{xy} & \widetilde{\varepsilon}_{xz} \\ \widetilde{\varepsilon}_{yx} & \widetilde{\varepsilon}_{yy} & \widetilde{\varepsilon}_{yz} \\ \widetilde{\varepsilon}_{zx} & \widetilde{\varepsilon}_{zy} & \widetilde{\varepsilon}_{zz} \end{pmatrix} \quad (2.62)$$

Durch Einhaltung des, aus den Maxwell - Gleichungen resultierenden, Energiesatzes ist der dielektrische Tensor (DT) symmetrisch. Daher lässt sich durch eine geeignete Transformation des Koordinatensystems (Drehung) der DT immer auf Diagonalform bringen. Das neue Koordinatensystem wird als Hauptachsensystem bezeichnet und die Diagonalelemente als Hauptachsenelemente. Somit gilt allgemein für alle Kristallsysteme

$$\bar{\bar{\varepsilon}} = \begin{pmatrix} \epsilon_{xx} & 0 & 0 \\ 0 & \epsilon_{yy} & 0 \\ 0 & 0 & \epsilon_{zz} \end{pmatrix}. \quad (2.63)$$

Dabei ist zu beachten, dass die Diagonalelemente in 2.62 und (2.63) nicht identisch sind. Nach dieser Vereinfachung hängt der DT nur noch von der Kristallsymmetrie des betrachteten Materials ab. Für unverspannten bzw. isotrop verspannte kubische Systeme sind alle drei Elemente gleich ($\varepsilon_{xx} = \varepsilon_{yy} = \varepsilon_{zz}$) während für hexagonale nur zwei identisch sind ($\varepsilon_{xx} = \varepsilon_{yy} \neq \varepsilon_{zz}$). In sehr speziellen Kristallsystemen sind alle drei unterschiedlich.

Im Folgenden wollen wir uns aber auf hexagonale und kubische Kristallstruktur beschränken. Generell wird bei hexagonalen Kristallen die z-Richtung entlang der optischen c - Achse ([0001] - Richtung) definiert. Die Elemente senkrecht zur optischen Achse $\varepsilon_{xx} = \varepsilon_{yy}$ werden dann als ordentliche DF ε_o bezeichnet, während das parallele Element ε_{zz} die außerordentliche DF ε_{eo} darstellt. Betrachtet man nun eine Probe eines hexagonalen Materials mit der c - Achse senkrecht zur Probenoberfläche, so ist der Einfluss der außerordentlichen DF auf die gemessene pseudo - DF sehr klein. Basierend auf einer Reihenentwicklung der DF wurde von Aspnes eine Formel zur Berechnung der pseudo - DF angegeben [66].

$$\langle \varepsilon \rangle = \varepsilon + \frac{\varepsilon - \sin^2 \phi_0}{(\varepsilon - 1)\sin^2 \phi_0} \Delta \varepsilon_x - \frac{\varepsilon \cos^2 \phi_0 + \sin^2 \phi_0}{(\varepsilon - 1)\sin^2 \phi_0} \Delta \varepsilon_y - \frac{1}{\varepsilon - 1} \Delta \varepsilon_z \quad (2.64)$$

mit

$$\varepsilon_x = \varepsilon + \Delta \varepsilon_x, \qquad \varepsilon_y = \varepsilon + \Delta \varepsilon_y, \qquad \varepsilon_z = \varepsilon + \Delta \varepsilon_z \quad (2.65)$$

Hierbei ist ε der entsprechende isotrope Wert. Diese Gleichung ist nicht hundertprozent exakt aber sie zeigt den relativ kleinen Einfluss der außerordentlichen Komponente auf die pseudo-DF unter der Voraussetzung, dass ε groß gegen die anisotropen Korrekturen $\Delta\varepsilon_i$ ist. Letzteres kann im Bereich oberhalb der fundamentalen Absorptionskante angenommen werden. Der Grund hierfür ist, dass durch den Großen Brechungsindexunterschied zwischen Luft und Schicht ($n_0 \ll n_1$) der Lichtstrahl, bei einem Einfallswinkeln nahe dem Brewster-Winkel, im Medium sehr stark zum Lot hingebrochen wird und somit das elektrische bzw. magnetische Feld größtenteils parallel zur Oberfläche (senkrecht c) polarisiert ist. Daraus folgt, dass $\varepsilon_\parallel$ im Absorptionsbereich vernachlässigen werden kann. Zugleich bedeutet dies, dass die Sensitivität auf diese Komponente bei c-orientierten Proben sehr gering ist. Folglich sind zur Bestimmung der anisotropen dielektrischen Funktion von hexagonalen Materialien Proben mit der c-Achse in der Oberfläche nötig.

2.2 Spektroskopische Ellipsometrie

2.2.1 Theoretische Grundlagen

Polarisiertes Licht

Bei der Ellipsometrie wird linear polarisiertes Licht unter dem Einfallswinkel ϕ_e auf eine Probe eingestrahlt und anschließend der Polarisationszustand nach der Reflektion an der Probenoberfläche analysiert. Zunächst werden ebene monochromatische elektromagnetische Wellen

$$\vec{E}(\vec{r},t) = \vec{E}_0 \cdot e^{i(\vec{k}\vec{r}-\omega t)} \tag{2.66}$$

angenommen, welche Lösungen der Maxwellgleichungen sind. Dabei ist $\vec{E}_0$ die Amplitude des E-Feldes der elektromagnetischen Welle, ω ihre Kreisfrequenz und $\vec{k}$ ihr Wellenzahlvektor. Die Polarisation des Lichts wird durch die Schwingungsebene des E-Feldvektors bestimmt. Kommt im zeitlichen Mittel jede Schwingungsebene zu gleichen Teilen vor, so ist das Licht unpolarisiert. Jeder beliebige Polarisationszustand lässt sich als Superposition von zwei zueinander senkrecht, linear polarisierten Wellen beschreiben:

$$\begin{aligned}\vec{E}(\vec{r},t) &= \vec{E}_p(\vec{r},t) + \vec{E}_s(\vec{r},t) \\ \vec{E}_p(\vec{r},t) &= \vec{E}_{0,p} \cdot e^{i(\vec{k}\vec{r}-\omega t)} \\ \vec{E}_s(\vec{r},t) &= \vec{E}_{0,s} \cdot e^{i(\vec{k}\vec{r}-\omega t+\Phi)}.\end{aligned} \tag{2.67}$$

Hierbei stehen die Vektoren $\vec{E}_{0,p}$ und $\vec{E}_{0,s}$ senkrecht aufeinander während Φ die Phasenverschiebung zwischen den beiden Polarisationszuständen angibt. Mit Hilfe des Jones-Formalismus

$$\begin{pmatrix} E_p^r \\ E_s^r \end{pmatrix} = \begin{pmatrix} r_{pp} & r_{sp} \\ r_{ps} & r_{ss} \end{pmatrix} \cdot \begin{pmatrix} E_p^e \\ E_s^e \end{pmatrix} \tag{2.68}$$

$$\begin{pmatrix} E_p^r \\ E_s^r \end{pmatrix} = \begin{pmatrix} t_{pp} & t_{sp} \\ t_{ps} & t_{ss} \end{pmatrix} \cdot \begin{pmatrix} E_p^e \\ E_s^e \end{pmatrix} \tag{2.69}$$

2.2 Spektroskopische Ellipsometrie

kann man jeden beliebigen Polarisationsvektor durch die Komponenten des elektrischen Feldes identifizieren. E_p^e und E_s^e bezeichnen hierbei die Feldkomponenten der einfallenden Welle. Die Weiteren Ausführungen konzentrieren sich auf die Reflexion von elektromagnetischen Wellen an Oberflächen. Für die Transmission können analoge Überlegungen durchgeführt werden. Ferner nehmen wir in den folgenden Betrachtungen optisch isotrope Median an, wodurch die Nichtdiagonalelemente r_{sp} und r_{ps} null werden. Es sollen hier nur die grundlegenden Zusammenhänge zum Verständnis der Messmethode dargelegt werden, wofür diese einfachen Systeme ausreichen. Genauere Betrachtungen für komplexere, anisotrope Medien sind in der Literatur zu finden [67].

Zwei - Phasen - Modell

Das einfachste Modell zur Beschreibung des Verhaltens am Übergang zweier Medien geht von halbunendlichen homogenen Materialien aus, die von einer perfekt ebenen Grenzfläche getrennt sind. Trifft nun eine beliebig polarisierte Welle auf die Oberfläche einer Probe, so gelten für die Anteile parallel und senkrecht zur Einfallsebene unterschiedliche komplexe Reflexionskoeffizienten r_s und r_p. Die Einfallsebene wird dabei durch einfallenden und reflektierten Strahl sowie dem Lot auf der Probe aufgespannt. Generell sind nach der Reflexion an der Probenoberfläche die Amplituden des elektrischen Feldes E_p^r und E_s^r unterschiedlich. Des Weitern kommt es zu einer Phasenverschiebung zwischen beiden Komponenten, so dass die EM-Welle im Allgemeinen elliptisch polarisiert ist. Der Zusammenhang zwischen einfallendem und reflektiertem (bzw. transmittiertem) E - Feld wird über die bereits erwähnte Jones - Matrix beschrieben. Aus ihr ergibt sich der Zusammenhang zwischen eingestrahltem und reflektiertem Feld.

$$E_p^r = r_p \cdot E_p^e = |r_p|\mathrm{e}^{i\delta_p} \cdot E_p^e, \qquad E_s^r = r_s \cdot E_s^e = |r_s|\mathrm{e}^{i\delta_s} \cdot E_s^e \qquad (2.70)$$

Hierbei entsprechen die beiden komplexen Reflexionskoeffizienten den Diagonalelementen in Gleichung 2.68. Über die Fresnel'schen Formeln, die sich aus den Stetigkeitsbedingungen an Grenzflächen ergeben, stehen diese mit dem komplexen Brechungsindex in Verbindung:

$$r_p = \frac{\bar{n}_2 \cos\phi_e - \bar{n}_1 \cos\phi_{br}}{\bar{n}_2 \cos\phi_e + \bar{n}_1 \cos\phi_{br}}$$
$$r_s = \frac{\bar{n}_1 \cos\phi_e - \bar{n}_2 \cos\phi_{br}}{\bar{n}_1 \cos\phi_e + \bar{n}_2 \cos\phi_{br}}. \qquad (2.71)$$

$\bar{n}_i$ ist hierbei der komplexe Brechungsindex des Einfallsmediums $i = 1$ und der Probe mit $i = 2$. Über das Snellius'sche Brechungsgesetz sind die Einfalls ϕ_e- bzw. Brechungswinkel ϕ_{br} mit den Brechungsindizes der beteiligten Medien verknüpft.

$$\bar{n}_1 \sin\phi_e = \bar{n}_2 \sin\phi_{br} \qquad (2.72)$$

Die Intensität einer Lichtwelle ist proportional zum Quadrat der E - Feld - Amplitude, so dass sich das Reflexionsvermögen R aus dem Verhältnis des Quadrats der einfallenden und reflektierten

2 Dielektrische Funktion und Ellipsometrie

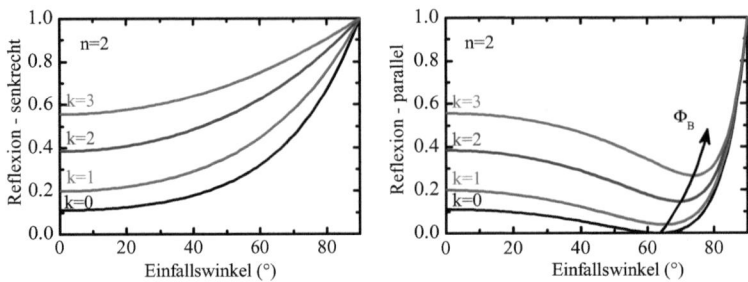

Abbildung 2.12: Einfallswinkelabhängikeit des Reflexionsvermögen senkrecht und parallel zur Einfallsebene für verschiedene Absorptionskoeffizienten.

Amplitude berechnet.

$$R_p = \frac{I_p^r}{I_p^e} = \frac{|E_p^r|^2}{|E_p^e|^2} = |r_p|^2, \qquad R_s = \frac{I_s^r}{I_s^e} = \frac{|E_s^r|^2}{|E_s^e|^2} = |r_s|^2 \tag{2.73}$$

Abbildung 2.12 zeigt den winkelabhängigen Verlauf des senkrechten und parallelen Reflexionsvermögen von Luft $\bar{n}_1=1$ in ein Medium $\bar{n}_2=2+k$ mit verschiedenen Absorptionskoeffizienten k. Mit steigendem Einfallswinkel ändert sich das Reflexionsvermögen für beide Polarisationsrichtungen in einer charakteristischen Weise. Für nahezu senkrechten Lichteinfall ($\phi_e \to 0$) sind beide Werte gleich. Wird der Einfallswinkel nun langsam erhöht steigt R_s kontinuierlich an, während R_p langsam abnimmt und schließlich ein ausgeprägtes Minimum erreicht. Der Einfallswinkel dieses Minimums wird Brewster-Winkel ϕ_B genannt, wobei im Falle eines nichtabsorbierenden Mediums die Reflexion bei ϕ_B auf null geht. Anschließend steigt R_p stark an und im Grenzfall $\phi \to 90°$ sind die Werte für die senkrechte und parallel Komponente wieder gleich $R_p=R_s=1$. Des Weiteren ist aus dem Diagramm ganz klar ersichtlich, dass der Grad der Reflektivität stark vom Absorptionskoeffizienten der Probe abhängt. Im allgemeinen steigt das Reflexionsvermögen beider Komponenten mit höherer Absorption, wobei der charakteristische Verlauf nicht verändert wird. Weiterhin ist deutlich, dass sich der Brewster-Winkel mit steigender Absorption zu höheren Werten verschiebt und $R_p(\phi_B)$ ebenfalls erhöht. Dieses hier beschriebene Modell ist sehr stark vereinfacht und kommt in der Praxis nur in Spezialfällen vor. Jede untersuchte Probe weist Oberflächenrauhigkeiten, dünne organische Schichten oder andere Verunreinigungen auf, so dass immer von einem Schichtstapel ausgegangen werden muss. Das einfachste Modell zur Beschreibung einer Schichtstruktur soll im nächsten Abschnitt gezeigt werden.

Drei-Phasen-Modell

Durch den Schichtaufbau ergeben sich mehrere Grenzflächen an denen es im Transparenzbereich zu Fabry-Pérot-Interferenzen kommen kann. Der allgemeine Aufbau eines solchen 3-Schicht

2.2 Spektroskopische Ellipsometrie

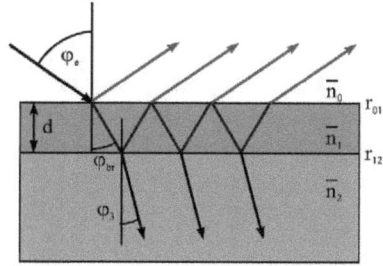

Abbildung 2.13: Illustration der Vielstrahlinterferenzen innerhalb des 3-Phasen-Modell.

Modells ist in der Abbildung 2.13 gezeigt. In diesem Model geht man von einer dünnen Schicht $\bar{n}_1$ der Dicke d auf einem halbunendlichen Trägermaterial $\bar{n}_2$ aus. Dabei befindet sich dieser Schichtstapel im Vakuum oder Luft mit $\bar{n}_0=1$. Liegt die Wellenlänge der eingestrahlten elektromagnetischen Welle in einem nichtabsorbierenden Bereich der dünnen Schicht, so müssen nun die Reflexionen bei jedem Grenzflächenkontakt sowie die Phasenverschiebungen durch unterschiedliche optische Wege beachtet werden. Zur Vereinfachung wird die einheitenlose Phasendicke

$$\beta = \frac{2\pi \, d \cos \phi_{br}}{\lambda} \qquad (2.74)$$

eingeführt. Damit ergibt sich für die Reflexionskoeffizienten des gesamten Schichtsystems

$$r_p = \frac{r_p^{01} + r_p^{12} e^{2i\beta}}{1 + r_p^{01} r_p^{12} e^{2i\beta}} \qquad r_s = \frac{r_s^{01} + r_s^{12} e^{2i\beta}}{1 + r_s^{01} r_s^{12} e^{2i\beta}}. \qquad (2.75)$$

$r_{p,s}^{01}$ und $r_{p,s}^{12}$ stehen hierbei für die Reflexionskoeffizienten der verschiedenen Grenzflächen sowie λ für die Wellenlänge des eingestrahlten Lichts. Aus dem Verhältnis der beiden Reflexionskoeffizienten in Verbindung mit Gleichung (2.79) kann nun wieder die DF berechnet werden. Hierbei handelt es sich um die DF des gesamten Schichtstapels mit allen Grenz- und Oberflächen Effekten. Diese entspricht der realen DF nur im oben beschreiben Fall eines halbunendlichen Substrates mit perfekter Oberfläche. In allen anderen Fällen spricht man von einer pseudo-DF die sowohl die optischen Eigenschaften der einzelnen Schichten als auch die Geometrie der Probe beinhaltet. Um die optischen Eigenschaften der zu untersuchenden Schicht aus dieser pseudo-DF zu extrahieren müssen entsprechende Modelle herangezogen werden. Diese Vorgehensweise wird in Abschnitt 2.3 genauer dargelegt.

Anisotrope Medien

Wie in Kapitel 2.1.3 beschrieben sind zur Bestimmung der anisotropen DF von hexagonalen Materialien nicht-polare Proben mit der optischen Achse in der Oberfläche nötig. So ergibt sich

2 Dielektrische Funktion und Ellipsometrie

durch Messungen in den beiden hochsymmetrischen Orientierungen mit der Einfallsebene parallel ($\alpha = 0°$) und senkrecht ($\alpha = 90°$) zur c-Achse jeweils eine Jones-Matrix mit zwei unabhängigen Reflexionskoeffizienten r_p und r_s. Wie in den Referenzen [66, 68] gezeigt, sind die gemessenen pseudo-DF, in diesen beiden Konfigurationen, hauptsächlich durch die DF parallel (senkrecht) zur Einfallsebene und Probenoberfläche bestimmt. Dieser Sachverhalt ist ebenfalls aus Gleichung 2.64 ersichtlich. Werden typische Einfallswinkeln zwischen 60° und 70° angenommen, so geht der Einfluss von ε_y in Gleichung 2.64 gegen null. Für eine Volumen-Material mit der optischen Achse in der Oberfläche ergibt sich nun [67]:

$$\rho_{\alpha=0°} = \frac{r_p}{r_s} = \left(\frac{\sqrt{\varepsilon_\perp \varepsilon_\parallel}\cos\phi_0 - \sqrt{\varepsilon_\perp - \sin^2\phi_0}}{\sqrt{\varepsilon_\perp \varepsilon_\parallel}\cos\phi_0 + \sqrt{\varepsilon_\perp - \sin^2\phi_0}}\right)\left(\frac{\cos\phi_0 - \sqrt{\varepsilon_\perp - \sin^2\phi_0}}{\cos\phi_0 + \sqrt{\varepsilon_\perp - \sin^2\phi_0}}\right)^{-1} \quad (2.76)$$

oder

$$\rho_{\alpha=90°} = \frac{r_p}{r_s} = \left(\frac{\varepsilon_\perp \cos\phi_0 - \sqrt{\varepsilon_\perp - \sin^2\phi_0}}{\varepsilon_\perp \cos\phi_0 + \sqrt{\varepsilon_\perp - \sin^2\phi_0}}\right)\left(\frac{\cos\phi_0 - \sqrt{\varepsilon_\parallel - \sin^2\phi_0}}{\cos\phi_0 + \sqrt{\varepsilon_\parallel - \sin^2\phi_0}}\right)^{-1}. \quad (2.77)$$

Hierbei wird angenommen, dass das Medium sich im Vakuum oder an Luft befindet, so dass für den komplexen Brechungsindex in der Umgebung $\bar{n} = 1$ gilt. Um beide Komponenten der DF komplett voneinander zu separieren muss ein theoretisches Modell erstellen werden, dass im Abschnitt 2.3 genauer erklärt wird.

Ellipsometrie

Man kann das Verhältnis ρ der komplexen Reflexionskoeffizienten r_p und r_s mit Hilfe von komplexer Amplitude und Phase schreiben als

$$\rho := \frac{r_p}{r_s} = \frac{|r_p|}{|r_s|} \cdot \frac{e^{i\delta_p}}{e^{i\delta_s}} = \underbrace{\frac{|r_p|}{|r_s|}}_{\tan\Psi} e^{i\overbrace{(\delta_p - \delta_s)}^{\Delta}} := \tan\psi \, e^{i\Delta}. \quad (2.78)$$

ψ und Δ bezeichnen die sogenannten ellipsometrischen Parameter (oder ellipsometrische Winkel), die das Verhältnis der Amplituden sowie die Phasenverschiebung der elektrischen Feldkomponenten parallel und senkrecht zur Einfallsebene nach der Reflexion an der Grenzfläche angeben. Zur Veranschaulichung sind diese Parameter in Abbildung 2.14 gekennzeichnet. Aus den Gleichungen 2.71 und 2.78 lässt sich nun ein Ausdruck für die DF, innerhalb des isotropen 2-Phasen-Modells, in Abhängigkeit von den ellipsometrischen Parametern finden:

$$\varepsilon = \sin^2\phi_e \left(1 + \tan^2\phi_e \left(\frac{1-\rho}{1+\rho}\right)^2\right). \quad (2.79)$$

2.2 Spektroskopische Ellipsometrie

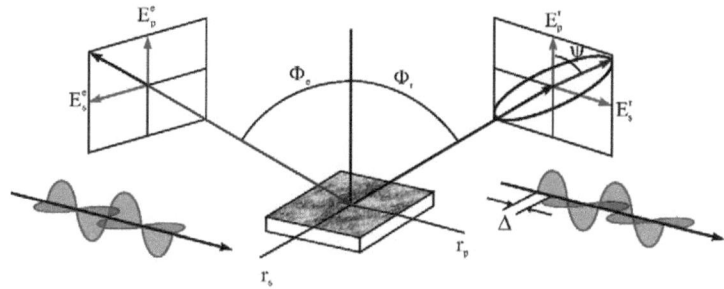

Abbildung 2.14: Prinzip der Ellipsometrie. Änderung des Polarisationszustandes von linear polarisiertem Licht nach der Reflexion an einer Oberfläche unter einem bestimmten Einfallswinkel.

2.2.2 Labor-VASE-Ellipsometer

Für den Energiebereich zwischen 0.54 eV und 6.42 eV wurde ein kommerzielles Ellipsometer der Firma J.A. Woollam Co.,Inc benutzt. Dieses ermöglicht die Messungen unter verschiedenen Einfallswinkeln sowie die Ermittlung der Depolarisation. Als Lichtquelle dient hierbei eine Xenon-Höchstdrucklampe, deren Druckverbreiterung ein quasi-kontinuierliches Spektrum im genannten Bereich liefert. An die Lampe schließt sich ein Monochromator an, von dem aus das monochromatische Licht mittels eines Lichtwellenleiters zum Polarisator geleitet wird. Nachfolgend fällt das linear polarisierte Licht unter einem definierten Einfallswinkel auf die Probe. Nach der Reflexion wird die Polarisation des, im allgemeinen nun elliptisch polarisierten, Lichts von einem rotierenden Analysator mit nachgeschaltetem Detektor untersucht. Die Drehfrequenz des Analysators liegt im Bereich zwischen 10 Hz und 60 Hz. Zur Erhöhung der Empfindlichkeit sowie der Verbesserung des Signal-Rausch-Verhältnis ist das Ellipsometer mit einer computergesteuerte Verzögerungsplatte ausgestattet, die *Auto Retarder* (oder Kompensator) genannt wird. Des Weiteren ist durch dieses Bauelement die Messung der Nichtdiagonalelemente in der Jones-Matrix 2.68 sowie die, von der Probe verursachte, Depolarisation möglich. Das Signal am Detektor kann als Summe aus einem Gleichanteil (DC) und einem harmonischen Beitrag angesehen werden wobei, die Zusammensetzung durch die Polarisation des einfallenden Lichtes bestimmt ist.

$$V(t) = DC + a\cos(2\omega t) + b\sin(2\omega t) \qquad (2.80)$$

Bei linear polarisiertem Licht ergibt sich ein harmonisches Signal, dass durch den Gleichanteil in den positiven Halbraum verschoben wird. Bei zirkular polarisiertem Licht wäre das Signal zeitlich konstant während es bei elliptisch polarisiertem zu Überlagerungen kommt. Für die gemessene

Intensität am Detektor ergibt sich:

$$I_D \sim 1 + \alpha \cos(2A) + \beta \sin(2A). \tag{2.81}$$

Hierbei entspricht A dem Azimutwinkel des Analysators ($A = A(t) = \omega t + A_0$). Durch eine anschließende Fourieranalyse können über die Jones Matrizen der Optik und der Beziehung 2.41 aus den gemessenen Signalen die Koeffizienten α und β berechnet werden.

$$\alpha = \frac{a}{DC} = \frac{\tan^2 \Psi - \tan^2 P}{\tan^2 \Psi + \tan^2 P} \tag{2.82}$$

$$\beta = \frac{b}{DC} = \frac{2\tan \Psi \cos \Delta \tan P}{\tan^2 \Psi + \tan^2 P} \tag{2.83}$$

Da der Azimutwinkel des Polarisators bekannt ist, können somit aus α und β die ellipsometrischen Parameter Ψ und Δ berechnet werden.

$$\tan \Psi = \sqrt{\frac{1+\alpha}{1-\alpha}} |\tan P| \tag{2.84}$$

$$\cos \Delta = \frac{\beta}{\sqrt{1-\alpha^2}} \frac{\tan P}{|\tan P|} \tag{2.85}$$

2.2.3 BESSY-Ellipsometer

Allgemein

Für den Energiebereich von 3 eV bis 35 eV wird ein nicht kommerzielles Ellipsometer benutzt. Als Lichtquelle dient dabei die Synchrotronstrahlung des BESSY II (Berliner Elektronspeicherring für Synchrotronstrahlung). Der Vorteil dieser Lichtquelle ist die sehr hohe spektrale und räumliche Auflösung sowie eine hohe Parallelität des Lichtes. Hierdurch sind keine weiteren Fokussiereinheiten zwischen Polarisator, Probe und Analysator nötig. Dies ist ein großer Vorteil da Einflüsse auf das Messsignal durch zusätzliche Linsen oder Spiegel ausgeschlossen werden können. Des Weiteren bietet die Synchrotronstrahlung ein kontinuierliches Spektrum hoher Intensität vom nahen Infrarot bis in den Röntgenbereich. Die spektrale und örtliche Auflösung der Lichtquelle hängen von der Geometrie der Monochromatoren und der Beamline ab. Für die ellipsometrischen Messungen standen zwei verschiedene Strahlrohre zur Verfügung. Der 3m - NIM (*normal incident monochromator*) besteht aus einem Gitter mit 600 Linien/mm, was bei typischen Werten von 100 μm für Ein- und Austrittsspalt zu einer Auflösung von 5 meV bei 8 eV führt. Eine typische Größe des Lichtflecks auf der Probe ist 500 μm × 100 μm. Da die Intensität dieser Beamline oberhalb von 10 eV sehr gering ist, wurde für diesen Bereich die TGM4 (*toroidal grating monochromator*) Beamline benutzt. Ein Gold beschichtetes Gitter mit 265 Linien/mm erlaubt hier ellipsometrische Messungen im Bereich bis 35 eV. Es wird bei gleichen Ein - und Austrittsspalten von ca. 200 μm eine Auflösung von 50 meV bei 20 eV erreicht. Auf Grund der hohen Intensitätsverluste durch die Reflexionspolarisatoren werden jedoch im Bereich >10 eV Spaltbereiten von

2.2 Spektroskopische Ellipsometrie

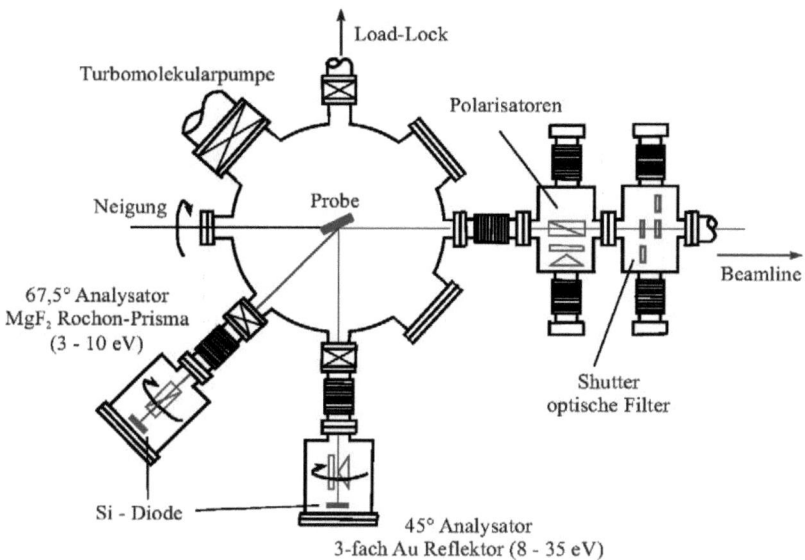

Abbildung 2.15: Schematischer Aufbau des Synchrotron-Ellipsometer bei BESSY II.

ungefähr 1 mm benötigt, was die Auflösung verringert. Andererseits sind die erwarteten Strukturen in diesem Energiebereich einige hundert meV breit, so dass die Auflösung noch immer ausreicht.

Im Folgenden wird kurz der generelle Aufbau des Ellipsometers sowie der Einsatz von verschiedenen Filtern und Polarisatoren erläutert. Anmerkungen zur Kalibrierung der Apparatur sind im Anhang B zu finden.

Aufbau

Bereits ab ca. 6.5 eV beginnen Luftmoleküle elektromagnetische Wellen zu absorbieren, was eine optische Messung unmöglich macht. Des Weiteren gibt es oberhalb von 10 eV keine transparenten Materialien für Fenster und Polarisatoren. Auf Grund dieser Probleme wird das Ellipsometer, welches in Abbildung 2.15 dargestellt ist, unter Ultrahochvakuum (UHV) betrieben und ist direkt mit dem Synchrotron-Speicherring verbunden. Die gesamte Anlage ist in verschiedene Druckbereiche unterteilt, die durch kleine Zwischenstücken miteinander verbunden sind. Durch stufenweises Abpumpen und eventuelles Ausheizen wird in der Hauptkammer ein Druck von $1 \cdot 10^{-9}$ mbar bis $2 \cdot 10^{-10}$ mbar erreicht. Die zu untersuchende Probe ist innerhalb der Hauptkammer auf einem UHV - Manipulator befestigt. Eine am Manipulator befestigte Heizung ermöglicht das erhitzen

2 Dielektrische Funktion und Ellipsometrie

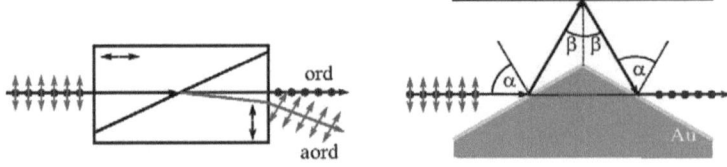

Abbildung 2.16: Schematischer Aufbau der Polarisatoren im Bereich unterhalb von 10 eV (links) und darüber (rechts).

der Probe bis zu 750 °C um die Oberfläche von organischen Verbindungen oder anderen Verunreinigungen zu befreien. Darüber hinaus erlaubt ein integriertes Kühlsystem ellipsometrische Messungen bei Stickstoff - Temperatur. Durch den Einbau eines separaten Helium-Kryostaten können temperaturabhängige Messungen bis $T = 10$ K durchgeführt werden. Zwischen der Beamline und der Hauptkammer befinden sich zwei kleinere separate Kammern, wobei die erste optische Filter sowie Glass - und Metallshutter für Dunkelmessungen enthält. In der Zweiten sind verschiedene Polarisatoren für die unterschiedlichen Energiebereiche untergebracht. Nachdem das Licht diese beiden Bereiche passiert hat und nun linear polarisiert ist, trifft es auf die Probe und wird von dort in eine der beiden Analysatorkammern reflektiert. Unter 67.5° ist die Kammer für den Energiebereich zwischen 3 eV und 10 eV angebracht. Der dortige Analysator besteht aus einem rotierenden Rochon - Prisma gefolgt von einer Si - Photodiode. Für den Energiebereich über 10 eV ist die Analysatorkammer unter 45° angebracht und besitzt ein dreifach Gold-Reflexionspolarisator kombiniert mit einer Si - Photodiode. Die Rotation der beiden Analysatoren erfolgt durch frequenzstabilisierende Gleichstrommotoren bei 4.25 Hz. Die Schwankungen der Drehfrequenz liegen unterhalb von 0.1 % und können somit vernachlässigt werden. Die Position des Analysators wird dabei über eine Winkel - Kodierscheibe erfasst, welche einen Referenz - sowie 100 Winkelpulse pro Umdrehung an den Messrechner sendet.

Der optimale Einfallswinkel hängt sehr stark von den Probeneigenschaften sowie der Photonen - Energie selbst ab. Am günstigsten ist eine Konfiguration mit einem Einfallswinkel nahe dem pseudo - Brewster - Winkel der Probe, da dort die Phasenverschiebung (Δ) zwischen paralleler und senkrechter Komponente gerade 90° beträgt und somit der rotierende Analysator bei maximaler Sensitivität arbeitet. Ist hingegen $\Delta = 0°$ bzw. 180°, so kann man den Real - und Imaginärteil der pseudo-DF nicht mehr genau trennen und das Signal - Rausch - Verhältnis steigt stark an. Im Bereich bis 10 eV liegt der Brewster - Winkel von Gruppe - III - Nitriden zwischen 60° und 70° und somit nahe dem Einfallswinkels des Ellipsometers, was sehr genaue Messungen ermöglicht. Weiterhin nimmt ϕ_B mit sinkender Wellenlänge stark ab, wodurch auch im Bereich über 10 eV unter 45° Lichteinfall exakte Messungen möglich sind. Ein zweiter wichtiger Punkt bei der Wahl des Einfallswinkels ist die Reflektivität der Probe selbst. Um ein möglichst gutes Verhältnis zwi-

2.2 Spektroskopische Ellipsometrie

schen Signal und Rauschen zu erhalten, ist es nötig so viel Intensität wie möglich auf den Detektor zu bekommen. Unter diesem Gesichtspunkt würde sich ein großer Einfallswinkel anbieten da die Reflektivität mit ϕ_e ansteigt. Für den unteren Energiebereich ($E < 10\,\text{eV}$) spielt dieses Problem eine untergeordnete Rolle, da sowohl durch die, auf Transmission basierenden optischen Elemente, als auch durch den relativ großen Einfallswinkel ausreichend Intensität vorhanden ist. Im Bereich oberhalb von $10\,\text{eV}$ wäre ein größerer Winkel aus Intensitätsgründen von Vorteil, da durch die auf Reflexion beruhenden, optischen Elemente viel Licht verloren geht. Doch es gibt einen dritten ausschlaggebenden Grund, der einen Einfallswinkel von 45° favorisiert. Dieser Vorteil liegt in der Unterdrückung von Licht höherer Ordnungen, was im folgenden Abschnitt genauer erläutert wird.

Polarisatoren und Filter

Auf Grund nicht ausreichender linearer Polarisationsgrad des Synchrotron-Lichts müssen zusätzliche Vorpolarisatoren eingesetzt werden. Wäre der Polarisationgrad des von der Beamline erzeugten Lichts bekannt, könnte dies in den Berechnungen der ellipsometrischen Parameter berücksichtigt werden. Dieser ist jedoch von Photonen-Energie sowie Strahlinstabilitäten und der Monochromator - Justage abhängig. Somit ist die Rückwärtsrechnung mit einem großen Fehler behaftet. Um eine definierte Polarisation über den betrachteten Spektralbereich zu gewährleisten, werden in den verschiedenen Energiebereichen unterschiedliche Polarisatoren eingesetzt. Ihr prinzipieller Aufbau ist in Abbildung 2.16 gezeigt. Im Bereich bis $10\,\text{eV}$ wird sowohl als Polarisator wie auch als Analysator (in der 67.5°-Kammer) ein MgF_2 Rochon - Prisma verwendet. Dieses liefert eine lineare Polarisation von $99.998\,\%$ über sein gesamten Transparenzbereich ($< 10\,\text{eV}$). Oberhalb von $10\,\text{eV}$ existieren keinerlei transparente doppelbrechende Materialien, um einen Transmissionspolarisator zu realisieren, weshalb der Einsatz von Reflexionspolarisatoren nötig ist. Diese Polarisatoren sind so konstruiert, dass Licht unter einem Einfallswinkel nahe dem Brewster - Winkel auf die mit Metall beschichteten Flächen fällt. Wie aus Abbildung 2.12 deutlich wird, kommt es unter diesen Bedingungen zu einer Unterdrückung der parallel polarisierten Komponente. Da bei absorbierenden Medien dieser Anteil nicht komplett ausgelöscht werden kann, sind mehrere Reflexionen nötig. Das Optimum aus Polarisationsgrad und resultierender Intensität findet man bei drei Reflexionen. Im Energiebereich zwischen $8\,\text{eV}$ und $20\,\text{eV}$ wird ein Gold - Silizium - Gold Polarisator verwendet, während zwischen $18\,\text{eV}$ und $35\,\text{eV}$ auf einen Dreifach - Gold - Reflektor zurückgegriffen wird. Da der Brewster - Winkel materialabhängig ist ergeben sich für beide Polarisatoren unterschiedliche Einfallswinkel. Beim Dreifach - Gold - Polarisator wird eine 67.5°-30°-67.5° Konfiguration verwendet, während der Au - Si - Au - Polarisator unter 60° - 30° - 60° arbeitet. Die daraus resultierende spektrale Abhängigkeit der Intensität sowie des Polarisationsgrads ist in Abbildung 2.17 dargestellt. Für beide Anordnungen ergibt sich im Arbeitsbereich stets ein Polarisationsgrad über $90\,\%$ indessen unterscheidet sich der Transmissionverlauf deutlich. Auf Grund der Plasmakante von Si geht die Reflexion oberhalb von $20\,\text{eV}$ schnell gegen null während bei einer Dreifach-Gold-Reflexion auch oberhalb von $50\,\text{eV}$ Intensität detektierbar ist.

2 Dielektrische Funktion und Ellipsometrie

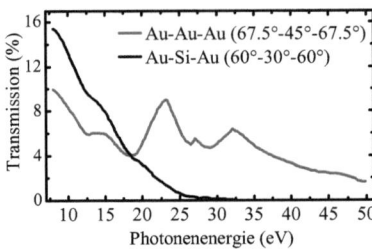 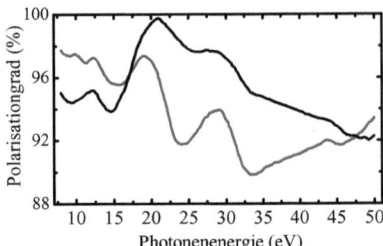

Abbildung 2.17: Energieabhängiger Verlauf des Polarisationsgrades sowie der Transmission für den 3fach-Gold- und Au-Si-Au-Polarisator.

Diese Eigenschaft des Au-Si-Au-Polarisator ist genau jene, die seinen Einsatz begründet. Ein generelles Problem beim Einsatz von Gitter-Monochromatoren ist der Einfluss höherer Ordnungen im Signal der ersten Ordnung. Im Allgemeinen reicht es in dem hier betrachteten Messbereich aus sich auf Licht der zweiten Ordnung, welches bei der doppelten Frequenz (doppelte Energie) liegt, zu konzentrieren. Die nächst höheren Ordnungen haben wesentlich kleinere Intensitäten und liegen energetisch nicht im betrachteten Bereich. Ferner werden diese von der Probe und den optischen Elementen im Monochromator nicht reflektiert und haben somit keinen Einfluss auf das Spektrum. Bei der Überlagerung der Messung mit Licht höherer Ordnungen gelangen ungewollte Signale auf den Detektor wodurch die Ergebnisse verfälscht werden. In der Ellipsometrie spiegeln sich diese Einflüsse durch ein Kramers-Kronig inkonsistentes Ergebnis wieder. Da selbst bei Kenntnis der höheren Ordnungen eine Rückrechnung auf das ungestörte Signal unmöglich ist, muss dafür gesorgt werden, dass Licht der zweiter Ordnung vorab herausgefiltert wird. Zwischen 5 eV und 10 eV wirkt der MgF_2 Polarisator selbst als Filter, da er oberhalb von 10 eV stark absorbiert und somit kein Licht der zweiten Ordnung (ab 10 eV) transmittiert. Da unterhalb von 5 eV der MgF_2 Polarisator für Licht der zweiten Ordnung (E < 10 eV) transparent ist, ist hier ein zusätzlicher Filter nötig. Dazu wird ein 1 mm dicker Kantenfilter (Schott BG24A) benutzt, der über 6.2 eV nahezu vollständig absorbiert während die Transmission zwischen 3 eV und 5 eV bei fast 100 % liegt. Zwischen 10 eV und 12 eV wirkt sich der Anteil höherer Ordnungen wieder negativ aus, da die Transmission des Au-Si-Au-Polarisator bis ungefähr 24 eV noch nicht null ist. Um diese Anteile zu filtern wird eine 100 µm dicke LiF Scheibe verwendet. Nachteilig wirkt sich die starke Absorption des Materials ab 11.5 eV aus. Infolge dessen steht hier nur wenig Intensität zur Verfügung. Wie aus Diagramm 2.17 ersichtlich wirkt der Au-Si-Au-Polarisator ab ca. 12 eV selbst als Filter für Licht höherer Ordnungen, da die Reflektivität ab 24 eV stark gegen null geht. Ab circa 18 eV kann nun der Dreifach-Gold-Polarisator eingesetzt werden da dessen Reflektivität Messungen bis 35 eV erlauben. Der Einfluss höherer Ordnungen in diesem Spektralbereich werden durch die hier untersuchten Nitrid-Proben verhindert. Da ihre Reflektivität, unter einem Einfallswinkel von 45°, oberhalb der Interbandübergänge (E > 15 eV), gegen null geht, wirken die

Kristalle selbst als Filter.

2.3 Modelle und Datenanalyse

Bei real zu untersuchenden Proben kann nicht von halbunendlichen Medien mit perfekten Ober- und Grenzflächen ausgegangen werden. Des Weiteren wurde in den bisherigen Ausführungen von homogenen Materialien ausgegangen. In der Realität zeigen sich jedoch oft heterogene Mischsysteme die aus zwei oder mehreren verschiedenen Materialien an unterschiedlichen Orten zusammengesetzt sind. Sind die Abmessungen der einzelnen Bereiche nicht kleiner als 1 nm, so dass die dielektrischen Eigenschaften der Einzelstoffe erhalten bleiben und klein gegen die Wellenlänge ($\leq 0.1\lambda$), können die optischen Eigenschaften innerhalb einer sogenannten Effektivmedium-Näherung (*effective medium approximation*, EMA) berechnet werden. Bedingt durch die Abschirmung im Medium kann die resultierende DF nicht als Mittelung der Einzelnen angesehen werden. Für bestimmte Mikrostrukturen kann die dielektrische Funktion mit Hilfe einer von Aspnes beschriebenen Formel berechnet werden [69, 70]:

$$\frac{\varepsilon - \varepsilon_h}{\varepsilon + 2\varepsilon_h} = f_a \frac{\varepsilon_a - \varepsilon}{\varepsilon_a + 2\varepsilon} + f_b \frac{\varepsilon_b - \varepsilon}{\varepsilon_b + 2\varepsilon} + \ldots \quad . \tag{2.86}$$

ε_a und ε_b sind hierbei die DF der verschiedenen Materialien im Umgebungsmedium mit ε. Die Volumenanteile der Einzelstoffe am Gesamtvolumen werden durch f_a und f_b beschrieben. Maxwell-Garnet entwickelten eine Näherung für Kugeln eines dielektrischen Materials in einem Umgebungsmedium ($\varepsilon_a = \varepsilon_h$) [71]:

$$\frac{\varepsilon - \varepsilon_a}{\varepsilon + 2\varepsilon_a} = (1 - f_a) \frac{\varepsilon_b - \varepsilon_a}{\varepsilon_b + 2\varepsilon_a}. \tag{2.87}$$

Des Weiteren entwickelte Bruggeman eine selbstkonsistente Lösung mit $\langle \varepsilon \rangle = \varepsilon_h$ welche für beliebige Konfigurationen angewendet werden kann [72]:

$$0 = f_a \frac{\varepsilon_a - \varepsilon}{\varepsilon_a + 2\varepsilon} + f_b \frac{\varepsilon_b - \varepsilon}{\varepsilon_b + 2\varepsilon}. \tag{2.88}$$

Diese komplexe Gleichung kann man umschreiben [73, 74] in

$$\varepsilon^2 + z\varepsilon - \frac{\varepsilon_a \varepsilon_b}{2} = 0 \quad \text{mit} \quad z = \frac{(f-2)\varepsilon_b + (1-2f)\varepsilon_a}{2(f+1)} \quad \text{und} \quad f = \frac{f_a}{f_b}. \tag{2.89}$$

Hieraus ergibt sich die analytische Lösung

$$\begin{aligned}\operatorname{Re}[\varepsilon] &= \frac{1}{2}\left(-\operatorname{Re}[z] + \operatorname{Re}[\sqrt{z^2 + 2\varepsilon_a \varepsilon_b}]\right) \\ \operatorname{Im}[\varepsilon] &= \frac{1}{2}\left(-\operatorname{Im}[z] + \operatorname{Re}[\sqrt{z^2 + 2\varepsilon_a \varepsilon_b}]\right).\end{aligned} \tag{2.90}$$

Um den Effekt der Oberflächenrauhigkeit in einem Modell zu berücksichtigen, wird im Allgemeinen eine heterogene Schicht aus Substrat und Luft (Vakuum) mittels der von Bruggeman entwickelten EMA verwendet. Am Ausgangspunkt nimmt man beide Volumenanteile zu 50 % an,

2 Dielektrische Funktion und Ellipsometrie

wobei für die DF von Luft $\varepsilon_a = 1$ gilt. Unter diesen Annahmen ergibt sich aus Gleichung 2.90 die DF für eine Oberflächenrauhigkeit.

$$\begin{aligned}\text{Re}[\varepsilon] &= \frac{1}{8}\left(1 + \text{Re}[\varepsilon_s] + \text{Re}[\sqrt{1 + 34\varepsilon_s + \varepsilon_s^2}]\right)\\ \text{Im}[\varepsilon] &= \frac{1}{8}\left(\text{Im}[\varepsilon_s] + \text{Re}[\sqrt{1 + 34\varepsilon_s + \varepsilon_s^2}]\right).\end{aligned} \quad (2.91)$$

ε_s beschreibt die DF der zu untersuchenden Schicht. Für eine vollständige Beschreibung wird dieses Modell für die Oberflächenrauhigkeit im bereits beschriebenen 3 - Phasen - Modell verwendet. Dieses berücksichtigt neben den dielektrischen Eigenschaften auch die Schichtdicken. Die Dicke der Oberflächenrauhigkeit kann vorab mit Hilfe von AFM (atomic force microscope) Messungen bestimmen. Weiterhin kann die Messung der ellipsometrischen Parameter unter möglichst vielen Einfallswinkeln und somit unterschiedlichen optischen Wegenlängen Rückschlüsse auf die Rauhigkeit liefern. Die Näherung der Oberfläche mittels EMA Schichten ist bis zu Schichtdicken von 3 Å-5 Å sehr gut. Oberhalb werden die Effekte nur noch unzureichend beschrieben. Ferner lassen sich eventuelle Mischbereiche zwischen zwei dielektrischen Materialien sehr gut mit dem Bruggeman - EMA Modell beschreiben, wobei hier auch Schichtdicken größer als 5 Å möglich sind.

Wie im Abschnitt 2.2.1 beschrieben lässt sich die komplexe DF nur für den Fall einer glatten Schicht auf einem halbunendlichen Substrat direkt mit Gleichung 2.78 beschreiben. In der Halbleitertechnologie ist man jedoch auf Grund von fehlenden Volumen - Materialien sehr stark auf heteroepitaktische Verfahren angewiesen. Hierdurch ergeben sich Proben aus mehreren dünnen Filmen mit Übergangs - bzw. Pufferschichten. Zudem kann durch Oxide oder organische Verunreinigungen an der Oberfläche nicht mehr von perfekt glatten Abgrenzung zum Umgebungsmedium ausgegangen werden. Die gemessenen pseudo - DF eines solchen Schichtstapels ist nun von den optischen Eigenschaften der einzelnen Schichten sowie der Probengeometrie abhängig. Erst durch eine Modellierung der nun durch Gleichung 2.78 erhaltenen pseudo-DF kann die DF der zu untersuchenden Schicht extrahiert werden. Zur Analyse der gemessenen pseudo - DF wurde mit dem Programm *WVase32* der Firma Woollam ein geeignetes Schichtmodell der untersuchten Probe erstellt. Anschließend werden aus diesem Modell die ellipsometrischen Parameter Ψ und Δ erzeugt und mit der Messung verglichen. Im Allgemeinen wurde für die Modelle ein Schichtstapel aus Substrat, Schicht und Oberflächenrauhigkeit angenommen. Als umgebendes Medium wurde stets Luft (Vakuum) verwendet. Die raue Oberfläche wurde innerhalb der eben beschrieben Effektivmedium - Näherung modelliert wobei von einem Mischungsverhältnis von 1:1 zwischen Luft und der obersten Schicht ausgegangen wurde. Eventuelle Grenzschichten zwischen Substrat und zu untersuchender Schicht wurden in gleicher Weiße modelliert. Ihre Auswirkungen auf das Spektrum sind meist nur im Transparenzbereich der epitaktischen Schicht zu erkennen und haben auf den Bereich oberhalb keinen Einfluss. Die DF von eventuellen Pufferschichten, zur Verbesserung der Kristallqualität, wurde in vorhergehenden Messung bestimmt und anschließend im Schichtaufbau berücksichtigt. Zur Gewinnung der Puffer-DF wurde das gleiche, hier beschriebene, Analyseverfahren verwendet. Die zu variierenden Parameter im beschrieben Modell waren nun

2.3 Modelle und Datenanalyse

die Schichtdicken von Puffer, Schicht und Oberflächenrauhigkeit sowie die dielektrische Funktion der zu untersuchenden Schicht. Auf die Modellierung der DF unter Zuhilfenahme eines parametrischen Modells wird anschließend gesondert eingegangen. Eine detaillierte Beschreibung der Datenauswertung ist in der Literatur zu finden [75]. Da für die verschiedenen Energiebereiche unterschiedliche Messungen durchgeführt wurden, war es nötig mehrere Modelle zu erstellen und miteinander zu verbinden. Auf Grund verschiedener Messbedingungen (Einfallswinkel, Spotgröße,...) können die Schichtdicken der Einzelmodelle voneinander variieren. Im Gegensatz dazu sind die dielektrischen Funktionen sämtlicher Schichten für alle gekoppelten Modelle identisch. Handelt es sich bei dem zu untersuchenden Material um einen anisotropen Kristall so wurde dies in der Modellierung berücksichtigt. Hierzu wurden für jeden Energiebereich Messungen entlang der beiden hochsymmetrischen Orientierungen durchgeführt. Die anschließende Modellierung erfolgte mit Hilfe einer im Programm vorliegenden, auf den Gleichungen aus Ref. [67] beruhenden, biaxialen Schicht. Die Annahme eines solchen Modells mit anisotroper DF ermöglicht die Separation beider (ordentlich, außerordentlich) Tensorkomponenten aus der pseudo-DF. Das dem Programm zu Grunde liegende Verfahren zur Anpassung der Modellparameter an die Messdaten erfolgt innerhalb des Levenberg-Marquardt-Algorithmus. Dieser beruht auf der Minimierung der mittleren quadratischen Abweichung zwischen Mess- und Modell-Daten für die gilt:

$$MSE = \frac{1}{N-M} \sum_{i=1}^{N} \left[\left(\frac{\Psi_{mod}^i - \Psi_{exp}^i}{\sigma_\Psi^i} \right)^2 + \left(\frac{\Delta_{mod}^i - \Delta_{exp}^i}{\sigma_\Delta^i} \right)^2 \right] \quad (2.92)$$

M und N beschreiben hierbei die Anzahl der Messpunkte sowie die Menge der veränderlichen Parameter. Die Standardabweichung zwischen Experiment (Ψ_{exp}, Δ_{exp}) und Modell (Ψ_{mod}, Δ_{mod}) wird durch σ wiedergegeben.

Die Modellierung der dielektrischen Funktion erfolgt in mehreren Schritten. Zunächst werden die Modelldaten innerhalb eines parametrischen Modells (PM) erstellt und an die Messung angepasst. Dieses PM besteht aus einer Summe über i Spline-Polynome sowie normalen Gauss- oder Lorentzfunktionen. Eine detaillierte Beschreibung der von Johs et al. entwickelten Funktionen ist in der Literatur zu finden [76, 77]. Der große Vorteil dieses PM Modell liegt darin, dass es der Kramers-Kronig-Relation aus Gleichung 2.4a genügt. Des Weiteren können Polstellen angenommen werden um Absorptionen außerhalb des Messbereichs zu modellieren. Im ersten Schritt wird nun die Form dieser Funktionen sowie Schichtdicken innerhalb des erwähnten Algorithmus an die Messdaten angepasst. Werden nun Schichtdickeninterferenzen sowie der Kurvenverlauf gut wiedergegeben erfolgt der nächste Schritt. Dieser besteht in einer Punkt für Punkt (PfP) Anpassung der DF der zu untersuchenden Nitrid-Schicht. Dabei wird nun für jede Photonenenergie das Wertepaar $\varepsilon_1(E)$ und $\varepsilon_2(E)$, ausgehend vom PM Modell, unabhängig voneinander an die Messdaten angepasst. Alle weiteren Parameter wie Schichtdicken werden hierbei konstant gehalten. Voraussetzung zur Ausführung dieser Prozedur ist somit die Kenntnis der einzelnen Schichtdicken sowie dielektrische Funktionen von eventuellen Zwischenschichten. Das Ergebnis dieses Verfahren ist eine PfP-DF der zu untersuchenden Schicht die anschließend noch geglättet wird.

2 Dielektrische Funktion und Ellipsometrie

Tabelle 2.1: Dimensionalität und zugehörige Phasenfaktoren für die verschiedenen CP.

Dimension	m/2	$\Phi(°)$			
		M_0	M_1	M_2	M_3
0	4	0	-	-	-
1	7/2	-90	0	-	-
2	3	180	-90	0	-
3	5/2	90	180	-90	0

Die Übergangsenergien von Interbandübergängen, welche sich in der mit dem eben beschriebenen Verfahren ermittelten komplexen DF wiederspiegeln, spielen eine zentrale Rolle in dieser Arbeit. Zur Bestimmung dieser wurde eine spezielle Methode verwendet, die im Folgenden kurz erklärt werden soll. Gleichung 2.47 zeigt, dass die dielektrische Funktion direkt proportional zur kombinierten Zustandsdichte 2.46 multipliziert mit Energiequadrat ist. Schließlich entwickelte Aspnes 1972 eine Methode zur Analyse ihrer dritten Ableitungen [78, 79]. Der Vorteil dieses Vorgehens liegt darin, dass Absorptionsstrukturen durch die Ableitung wesentlich besser zur Geltung kommen. Zudem wurde durch dieses Verfahren eine direkte Verbindung zwischen der Modulationsspektroskopie (Photo -, Elektro -, Thermoreflexion) und dem Verlauf der DF geschaffen. Die Anpassung der dritten Ableitung wurde mit folgender Formel durchgeführt:

$$\frac{d^3}{dE^3}(E^2\varepsilon) = \sum_{j=1}^{m} \frac{A_j e^{i\Phi_j}}{(E - E_j + i\Gamma_j)^{m_j/2}}. \tag{2.93}$$

Hierbei handelt es sich um die Summe über m dreifach abgeleitete Oszillatoren der Energie E_j mit der Amplitude A_j, dem Phasenfaktor Φ_j sowie der Verbreiterung Γ_j. Ferner gibt der Exponent n/2 die in Kapitel 2.1.2 beschriebene Dimensionalität der betrachteten kritischen Punkte an. Je nach Dimensionalität sind nur bestimmte, in Tabelle 2.1 zusammengefasste, Phasenfaktoren möglich. Die erste Zeile in der Tabelle beschreibt hier zum Beispiel einen dreifach abgeleiteten Lorentz - Oszillator. Streng genommen ist mit diesem Verfahren nur die exakte Anpassung einer Ein - Teilchen - DF mit parabolischem Bandverlauf möglich. Wie im Weiteren noch deutlich wird, kann der Einfluss von Exzitonen das Aussehen der DF sehr stark verändern. Wie frühere Arbeiten zeigen kann dieser Effekt durch eine Änderung des Phasenfaktor relativiert werden [41].

Auf Grund des teilweise sehr starken Einfluss der Coulomb - Wechselwirkung auf den Bereich der fundamentalen Bandkante werden dort andere Modelle zur Energiebestimmung benutzt. Das hier verwendete analytische Modell soll nun kurz beschrieben werden. Im wesentlichen besteht es aus einem gaußverbreiterten Elliot - Modell [80] wobei gilt:

$$\varepsilon_2(E) = \sum_{vb} \varepsilon_2^{X,vb} + \varepsilon_2^{BB}(E) \tag{2.94}$$

Hierbei stellt der erste Teil den Beitrag der freien Exzitonen am Imaginärteil der DF dar während der zweite Term den Einfluss der Band-Band-Übergänge beschreibt. Wie aus Gleichung 2.94 zu

2.3 Modelle und Datenanalyse

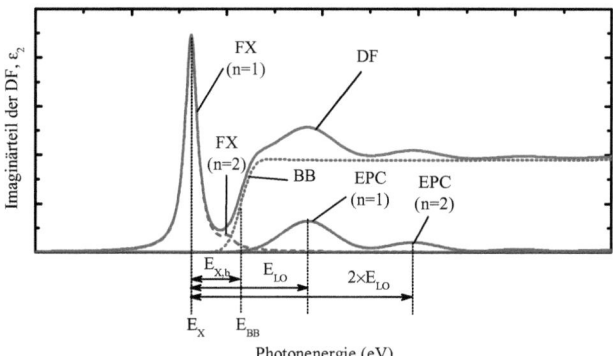

Abbildung 2.18: Allgemeine Modellierung des Imaginärteil der DF mittels im Text beschriebenem gaußverbreitertem Elliot Modell. Die Anteile von Band-Band-(BB), Exzitonen-(FX) und Elektron-Phonon-Absorption (EPC) sind gekennzeichnet.

erkennen ist wird innerhalb diese Modells nur der Imaginärteil der DF modelliert, indes wird der Realteil nicht betrachtet. Da die Kramers - Kronig Konsistenz, wie oben beschrieben, zuvor geprüft wurde ist dieses Vorgehen möglich. Für den Anteil der freien Exzitonen wird ein einfacher Gauß - Oszillator angenommen wobei auch der erste angeregte Zustand gemäß Gleichung 2.57 berücksichtigt wird. Der Verlauf des Imaginärteil der DF für einen 3D - M0 kritischen Punkt unter Einfluss der Coulomb - Wechselwirkung wurde bereits in Abschnitt 2.1.2 ausführlich diskutiert. Unter Verwendung von Gleichung 2.58 lässt sich nun der Beitrag der Bandkantenabsorption zur Gleichung 2.94 beschreiben. Im Rahmen dieses Modells sind die Verbreiterungen beider beschrieben Anteile (Band - Band, Exziton) gleich. Wie im Abschnitt 2.1.2 über elektronische Übergänge gezeigt, gibt es in polaren Materialien noch einen weiteren Anteil der im Imaginärteil der DF zu sehen ist. Dieser auf die Wechselwirkung von Exzitonen mit Phononen (EPC) zurückzuführende Beitrag wird mit der bereits dargestellten Gleichung 2.61 modelliert. Ein allgemeiner Verlauf von ε_2 mit allen beschriebenen Anteilen ist in Abbildung 2.18 zu sehen. Die Energiedifferenz zwischen Exziton - und Bandkantenabsorption stellt hierbei die Exzitonenbindungsenergie ($E_{X,b}$) dar. Der erste angeregte Zustand befindet sich dementsprechend $E_{X,b}/4$ unterhalb der Bandkante. Absorptionsstrukturen infolge von Elektron - Phonon - Komplexen sind direkt mit dem longitudinal - optischen Phonon verknüpft. Der energetische Abstand zum Exziton beträgt dementsprechend E_{LO}.

2 Dielektrische Funktion und Ellipsometrie

3 Theoretische Beschreibung der Gruppe - III - Nitride

3.1 Kristallstruktur

Die Gruppe-III-Nitride sind polytype Halbleiter wobei die Kristallstruktur von epitaktischen Schichten von Art und Orientierung des Substrates sowie den Wachstumsbedingungen abhängt. Im Gegensatz zu anderen III - V Halbleiterverbindungen wie den Arseniden (GaAs, AlAs, InAs) und Phosphiden (InP, GaP), welche in kubischer Struktur kristallisieren, ist die thermodynamisch stabilste Form der Nitride die hexagonale Wurtzite (wz) - Struktur (α - Phase). Anderseits kristallisieren Nitride durch epitaktisches Niedrigtemperatur-Wachstum auf kubischen Substraten ebenfalls in metastabiler kubischer Zinkblende (zb) - Struktur (β - Phase). Des Weiteren ordnen sich GaN, AlN und InN bei sehr hohen Drücken in einer Kochsalz-Struktur an, die in der Praxis aber kaum Relevanz hat und somit hier nicht weiter betrachtet wird. Sowohl in der α - als auch in der β - Phase kommt es zur Ausbildung kovalenter Bindungen mit der Koordinationszahl 4, wodurch jedes Atom tetraedisch von vier Atomen der anderen Komponente umgeben ist. Die Konfiguration der an den Bindungen beteiligten Elemente sind Ga ($4s^2,4p^1$), In ($5s^2,5p^1$), Al ($3s^2,3p^3$) sowie N ($2s^2,2p^3$). Um eine energetisch günstigere sp^3-hybridisierte Bindung einzugehen gibt der Stickstoff jeweils ein Elektron an das Metall ab. Diese Hybridisierung der Orbitale ist für die halbleitenden Eigenschaften der Gruppe-III-Nitride verantwortlich. Eine sehr gute thermische und chemische Stabilität sowie der hohe Schmelzpunkt lassen sich durch einen leicht ionischen Charakter der Bindung, welcher aus den Unterschieden in den Elektronegativitätswerten herrührt, erklären. Der Unterschied zwischen der hexagonalen Wurtzit- und der kubischen Zinkblende-Struktur liegt lediglich in der Schichtfolge der Atome.

3.1.1 Hexagonal

Die hexagonale wz - Struktur besitzt eine C_{6v}^4 - Symmetrie (Raumgruppe $P6_3mc$) mit zwei Stickstoff - und zwei Metallatomen in der primitiven Einheitszelle. Abbildung 3.1 stellt die Atomanordnung im wz - Kristall dar. Hierbei sind primitive Einheitszelle sowie die tetraedrischen Bindungen der jeweiligen Atomsorte in der Grafik hervorgehoben. Das wz-Gitter ist aus zwei hexagonal dichtgepacktesten Untergittern (hcp), die um $u = 5/8c$ entlang der c-Richtung ([0001]) gegeneinander verschoben sind, aufgebaut. u bezeichnet hierbei den zellinternen Parameter. Die Basis der beiden Untergitter besteht jeweils aus einem Metall- und einem Stickstoffatom, was zu einer

3 Theoretische Beschreibung der Gruppe - III - Nitride

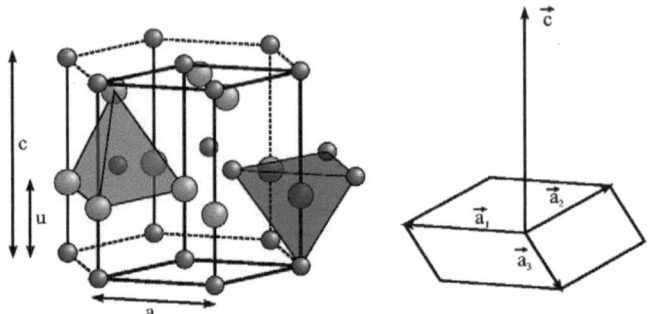

Abbildung 3.1: Kristallstruktur von hexagonalen Gruppe-III-Nitriden (links). Lage der Kristallachsen im hexagonalen Kristallsystem (rechts).

aAbB aAbB ...-Stapelfolge führt. aA und bB stellen hierbei die zweiatomige Basis dar. Besetzt man jedes der beiden Untergitter mit einer Atomsorte und verschiebt die beiden um u gegeneinander, so ergibt sich die selbe Stapelfolge. Bei Kristallen mit hexagonaler Symmetrie wird anstatt der geläufigen Miller-Indizes ein System aus vier Koordinaten $[hkil]$ eingeführt. Der Vorteil liegt darin, dass, wie aus kubischen Systemen bekannt, die jeweiligen Kristallrichtungen senkrecht zu den gleich indizierten Flächen stehen. Zwei dieser Achsen $\vec{a}_1$, $\vec{a}_2$ und $\vec{a}_3$ schließen dabei immer paarweise einen Winkel von 120° ein und bilden die hexagonale Basalebene der Einheitszelle. Die vierte Koordinate, die eingeführt wird, liegt senkrecht zu dieser Grundfläche und wird als c-Achse bezeichnet. Zur Veranschaulichung zeigt Abbildung 3.1 eine schematische Darstellung. Aus der Lage der Achsen ergibt sich folgender Zusammenhang zwischen den Indizes: $i = -(h+k)$. Ist der Abstand, wie in der Zinkblende-Struktur, von jedem Atom zum nächsten Nachbarn der gleiche so ergibt sich für u ein Idealwert von 3/8c. Infolge der Unterschieden in den Elektronegativitätswerten weichen die realen u-Wert für alle Gruppe-III-Nitride vom Wert für einen perfekten Kristall ab. Folglich gibt es eine Verschiebung der Atome aus der Idealposition was zu abweichenden Bindungslängen führt. In Tabelle 3.1 sind die Gitterkonstanten der drei Nitrid-Halbleiter sowie das c/a-Verhältnis und der u-Parameter im Vergleich zu den Idealwerten aufgeführt. Aus der Tabelle ist ersichtlich, dass AlN am weitesten vom Idealkristall abweicht während es in GaN und InN nur kleiner Verschiebungen gibt. Dieser Unterschied zwischen AlN und GaN/InN wirkt sich stark auf alle physikalischen Eigenschaften aus was im Weiteren noch deutlich wird. Betrachtet man die Anordnung der Atome entlang der [0001]- und [000-1]-Richtung so zeigen sich unterschiedliche Atomlagensequenzen. Die Atome ordnen sich hierbei in Doppellagen aus Kationen und Anionen an, was zu einem polaren "Gesicht" des Kristalls führt. Im Gegensatz zu Stickstoff besitzen Aluminium und Gallium eine deutlich kleinere Elektronegativität, woraus ein starkes Dipolmo-

3.1 Kristallstruktur

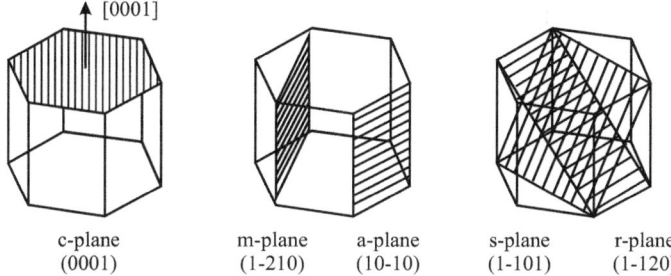

| c-plane | m-plane | a-plane | s-plane | r-plane |
| (0001) | (1-210) | (10-10) | (1-101) | (1-120) |

Abbildung 3.2: Kristallographie und Flächen-Orientierung für die hexagonale Wurtzitstruktur.

ment zwischen den Atomen resultiert. In einem idealen hexagonalen Kristall sowie im kubischen System sind alle Bindungen zu nächsten Nachbarn identisch, wodurch sich die Dipolmomente gegenseitig aufheben. Betrachtet man jedoch die übernächsten Nachbarn so unterscheiden sich die Bindungslängen in zwei entgegengesetzte Richtungen um circa 13 %. Summiert man nun über ein bestimmtes Volumen so ergibt sich ein makroskopischer Polarisationsvektor vom Stickstoff- zum Metall-Atom entlang der [000-1]-Richtung. Dieser, in allen hexagonalen Materialien auftretende, Effekt wird spontane Polarisation genannt. Infolge dieser Polarisation entstehen interne elektrische Felder die starken Einfluss auf die Materialeigenschaften haben. Zur vollständigen Beschreibung dieser Eigenschaft müssen auch Beiträge von drittnächsten, viertnächsten Nachbarn usw. beachtet werden. Aus theoretische Arbeiten ergibt sich für AlN (GaN) ein Wert von $-0.09\,\mathrm{C/m^2}$ ($-0.034\,\mathrm{C/m^2}$). Da diese intrinsische Polarisation im unverspannten wz - Kristall nur entlang der c - Achse auftritt gibt es auch Richtungen in denen sich die elektrischen Dipole teilweise oder komplett aufheben. Die wichtigsten Flächen sind in Abbildung 3.2 dargestellt. Bei den a - und m - plane Flächen des Hexagons handelt es sich um unpolare Orientierungen, da in diesen Richtungen keine spontane Polarisation auftritt. Bei den semipolaren r - und s - plane

Tabelle 3.1: Gitterkonstanten der Gruppe-III-Nitride in wz-Struktur.

	AlN [81]	GaN [81]	InN [82]	ideal
$c(\text{Å})$	4.98098	5.18614	5.70374	-
$a(\text{Å})$	3.11197	3.18940	3.53774	-
u	0.3869	0.3789	0.3769	0.375
c/a	1.60056	1.62606	1.61225	1.633

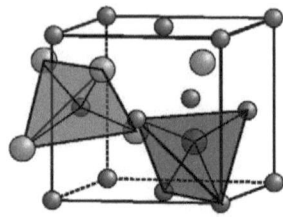

Abbildung 3.3: Kristallstruktur des kubisch flächenzentrierten Gitters.

kommt es zu einer teilweisen Kompensation der Dipolmomente. Wie bereits gezeigt wurde, besitzen reale Nitrid - Kristalle keine ideale Gitterstruktur. Durch diese Auslenkung der Atome aus den Idealpositionen entsteht eine zusätzlicher Beitrag zur spontanen Polarisation. Durch eventuelle Verzerrungen infolge von pseudomorphem Wachstum und daraus resultierender Deformation des Kristallgitters kommt es gleichzeitig zu einer piezoelektrischen Polarisation in den wz.- Kristallen. Bei real auftretenden Verspannungen von maximal 0.2 % ist dieser Effekt ungefähr halb so stark wie die spontane Polarisation.

3.1.2 Kubisch

Die Zinkblende-Struktur hat eine kubische Einheitszelle mit T_d^2 - Symmetrie ($F\bar{4}3m$) die wiederum vier Atome jeder Sorte enthält. Die Struktur der Zinkblende folgt aus der Diamantstruktur. Sie besteht ebenfalls aus zwei kubisch - flächenzentrierten (fcc) Untergittern die um ein viertel der Raumdiagonale gegeneinander verschoben sind. Im Gegensatz zum Diamant, wo beide Gitter mit Kohlenstoff - Atomen besetzt sind, ist bei Zinkblende eines mit Metall- bzw. Stickstoffatomen besetzt. Entsprechend ist wieder jedes Atom von vier gleich weit entfernten Atomen der jeweils anderen Sorte auf den Ecken eines regelmäßigen Tetraeders umgeben, was in Abbildung 3.3 gekennzeichnet ist. Die Struktur kann auch analog zur Wurtzit - Struktur durch zwei hcp - Untergitter aufgebaut werden nur ist die Stapelfolge nun aAbBcC aAbBcC... . Dabei entspricht die [0001]-Richtung des Wurtzit der [111]- Richtung der zb - Struktur wobei sich die Gitterkonstanten unterscheiden. Durch das Vorhandensein eines Inversionszentrum im Mittelpunkt der Zinkblende-Struktur heben sich alle Dipolmomente gegenseitig auf, woraus ein unpolarer Kristall resultiert. Die Gitterkonstanten betragen 4.373 Å (AlN [33]), 4.5036 Å (GaN [83]) und 4.974 Å (InN [84]).

3.2 Bandstruktur

Die Bandstruktur eines kristallinen Festkörpers beschreibt die Dispersion von Elektronen unter dem Einfluss eines gitterperiodischen Potentials. Sie beschreibt die Zustände von Elektronen und Löchern im Impulsraum und spiegelt somit die elektronische Struktur des Festkörpers wieder. Zur

3.2 Bandstruktur

Berechnung der Bandstruktur und die mit ihr verknüpften elektrooptischen Eigenschaften muss die allgemeine Schrödinger-Gleichung

$$\hat{H}\Psi(\vec{R},\vec{r}) = E\Psi(\vec{R},\vec{r}), \quad (3.1)$$

mit dem Hamilton-Operator

$$\hat{H} = -\sum_i \frac{\hat{p}_i^2}{2m_i} - \sum_j \frac{\hat{P}_j^2}{2M_j} + \frac{1}{2}\sum_{i\neq j} \frac{e^2}{|\vec{r}_i - \vec{r}_{i'}|} - \sum_{i,j} \frac{Z_j e^2}{|\vec{r}_i - \vec{R}_j|}$$
$$+ \frac{1}{2}\sum_{j\neq j'} \frac{Z_j Z_{j'} e^2}{|\vec{R}_j - \vec{R}_{j'}|} + \hat{H}_{so} + \hat{H}_{ss} + \hat{H}_{hfs} + \hat{H}_{ext} \quad (3.2)$$

gelöst werden. Hierbei stehen die Indizes i und j für Elektronen sowie Kerne. Die beiden ersten Terme entsprechen den kinetischen Energien während die elektrostatischen Effekte zwischen Elektron - Elektron, Elektron - Kern und Kern - Kern durch die drei folgenden beschrieben werden. Einflüsse durch Spin - Bahn -, Spin - Spin - und Hyperfein - Wechselwirkung werden durch die restlichen Komponenten dargestellt. Alle äußeren Einwirkungen auf das System werden in $\hat{H}_{ext}$ zusammengefasst. Im Allgemeinen kann diese Gleichung nicht gelöst werden wodurch man auf eine Reihe von Vereinfachungen angewiesen ist. In der Born - Oppenheimer - (adiabatische) Näherung wird davon ausgegangen, dass die Ionenrümpfe auf Grund ihrer wesentlich höheren Masse im Vergleich zu den Elektronen in Ruhe sind. Dadurch kann eine Bewegung der Elektronen durch ein zeitlich gemitteltes Potential angenommen werden. Das nach dieser Annahme immer noch vorhandenen Vielteilchen - Problem kann mit Hilfe der Ein - Elektron - oder Mean - Field - Näherung (Hartree - Fock) auf ein - Elektronensystem zurückgeführt werden. Die Korrelation der Elektronen untereinander wird hierbei als Wechselwirkung eines Elektrons mit einer gemittelten Austausch - Ladungsträgerdichte, welche Atomrümpfe sowie die restlichen Elektronen beinhaltet, dargestellt. Des Weiteren sind die Einflüsse durch Spin - Spin - und Hyperfein - Wechselwirkung sehr klein, so dass sie nur in Spezialfällen betrachtet werden.

Eine sehr vielseitige Methode zur Bandstrukturberechnung stellt die Dichtefunktionaltheorie (DFT) dar. Grundlagen dieser Methode sollen im folgenden kurz beschrieben werden. Anschließende werden berechnete Bandstrukturen für GaN und AlN dargestellt sowie Gemeinsamkeiten und Unterschiede diskutiert. Der wohl interessanteste Energiebereich von Halbleitermaterialien ist die Umgebung der fundamentalen Bandkante. Zur Beschreibung der Dispersion in diesem Bereich, unter verschiedenen Einflüssen, wird häufig die k·p - Methode angewendet. Deren Grundlagen sowie fundamentale optische Eigenschaften in der Bandkantenregion werden in diesem Kapitel ebenfalls erläutert.

3.2.1 Dichtefunktionaltheorie (DFT)

Die Dichtefunktionaltheorie ist eine Methode zur Berechnung quantenmechanischer Viel - Elektronen - Systeme. Hierbei ist die Verteilung der Elektronendichte anstelle von Ein- oder Mehrelektronen-

3 Theoretische Beschreibung der Gruppe - III - Nitride

wellenfunktionen Grundlage aller Berechnungen. Seit mehr als 30 Jahren wird sie zur Beschreibung elektronischer Strukturen von Molekülen, Festkörpern, Oberflächen, Defekten, usw. benutzt.

Erstes Hohenberg-Kohn Theorem und Gesamtenergie

Die Grundlage der DFT ist das 1964 von Hohenberg und Kohn aufgestellte, und nach ihnen benannte, Theorem [85]. Dieses besagt, dass das äußere Potential $V[\rho(r)]$ ein eindeutig bestimmtes Funktional der Elektronendichte des nichtentarteten Grundzustandes ρ_0 ist. Die Energie E_0 des Grundzustands ist ein eindeutiges Funktional dieser Dichte, d.h. $E_0 = E[\rho_0]$. Daraus folgt, dass nicht mehr die Wellenfunktion, mit 4n Variablen (3 räumliche und eine Spin), Grundlage aller Berechnungen ist, sondern die von nur drei Ortsvariablen abhängige Elektronendichte. Im Gegensatz zu den Wellenfunktionen kann man die Elektronendichte, unter anderem durch Röntgenexperimente, direkt bestimmen. Analog zur wellenfunktionsbasierenden Behandlung des Problems kann man das Energiefunktional $E[\rho]$ in mehrere Therme aufteilen und diese getrennt betrachten.

$$E[\rho] = V_{Ne}[\rho] + V_{ee}[\rho] + T[\rho] \tag{3.3}$$

Das Energiefunktional 3.3 lässt sich in klassisch zu berechnende Teile, wie das Potential der Kern-Elektronen-Wechselwirkung V_{Ne}, und nicht-klassische Energieterme aufteilen. Für V_{Ne} gilt:

$$V_{Ne}[\rho] = -\sum_{I=1}^{N} \int \frac{Z_I \rho(\mathbf{r})}{|R_I - \mathbf{r}|} d\mathbf{r}. \tag{3.4}$$

Z_I ist hierbei die Ladung des Iten Kerns und R_I sein Position. In erster Näherung (Produktansatz) lässt sich die Elektron-Elektron-Wechselwirkung (V_{ee}) wiederum in einen klassisch zu berechnenden Coulomb-Term J und einen Term E_{nkl} separieren. E_{nkl} beinhaltet nicht klassische Effekte, wie die Austausch ($E_X[\rho]$), Korrelation ($E_C[\rho]$) und Selbstwechselwirkungskorrektur.

$$V_{ee}[\rho] = J[\rho] + E_{nkl}[\rho] \tag{3.5}$$

$$J[\rho] = \frac{1}{2} \int\int \frac{\rho(\mathbf{r}_1)\rho(\mathbf{r}_1)}{|\mathbf{r}_1 - \mathbf{r}_2|} d\mathbf{r}_1 d\mathbf{r}_2 \tag{3.6}$$

$$V_{ee}[\rho] = \frac{1}{2} \int\int \frac{\rho(\mathbf{r}_1)\rho(\mathbf{r}_1)}{|\mathbf{r}_1 - \mathbf{r}_2|} d\mathbf{r}_1 d\mathbf{r}_2 + E_X[\rho] + E_C[\rho] \tag{3.7}$$

Im Gegensatz zu $E_X[\rho]$ (Austausch) und $E_C[\rho]$ (Korrelation) ist für die kinetischen Energie der Elektronen ($T[\rho]$) aus Gleichung 3.3 kein geeignetes Funktional bekannt. Eine Lösung, die Kohn und Sham vorschlugen, ist die Annahme eines nicht wechselwirkenden Referenzsystems, welches die gleiche Elektronendichte wie das betrachtete System aufweist [86]. Somit kann die kinetische Energie des betrachteten System in zwei Terme, $T_S[\rho]$ und $T_C[\rho]$, aufgeteilt werden.

$$T[\rho] = T_S[\rho] + T_C[\rho] \tag{3.8}$$

$$T_S[\rho] = \sum_{i=1}^{n} \langle \phi_i | -\frac{1}{2}\nabla^2 | \phi_i \rangle \tag{3.9}$$

3.2 Bandstruktur

$T_S[\rho]$ ist die kinetische Energie des Referenzsystem, welche sich mit Einteilchenwellenfunktionen (Orbitale) ϕ_i exakt beschreiben lässt. $T_C[\rho]$ wird mit $E_X[\rho]$ und $E_C[\rho]$, aus Gleichung 3.7, zur Austausch-Korrelationsenergie E_{XC}, welche noch unbekannt ist, zusammengefügt. Die Gesamtenergie in der Dichtefunktionaltheorie ergibt sich also zu:

$$E[\rho] = T_S[\rho] + V_{Ne}[\rho] + J[\rho] + E_{XC}[\rho] \qquad (3.10)$$

$$E[\rho] = \sum_{i=1}^{n} \langle \phi_i | -\frac{1}{2}\nabla^2 | \phi_i \rangle - \sum_{I=1}^{N} \int \frac{Z_I \rho(\mathbf{r})}{|R_I - \mathbf{r}|} d\mathbf{r} \qquad (3.11)$$
$$+ \frac{1}{2} \int \int \frac{\rho(\mathbf{r}_1)\rho(\mathbf{r}_2)}{|\mathbf{r}_1 - \mathbf{r}_2|} d\mathbf{r}_1 d\mathbf{r}_2 + E_{XC}[\rho].$$

Der Operator (bzw. Potential) zu $E_{XC}[\rho]$ ist definiert als:

$$v_{XC}(\mathbf{r}) \equiv \frac{\partial E_{XC}[\rho]}{\partial \rho}. \qquad (3.12)$$

Zweites Hohenberg-Kohn Theorem und Kohn-Sham-Gleichungen

Das Energiefunktional $E[\rho]$ nimmt bei Variation der Elektronendichte $\rho(\mathbf{r})$ sein Minimum bei der Grundzustandselektronendichte $\rho_0(\mathbf{r})$ an. Diese Tatsache wird als zweites Hohenberg-Kohn-Theorem bezeichnet [85]. Damit folgt sofort für eine beliebige Testdichte $\tilde{\rho}(\mathbf{r})$, mit den Bedingungen $\tilde{\rho}(\mathbf{r}) \geq 0$ und $\int d\mathbf{r} \tilde{\rho}(\mathbf{r}) = N$ (Elektronenanzahl):

$$E[\rho_0(\mathbf{r})] \leq E[\tilde{\rho}(\mathbf{r})]. \qquad (3.13)$$

Während das erste Theorem die formale Rechtfertigung für das Arbeiten mit der Dichte ρ anstelle der Gesamtwellenfunktion ist, erlaubt das zweite die Grundzustandsdichte durch Variation des Energiefunktionals nach der Dichte zu finden. Durch Anwenden des Variationsprinzips erhält man folgende Euler-Lagrange-Gleichung:

$$\mu = v_{eff}(\mathbf{r}_1) + \frac{\partial T_S[\rho]}{\partial \rho(r)}. \qquad (3.14)$$

Für das effektive Potential ergibt sich dann:

$$v_{eff}(\mathbf{r}_1) = v_{ex}(\mathbf{r}_1) + \frac{\partial J[\rho]}{\partial \rho} + \frac{\partial E_{XC}[\rho]}{\partial \rho} \qquad (3.15)$$
$$= v_{ex}(\mathbf{r}_1) + \int \frac{\rho(\mathbf{r}_2)}{|\mathbf{r}_1 - \mathbf{r}_2|} d\mathbf{r}_2 + v_{XC}(\mathbf{r}_1). \qquad (3.16)$$

Das externe Potential $v_{ex}(\mathbf{r}_1)$ wird durch die Wechselwirkung der Kerne mit den Elektronen bestimmt (vgl. Gl. 3.10, 3.11). Bei gegebenem $v_{eff}(\mathbf{r})$ lässt sich nun eine Elektronendichte $\rho(\mathbf{r})$ finden, welche die Gleichung 3.14 erfüllt, indem die Einteilchen-Schrödinger-Gleichung (Kohn-Sham-Gleichungen)

$$\hat{h}_{KS}\phi_i = \epsilon_i \phi_i \qquad (3.17)$$

3 Theoretische Beschreibung der Gruppe - III - Nitride

gelöst wird. Die entsprechende Elektronendichte erhält man durch:

$$\rho(\mathbf{r}) = \sum_i^{N_{el}} |\phi_i(\mathbf{r})|^2 . \tag{3.18}$$

Hierbei ist ϵ_i die Einteilchenenergie und $\hat{h}_{KS}$ der Kohn-Sham-Operator des Systems

$$\hat{h}_{KS} = -\frac{1}{2}\nabla^2 + \hat{V}_{Ne} + \int \frac{\rho(\mathbf{r}_2)}{|\mathbf{r}_2 - \mathbf{r}_1|} d\mathbf{r}_2 + \hat{V}_{XC} . \tag{3.19}$$

Diese Ausführungen zeigen, dass der KS-Operator, beziehungsweise das effektive Potential, selbst von der Elektronendichte abhängen. Folglich sind die N Ein - Elektronen - Schrödingergleichungen aneinander gekoppelt wodurch in einem iterativen Prozess eine selbstkonsistente Lösung gefunden werden kann. Die Iteration beginnt dabei im ersten Schritt mit einer geschätzten Elektronendichte ρ_1. Hieraus lässt sich nach Gleichung 3.15 ein effektives Potential $v_{eff,1}(\mathbf{r})$ konstruieren. Als Lösung für die durch $v_{eff,1}(\mathbf{r})$ festgelegten Kohn - Sham - Gleichungen erhält man die Orbitale $\phi_{i,2}$, welche über Gleichung 3.18 zu einer neuen geschätzten Elektronendichte ρ_2 führen. Diese Elektronendichte ist Startpunkt des nächsten Iterationszyklus. Die Schleife wird solange durchlaufen, bis sich die Energie $E[\rho]$ von Schritt zu Schritt nicht mehr ändert und somit die selbstkonsistente Lösung angenommen hat. Das Austausch - Korrelation - Funktional ist nun der einzige unbekannte Term im Kohn - Sham - Formalismus. Die wichtigsten Näherungen für dieses Funktional werden im Anhang C kurz diskutiert. Ferner sind dort Anmerkungen über Pseudopotentiale sowie der Berechnung im k-Raum zu finden. Ein Nachteil des beschriebenen Vorgehens nach Kohn und Sham ist die Wiedereinführung von Einteilchen - Wellenfunktionen welche die Elektronendichte als wichtige Größe ablösen. Trotzdem basieren heutzutage fast alle praktischen Rechnungen in der DFT auf diesem Formalismus.

3.2.2 DFT-Bandstrukturen von GaN und AlN

Im Rahmen dieser Arbeit wurde das Softwarepaket QUANTUM ESPRESSO zur Berechnung von Bandstrukturen innerhalb der DFT benutzt. Die der Rechnung zu Grunde liegenden Pseudopotentiale für Aluminium, Gallium und Stickstoff sind der Internetseite des Softwareanbieters entnommen. Um ein möglichst genaues Ergebnis zu erzielen wurden Ga-Potentiale gewählt bei denen die $3d$ - Elektronen als Valenzelektronen betrachtet werden. Die Berechnung der benötigten Gleichgewichts - Gitterkonstanten erfolgt durch eine Gesamtenergie-Minimierung innerhalb selbstkonsistenter Rechnungen. Des Weiteren wurde in einem ähnlichen Verfahren eine geeignete "cut - off" Energie ermittelt. In diesem Abschnitt sollen nun die mittels DFT berechneten Bandstrukturen für GaN und AlN kurz gezeigt und interpretiert werden.

Die in Abschnitt 3.1 beschriebenen kubischen Kristallstruktur ergibt im $\vec{k}$ - Raum wiederum eine kubische Brillouin Zone (BZ), welche in Abbildung 3.4 gezeigt ist. In der Darstellung sind die Punkte hoher Symmetrie sowie deren Verbindungslinien gekennzeichnet. Der Γ - Punkt bildet hierbei das Zentrum der BZ, während der X - Punkt den Mittelpunkt des Quadrates in x, y

3.2 Bandstruktur

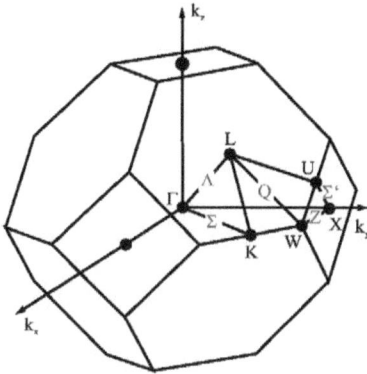

Abbildung 3.4: Erste Brillouin Zone für ein fcc-Gitter. Die im Text beschriebenen Punkte und Linien hoher Symmetrie sind gekennzeichnet.

und z-Richtung darstellt, welcher auf Grund der kubischen Symmetrie sechsfach vertreten ist. Ferner tritt der L-Punkt, welcher entlang der [111]-Richtung in der Mitte des Sechseck liegt, achtfach auf. Weiterhin liegen der K- und U-Punkt auf den Kanten zwischen zwei Sechsecken beziehungsweise zwischen Quadrat und Sechseck. Am häufigsten ist der W-Punkt vertreten welcher die Eckpunkte zwischen zwei Sechsecken und einem Viereck bildet. Die mittels DFT-LDA berechneten Bandstrukturen für kubisches GaN und AlN sind in Abbildung 3.5 dargestellt. Auf den ersten Blick sehen sich beide Bandstrukturen sehr ähnlich. Die Symmetrien der einzelnen Bänder an Punkten hoher Symmetrie in der BZ sind durch kleinen Zahlen gekennzeichnet. Zum Verständnis der optischen Eigenschaften sind diese Symmetrien sehr wichtig, da sie die optischen Auswahlregeln bestimmen. Auffällig sind die sehr flachen Bänder im GaN bei ca. $-16\,$eV, welche die $3d$ Zustände des Galliums darstellen. Diese Semicore-Level liegen im gleichen Energiebereich wie die, von den Stickstoff $2s$ Niveaus gebildeten, niedrigsten Valenzbänder. XPS Messungen zeigen jedoch, dass diese d-Level etwa $3\,$eV unterhalb der Stickstoff s Zustände liegen [87]. Wäre dies nicht der Fall, so käme es durch die energetische Nähe zu Wechselwirkungen zwischen den Bändern, was zu einer Hybridisierung führt. Dies wiederum würde eine Aufspaltung der Zustände zur Folge haben. Eine solche Aufspaltung wurde jedoch experimentell noch nicht beobachtet. Aus diesem Grund kann davon ausgegangen werden, dass hier eine Abweichung in der DFT-LDA Rechnung vorliegt, weshalb oft die Ga $3d$ Level mit in das Pseudopotential einbezogen werden. Wie im Weiteren erläutert wird, führt diese Vorgehensweise jedoch wiederum zu Fehlern in der Beschreibung der Leitungsbänder. Da in dieser Arbeit keine Anregungen aus den Kern-Nahen Zuständen betrachtet werden, werden die $3d$ Zustände zur exakten Beschreibung der Leitungsbänder

3 Theoretische Beschreibung der Gruppe - III - Nitride

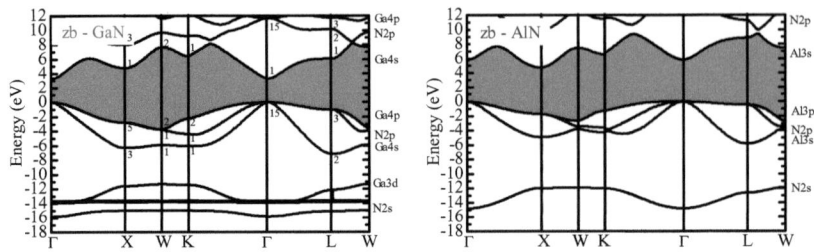

Abbildung 3.5: Mittels DFT-LDA-Rechnungen ermittelte Elektronen-Bandstrukturen für zb-GaN (links) und zb-AlN (rechts). Punkte und Linien der ersten BZ sind markiert.

weiterhin als Valenzzustände angesehen und somit nicht mit ins Pseudopotential einbezogen. Im Gegensatz zu GaN sind diese flachen Bänder infolge der fehlenden d - Elektronen im AlN nicht vorhanden.

Im kubischen GaN liegt das Maximum des Valenzband sowie das Minimum des Leitungsband in der Mitte der BZ (Γ - Punkt). Daher handelt es sich hierbei um einen direkten Halbleiter. Im Gegensatz dazu ist im AlN das Minimum des Leitungsband am X - Punkt zu finden, wodurch sich eine indirekte Bandlücke ergibt. Ein Grund hierfür könnten die fehlenden d - Level sein wodurch sich die pd - Abstoßung verändert oder wegfällt. In der Dissertation von M. Rohlfing (WWU Münster, 1996) [88] wurde an verschiedenen Beispielen nachgewiesen, dass durch fehlende d - Elektronen der Abstand der Bänder größer wird. Auffällig ist, dass beide Bandstrukturen fast identisch sind nur am Γ - Punkt verschiebt das Leitungsband zu höheren Energien, woraus sich ein größerer direkter Übergang im Zentrum der BZ sowie die indirekte Bandlücke ergibt. Aus dieser Beobachtung lässt sich schließen, dass der Einfluss der pd - Wechselwirkung nicht an allen Punkten der BZ gleich ist. Der genaue Grund hierfür könnten die an der Bildung der Bänder beteiligten Atom-Zustände sein. So hat das Leitungsband am Γ - Punkt einen starken s - Orbital - Charakter wodurch eine starke Wechselwirkung mit den d-Bändern folgt und somit sich der Bandabstand im GaN verringert. Folgt man dieser Interpretation so liegt die Annahme nahe, das die Leitungsbänder an verschiedenen Punkten der BZ andere Orbital - Charakter haben und sich somit die Wechselwirkung abschwächt oder gar umkehrt. Um diese Hypothese zu untermauern sind jedoch weiterführende theoretische Arbeiten nötig.

Abbildung 3.6 zeigt nun die erste BZ des hexagonalen Wurtzit-Gitters mit allen Hochsymmetriepunkten und Geraden. Die Bezeichnungen der Punkte und Geraden ist in der Abbildung gekennzeichnet. Wie bereits aus der Kristallstruktur ersichtlich wird, sind hier nicht mehr alle Raumrichtungen gleich wodurch sich die Symmetrie der BZ verringert. Auf Grund der kleineren BZ im Vergleich zum kubischen Kristall ergeben sich Rückfaltungen der Bänder in die erste BZ was zu einem Anstieg der möglichen Zustände führt. Die mittels DFT - LDA berechneten Ein-Teilchen-

3.2 Bandstruktur

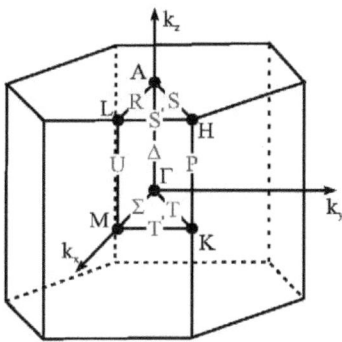

Abbildung 3.6: Erste Brillouin Zone für ein hexagonales Wurtzit Gitter.

Bandstrukturen für wz-GaN und wz-AlN sind in Abbildung 3.7 dargestellt. Hierbei wurden die selben Potentiale wie im kubischen System verwendet. Ferner waren abermals selbstkonsistente Rechnungen Grundlage zur Bestimmung der Gleichgewichtsgitterkonstanten sowie der "cut-off" Energie. Auffällig in beiden Bandstrukturen ist die bereits erwähnte höher Anzahl an Zuständen im Vergleich zu Zinkblende Kristallen. Dies führt zu der Annahme, dass auch die Anzahl der möglichen optischen Übergänge in hexagonalem Material höher ist. Des Weiteren werden durch die reduzierte Kristallsymmetrie Band-Entartungen aufgehoben was mit einer Änderung in den Symmetrien der Bänder einhergeht. Dadurch sind bestimmte Übergänge nun ausschließlich für definierte Lichtpolarisationen (parallel oder senkrecht zur c-Achse) möglich. Infolgedessen geht man in hexagonalen Kristallen allgemein von einer anisotropen optischen Antwort aus. In Tabelle 3.2 sind die erlaubten Übergängen in Abhängigkeit von der einfallenden Lichtpolarisation sowie Symmetrie der beteiligten Bänder an bestimmten Punkten zusammengefasst [89, 90]. Obwohl die Atomorbitale der einzelnen Atome in einem Kristall sehr stark gestört sind, ist der Einfluss ihrer Drehimpulse auf die Interbandübergänge sehr stark. Die größten Beiträge einzelner Atomorbitale, zu den jeweiligen Leitungs- und Valenzbändern des Kristall, sind in den Bandstrukturen (Abbildung 3.5 und 3.7) am rechten Rand vermerkt. Daraus wird ersichtlich das die obersten Valenzbänder p-artig sind während die tiefsten Leitungsbänder s-Charakter aufweisen [91–93]. Auf Grund der Dipol Auswahlregeln, bei denen sich der Drehimpuls um eins ändern muss, sind Übergänge zwischen den obersten Valenz- und niedrigsten Leitungsbändern stärker ausgeprägt. Andererseits sind die Übergangswahrscheinlichkeiten aus niedrigeren Valenz- oder in höhere Leitungsbänder geringer da hier der p-Charakter der Bänder überwiegt. Betrachtet man nun die Bandstrukturen von hexagonalem GaN und AlN, so fällt als erstes wieder die große Ähnlichkeit auf. Äquivalent zu kubischen Kristallen fehlen die d-Zustände im AlN, während diese sich für GaN mit den unteren Valenzbändern mischen. Der Verlauf der Bänder in beiden binären Kristallen ist nahezu identisch, abgesehen von dem nach oben verschobenen Leitungsband am Γ-Punkt für AlN, was

3 Theoretische Beschreibung der Gruppe - III - Nitride

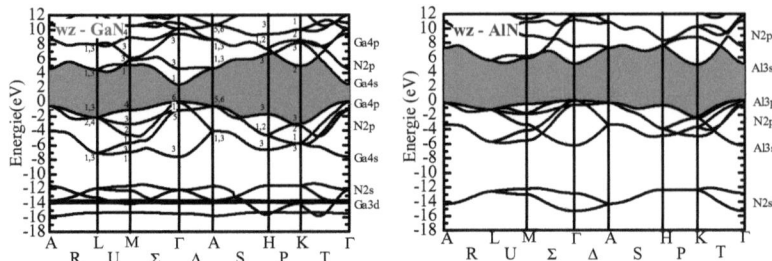

Abbildung 3.7: Elektron-Bandstrukturen für wz-GaN (links) und wz-AlN (rechts). Die Energien wurden mittels DFT-LDA berechnet.

eine breitere Bandlücke zur Folge hat. Im Gegensatz zu Zinkblende - AlN ist diese Verschiebung aber nicht so groß, wodurch sich das Leitungsband - Minimum weiterhin am gleichen Ort wie das Valenzband - Maximum befindet. Daraus resultiert ein direkter Halbleiter mit einer Bandlücke um die 6 eV. Kleinere Unterschiede in den Bandstrukturen der beiden Materialien werden in Zusammenhang mit den optischen Spektren im Detail diskutiert. Ein wesentlicher Unterschied der hier schon ersichtlich wird ist die Reihenfolge der obersten drei Valenzbänder am Γ - Punkt. Da dies für direkte Halbleiter der wohl interessanteste Teil der BS ist, wird dieser im anschließenden Kapitel 3.2.3 über k·p - Theorie ausführlich diskutiert.

3.2.3 Bandkante - k·p - Theorie

Die k·p - Methode ist ein sehr wirkungsvolles und oft angewandtes Werkzeug zur Beschreibung der optischen Eigenschaften von Festkörpern in der Umgebung von Extrema der Bandstruktur. Die von Bardeen [94] und Seitz [95] erstmals benutzte Methode wird heute sehr gern für die Bestimmung der Bandkanten - Eigenschaften von Halbleitern und Quantum - Well Strukturen benutzt. Im Gegensatz zur DFT handelt es sich bei der k·p - Theorie um keine *ab initio* Methode sondern um eine Störungstheorie bei der man auf Eingangsparameter angewiesen ist. Diese Para-

Tabelle 3.2: Auswahlregeln für hexagonale Kristalle.

Ort in der BZ	$E \perp c$	$E \parallel c$
Γ und Δ (Γ → A)	1-6, 2-6, 3-5, 4-5, 5-6	1-1, 2-2, 3-3, 4-4, 5-5, 6-6
M und U (M → L)	1-2, 1-3, 2-4, 3-4	1-1, 2-2, 3-3, 4-4
K, T (Γ → K) und P (K → H)	1-3, 2-3, 3-3	1-1, 2-2, 3-3
Σ (Γ → M)	1-2, 1-1, 2-2	1-1, 2-2, 3-3

3.2 Bandstruktur

meter erhält man aus Experimenten oder anderen Rechnungen wie der DFT - LDA. Im Folgenden Abschnitt werden zunächst kurz die Grundlagen der k·p - Methode erläutert und anschließend die im Rahmen dieser Abhandlung berechneten Bandkanteneigenschaften von GaN und AlN dargelegt.

Bloch Theorem

Ausgehend von Gleichung 3.1 und den dort erwähnten Vereinfachungen lässt sich die Bewegung eines Elektrons im Gerüst des positiv geladenen Ionengitters unter der Wechselwirkung mit dem ihm umgebenden Elektronengas durch die Einteilchen - Schrödinger - Gleichung beschreiben.

$$\underbrace{\left(\frac{\hat{p}^2}{2m_0} + \underbrace{V_c(\vec{r}) + V_e(\vec{r})}_{V_0(\vec{r})}\right)}_{\hat{H}} \psi_{n\vec{k}}(\vec{r}) = E_n \psi_{n\vec{k}}(\vec{r}) \qquad (3.20)$$

Eventuelle Störungen der idealen Gitterstruktur können hier durch zusätzliche Streupotentiale berücksichtigt werden, worauf im Weiteren aber verzichtet wird. Geht man nun davon aus, dass das Elektron sich durch ein periodisches Potential der Form:

$$V_0(\vec{r}) = V_0(\vec{r} + \vec{R}), \qquad (3.21)$$

bewegt, wobei $\vec{R}$ die Gittervektoren beschreibt, so ist der Hamilton - Operator $\hat{H}$ in 3.20 invariant gegenüber Gittertranslation der Form $\vec{r} \to \vec{r} + \vec{R}$. Daraus folgt, dass die Wellenfunktion $\psi(\vec{r} + \vec{R})$ sich von $\psi(\vec{r})$ nur durch eine Konstante unterscheidet. Diese Konstante muss so gewählt werden, dass die Wellenfunktion bei Wiederholung der Translation nicht gegen unendlich wächst. Als Ergebnis erhält man das bekannte Bloch Theorem.

$$\psi_{n\vec{k}}(\vec{r}) = e^{i\vec{k}\vec{r}} u_{n\vec{k}}(\vec{r}) \qquad (3.22)$$

$$u_{n\vec{k}}(\vec{r} + \vec{R}) = u_{n\vec{k}}(\vec{r}) \qquad (3.23)$$

Hierbei ist $u_{n\vec{k}}(\vec{r})$ eine gitterperiodische Funktion und $\psi_{n\vec{k}}(\vec{r})$ die Bloch-Funktion. $\vec{k}$ ist der Wellenvektor der Elektronen und n der Bandindex. Aus der Gleichung 3.22 für die Wellenfunktionen und $\hat{p} = -i\hbar\nabla$ für den Impuls - Operator, lässt sich der erste Term der Schrödinger - Gleichung 3.20 wie folgt umformen:

$$-\frac{\hbar^2}{2m_0}\nabla^2 \cdot \psi_{n\vec{k}}(\vec{r}) = -\frac{\hbar^2}{2m_0}\nabla\left(i\vec{k}\psi_{n\vec{k}}(\vec{r}) + e^{i\vec{k}\vec{r}}\nabla u_{n\vec{k}}(\vec{r})\right) =$$

$$+\frac{\hbar^2}{2m_0}\left(-k^2(\vec{r})\psi_{n\vec{k}}(\vec{r}) + 2i\vec{k}e^{i\vec{k}\vec{r}}\nabla u_{n\vec{k}}(\vec{r}) + e^{i\vec{k}\vec{r}}\nabla^2 u_{n\vec{k}}(\vec{r})\right) =$$

$$-\frac{\hbar^2}{2m_0}e^{i\vec{k}\vec{r}}\left(-k^2 + 2i(\vec{k}\cdot\nabla) + \nabla^2\right)u_{n\vec{k}}(\vec{r}) =$$

3 Theoretische Beschreibung der Gruppe - III - Nitride

$$+e^{i\vec{k}\vec{r}}\left(+\frac{\hbar^2 k^2}{2m_0} - i\frac{\hbar^2}{m_0}(\vec{k}\cdot\nabla) - \frac{\hbar^2}{2m_0}\nabla^2\right)u_{n\vec{k}}(\vec{r}) =$$

$$+e^{i\vec{k}\vec{r}}\left(\frac{\hbar^2 k^2}{2m_0} + \frac{\hbar}{m_0}(\vec{k}\cdot\hat{p}) + \frac{\hat{p}^2}{2m_0}\right)u_{n\vec{k}}(\vec{r}).$$

Für die komplette Schrödinger-Gleichung ergibt sich dann:

$$\left(\underbrace{\frac{\hat{p}^2}{2m_0} + V_0(\vec{r})}_{\hat{H}_0} + \frac{\hbar}{m_0}(\vec{k}\cdot\hat{p})\right)u_{n\vec{k}}(\vec{r}) = \left[E_n(\vec{k}) - \frac{\hbar^2 k^2}{2m_0}\right]u_{n\vec{k}}(\vec{r}). \qquad (3.24)$$

Der Vorteil dieser Umformung besteht darin, dass die Eigenfunktionen $u_{n\vec{k}}(\vec{r})$ die Periodizität des Gitters enthalten, wodurch das Problem auf die primitive Elementarzelle beschränkt wird. Der Term proportional zu k·p begründet den Namen der k·p-Methode und wird auch als k·p - Kopplung bezeichnet. Die gitterperiodischen Wellenfunktionen $u_{n\vec{k}}(\vec{r})$ aus Gleichung 3.24 werden nun nach dem vollständigen Orthonormalsystem der Bandkantenblochfunktionen $u_{m0}(\vec{r})$ entwickelt [96].

$$u_{n\vec{k}}(\vec{r}) = \sum_m a_m(\vec{k}) u_{m0}(\vec{r}) \qquad (3.25)$$

Setzt man diesen Ausdruck nun in die Schrödinger-Gleichung 3.24 ein, multipliziert von links mit $u_{n0}^*(\vec{r})$ und integriert über die Einheitszelle so folgt:

$$\sum_m a_m(\vec{k}) \underbrace{\int u_{n0}^*(\vec{r}) H_0 u_{m0}(\vec{r}) d^3\vec{r}}_{E_n(0)\delta_{nm}} + \sum_m a_m(\vec{k}) \underbrace{\int u_{n0}^*(\vec{r}) \frac{\hbar}{m_0}(\vec{k}\cdot\hat{p}) u_{m0}(\vec{r}) d^3\vec{r}}_{\frac{\hbar}{m_0}\vec{k}\cdot\hat{p}_{nm} \text{ nach Gleichung } (E.4)}$$

$$= \sum_m a_m(\vec{k}) \underbrace{\int u_{n0}^*(\vec{r}) E_n(\vec{k}) u_{m0}(\vec{r}) d^3\vec{r}}_{\sum_m E_n(\vec{k}) a_m \delta_{nm} = E_n(\vec{k}) a_n} - \sum_m a_m(\vec{k}) \underbrace{\int u_{n0}^*(\vec{r}) \frac{\hbar^2 k^2}{2m_0}(\vec{k}) u_{m0}(\vec{r}) d^3\vec{r}}_{\frac{\hbar^2 k^2}{2m_0} a_m \delta_{nm}}$$

$$\longrightarrow \sum_m \left(\left[E_n(0) + \frac{\hbar^2 k^2}{2m_0}\right]\delta_{nm} + \frac{\hbar}{m_0}\vec{k}\cdot\hat{p}_{nm}\right) a_m(\vec{k}) = E_n(\vec{k}) a_n(\vec{k}). \qquad (3.26)$$

Die Diagonalisierung der Gleichung 3.26 ergibt exakte Dispersionsrelationen $E_n(\vec{k})$ und Entwicklungskoeffizienten $a_n(\vec{k})$ für alle Bänder an beliebigen $\vec{k}$-Punkten (zunächst ohne Berücksichtigung des Spin). Voraussetzung zur Lösung der Gleichung ist sowohl die Kenntnis der Bandkantenenergien $E_n(0)$ als auch das Dipolmatrixelemente $\hat{p}_{nm}$. Diese Größen können jedoch aus experimentellen Daten oder anderen Rechnungen (z.B. DFT) gewonnen werden. Dabei ist zu beachten das Gleichung 3.26 ein unendlichdimensionales Gleichungssystem definiert, und somit unendlich viele Parameter zu bestimmen wären. Deshalb beschränkt man sich je nach Problemstellung auf die Dispersionsrelation weniger, benachbarter Bänder. Nur zwischen diesen Bändern wird die k·p - (später auch Spin - Bahn -) Wechselwirkung exakt berücksichtigt. Der geringe Einfluss weiter entfernter Bänder gehen mittels Löwdin-Störungstheorie (Anhang D.2) in die Rechnung ein. Werden N Bänder berücksichtigt, so erhält man damit aus der exakten unendlichdimensionalen Eigenwertgleichung eine N - dimensionale Gleichung, wobei im zugehörigen k·p - Hamiltonian Terme ab einer gewissen (höheren) Ordnung vernachlässigt werden. In der Nähe der Bandkante spielen diese Ordnungen keine große Rolle, erst für größere k bzw. bandkantenferne Zustände macht sich der Einfluss entfernter Bänder deutlicher bemerkbar. Einfache Beispiele zur Beschreibung eines Bandes bzw. zwei Bänder sind im Anhang E.1 und E.2 zu finden.

Einfluss der Spin-Bahn-Wechselwirkunng

Die Spin-Bahn-Wechselwirkung ist ein rein relativistischer Effekt der sich durch die Dirac-Theorie beschreiben lässt. Um diese Einflüsse zu berücksichtigen kommt zum Hamiltonian für allgemeine Systeme 3.20 ein weiterer Term hinzu.

$$H = \underbrace{\frac{\hat{p}^2}{2m_0} + V(\vec{r})}_{H_0} + \frac{\hbar}{4m_0^2 c^2}[\nabla V \times \hat{p}] \cdot \bar{\bar{\sigma}} \qquad (3.27)$$

Hierbei ist ∇V ein kugelsymmetrisches Kernpotential,

$$\nabla V = \frac{1}{r}\frac{\partial V}{\partial r}\vec{r} \qquad (3.28)$$

und $\bar{\bar{\sigma}}$ der Pauli-Spin-Tensor mit den folgenden Komponenten:

$$\sigma_x = \begin{bmatrix} 0 & 1 \\ 1 & 0 \end{bmatrix} \qquad \sigma_y = \begin{bmatrix} 0 & -i \\ i & 0 \end{bmatrix} \qquad \sigma_z = \begin{bmatrix} 1 & 0 \\ 0 & -1 \end{bmatrix}. \qquad (3.29)$$

Für den Spin gibt es zwei verschiedene Richtungen,

$$\uparrow \equiv \begin{bmatrix} 1 \\ 0 \end{bmatrix} \qquad \downarrow \equiv \begin{bmatrix} 0 \\ 1 \end{bmatrix} \qquad (3.30)$$

wodurch sich folgende einfache Rechnungen zeigen lassen:

$$\sigma_x \uparrow = \downarrow \qquad \sigma_y \uparrow = i \downarrow \qquad \sigma_z \uparrow = \uparrow \qquad (3.31)$$

$$\sigma_x \downarrow = \uparrow \qquad \sigma_y \downarrow = -i \uparrow \qquad \sigma_z \downarrow = -\downarrow. \qquad (3.32)$$

Aus der Schrödinger-Gleichung für Bloch-Funktionen (vgl. 3.20)

$$\left(\frac{\hat{p}^2}{2m_0} + V_0(\vec{r}) + \frac{\hbar}{4m_0^2 c^2}[\nabla V \times \hat{p}] \cdot \bar{\bar{\sigma}}\right)\psi_{n\vec{k}}(\vec{r}) = E_n \psi_{n\vec{k}}(\vec{r}), \qquad (3.33)$$

3 Theoretische Beschreibung der Gruppe - III - Nitride

wird mittels der Umformung für das periodische Potential aus Gleichung 3.22:

$$\left(\frac{\hbar}{4m_0^2c^2}[\nabla V \times \hat{p}] \cdot \bar{\bar{\sigma}}\right) e^{i\vec{k}\vec{r}} u_{n\vec{k}}(\vec{r}) = \frac{\hbar}{4m_0^2c^2}\left(\nabla V \times \left[\hat{p}\left(e^{i\vec{k}\vec{r}} u_{n\vec{k}}(\vec{r})\right)\right]\right) \cdot \bar{\bar{\sigma}}$$

$$= \frac{\hbar}{4m_0^2c^2}\left(\nabla V \times \left[-i\hbar e^{i\vec{k}\vec{r}}\left(i\vec{k}u_{n\vec{k}} + \nabla u_{n\vec{k}}\right)\right]\right) \cdot \bar{\bar{\sigma}} = \frac{\hbar}{4m_0^2c^2}\left(\nabla V \times \left[\hbar \vec{k} u_{n\vec{k}} + \hat{p} u_{n\vec{k}}\right]\right) \cdot \bar{\bar{\sigma}}$$

$$= \left(\frac{\hbar}{4m_0^2c^2}[\nabla V \times \hat{p}] \cdot \bar{\bar{\sigma}} + \frac{\hbar^2}{4m_0^2c^2}\left[\nabla V \times \vec{k}\right] \cdot \bar{\bar{\sigma}}\right) u_{n\vec{k}}. \qquad (3.34)$$

Daraus entsteht die Schrödinger-Gleichung für das zellperiodische Potential.

$$\left(\underbrace{\frac{\hat{p}^2}{2m_0} + V_0(\vec{r})}_{H_0} + \frac{\hbar}{m_0}(\vec{k}\cdot\hat{p}) + \frac{\hbar}{4m_0^2c^2}[\nabla V \times \hat{p}] \cdot \bar{\bar{\sigma}} + \frac{\hbar^2}{4m_0^2c^2}\left[\nabla V \times \vec{k}\right]\cdot \bar{\bar{\sigma}}\right) u_{n\vec{k}}(\vec{r})$$

$$= \left[E_n(\vec{k}) - \frac{\hbar^2 k^2}{2m_0}\right] u_{n\vec{k}}(\vec{r}) \qquad (3.35)$$

Der letzte Term des Hamilton-Operators beschreibt ein $\vec{k}$-abhängige Spin-Bahn-Wechselwirkung, die im Vergleich zu den anderen Termen sehr klein ist und somit vernachlässigt werden kann.

Kane Modell

Um das Eigenwertproblem aus Gleichung 3.35 zu lösen, benötigt man nun einen geeigneten Satz an Basis - Funktionen. Hierzu stellte Kane ein Modell für einen direkten Halbleiter vor [97]. In seinem Ansatz werden vier Bänder (Leitungsband, schwere Löcher, leichte Löcher, abgespaltene Löcher) betrachte, die jeweils zweifach entartet sind. Wechselwirkung mit anderen Bändern werden vernachlässigt. Folgt man den Ausführungen zum Kane Modell in Anhang E.3 so ergibt sich für die Dispersion der betrachteten Zustände:

Leitungsband (cb) $\qquad E_c(k_z) = E_g + \dfrac{\hbar^2 k_z^2}{2m_0} + \dfrac{k_z^2 P^2 (E_g + 2\Delta_2)}{E_g(E_g + 3\Delta_2)} \qquad (3.36)$

Schwere Löcher (hh) $\qquad E_{hh}(k_z) = \dfrac{\hbar^2 k_z^2}{2m_0} \qquad (3.37)$

Leichte Löcher (lh) $\qquad E_{lh}(k_z) = \dfrac{\hbar^2 k_z^2}{2m_0} - \dfrac{2k_z^2 P^2}{3E_g} \qquad (3.38)$

Abgespaltene Löcher (so) $E_{so}(k_z) = -3\Delta_2 + \dfrac{\hbar^2 k_z^2}{2m_0} - \dfrac{k_z^2 P^2}{3(E_g + 3\Delta_2)}. \qquad (3.39)$

Der aus diesen Eigenwerten resultierende Bandverlauf in der Umgebung des Γ - Punkt ist in Abbildung 3.8 zu sehen. Wie gut zu erkennen ist, ist das Band der schweren Löcher falsch gekrümmt

3.2 Bandstruktur

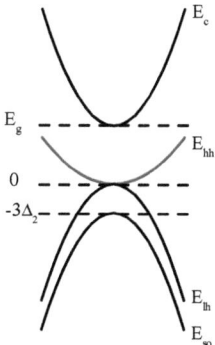

Abbildung 3.8: Kane-Modell: Bandverlauf des Leitungsbands (E_c) sowie die Bänder der schwere- (E_{hh}), leichte- (E_{lh}) und abgespaltene-Löcher (E_{so}) in der Nähe des Γ-Punkt für eine kubische Kristall ($\Delta_1 = 0$).

woraus sich eine falsche effektive Masse ergibt. Diese Schwäche des Kane - Modell kann nur behoben werden indem nicht nur auf 4 Bänder in der Nähe des Γ - Punktes betrachtet werden. Durch die Berücksichtigung von Effekten, durch Bänder die energetisch höher liegen als das Leitungsband (bzw. niedriger als diese drei Valenzbänder), kann der Verlauf der drei höchsten Valenzbänder exakter bestimmt werden. Da mit steigender Anzahl der Bänder jedoch der Rechenaufwand enorm steigt, wird lieber eine Näherung (Luttinger - Kohn - Modell) benutzt die im nächsten Abschnitt beschrieben wird. Trotz dieser Schwächen liefert das Kane - Modell sehr gute Ergebnisse für die k - Abhängigkeit des Leitungsband in der Umgebung der Brillouin - Zone Mitte. Des Weiteren beschreibt dieses Modell exakt die Bandkantenenergien und Bandaufspaltungen für $k = 0$. Wird die Valenzbandoberkante auf null ($E_v = 0$) gesetzt, so ergeben sich die Energien am Γ - Punkt für den ganz allgemeinen Fall ($\Delta_1 \neq 0, \Delta_2 \neq \Delta_3$) aus dem Hamiltonian E.9 :

$$E_c^{k=0} = E_g + \Delta_1 + \Delta_2$$

$$E_{v1}^{k=0} = \Delta_2 + \Delta_2$$

$$E_{v2}^{k=0} = \frac{\Delta_1 - \Delta_2}{2} + \sqrt{\left(\frac{\Delta_1 - \Delta_2}{2}\right)^2 + 2\Delta_3^2} \qquad (3.40)$$

$$E_{v3}^{k=0} = \frac{\Delta_1 - \Delta_2}{2} - \sqrt{\left(\frac{\Delta_1 - \Delta_2}{2}\right)^2 + 2\Delta_3^2} \ .$$

Die mit diesen Gleichungen berechneten Bandkantenenergien für die Mitte der Brillouin - Zone sind in Abbildung 3.9 gezeigt. Zur Berechnung wurden Werte für Kristallfeld - und Spin - Bahn - Aufspaltung von hexagonalem GaN aus der Literatur [98] verwendet ($\Delta_1 = \Delta_{cr} = 22\,\text{meV}$,

3 Theoretische Beschreibung der Gruppe - III - Nitride

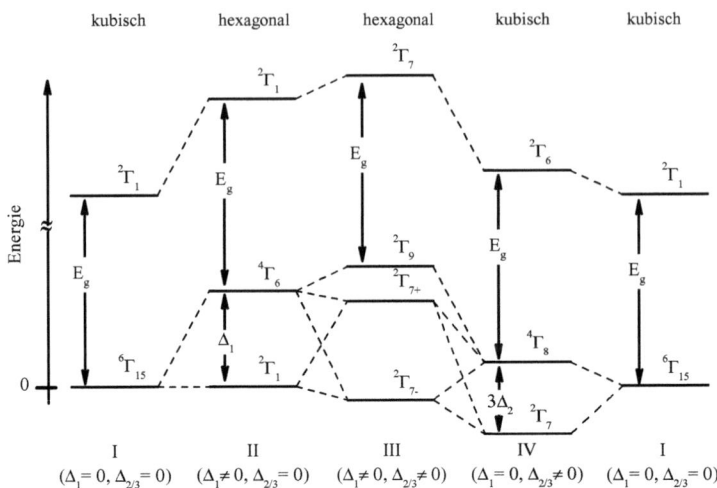

Abbildung 3.9: Bandkantenenergien am Γ-Punkt in Abhängigkeit von Kristallfeld ($\Delta_1 = \Delta_{cr}$)- und Spin-Bahn-Aufspaltung ($\Delta_{2/3} = \Delta_{so}/3$).

$\Delta_2 = \Delta_3 = 5\,\text{meV}$). Abbildung 3.9 I zeigt den einfachsten Fall eines kubischen Kristalls ($\Delta_1 = \Delta_{cr} = 0$) ohne Spin-Bahn-Aufspaltung ($3\Delta_2 = 3\Delta_3 = \Delta_{so} = 0$). In diesem System erhält man ein sechsfach entartetes Valenzband mit Γ_{15} - Symmetrie sowie ein zweifach entartetes Leitungsband mit Γ_1 - Symmetrie, welche nur durch die fundamentale Bandlücke E_g aufgespalten sind. Die Symmetrien der Bänder, welche bei optischen Auswahlregeln eine entscheidende Rolle spielen, werden im Weiteren in der Koster - Notation [99, 100] angegeben. Geht man nun einen Schritt weiter und bezieht die Spin - Bahn - Wechselwirkung wie in einem realen kubischen Kristall mit ein, so splittet das Valenzband in zwei Niveaus auf (3.9 IV). Es ergeben sich zwei neue Valenzbänder mit Γ_8 (4fache Entartung) und Γ_7 (2fache Entartung) Symmetrie. Als nächstes wird ein hexagonaler Kristall ($\Delta_1 = \Delta_{cr} \neq 0$) ohne Spin - Bahn - Wechselwirkung betrachtet (3.9 II). Hierbei ergeben sich wiederum zwei Valenzbänder, die sich jedoch vom vorhergehenden in Symmetrie und Energieposition unterscheiden. Beachtet man nun noch die Spin-Bahn-Wechselwirkung in einen hexagonalem Kristall, so zeigt sich eine erneute Aufhebung der Valenzband-Entartung wodurch sich drei zweifach entartete Valenzbänder ergeben (3.9 III). Aus der Gesamtgrafik wird deutlich, dass sich sowohl die Energieposition als auch die Symmetrie des Leitungsbandes für die einzelnen Systeme ändert, im Gegensatz zum Valenzband die Entartung jedoch nicht aufgehoben wird. Wie bereits aus Grafik 3.9 erkennbar spielen die Parameter der Kristallfeld- und Spin - Bahn - Energien eine entscheidende Rolle für die Bandordnung in der Nähe der Brillouin - Zonen - Mitte, was direkte Auswirkungen auf die optischen Eigenschaften hat.

3.2 Bandstruktur

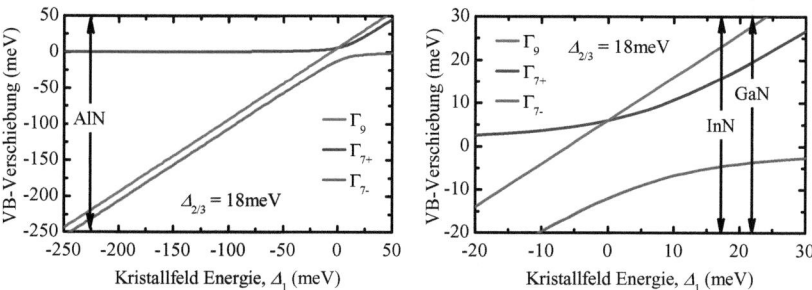

Abbildung 3.10: Energetische Verschiebung der Valenzbänder mit der Kristallfeldaufspaltung $\Delta_1 (= \Delta_{cr})$ bei konstanter Spin-Bahn-Wechselwirkung. Die ungefähre Lage von Δ_1 für die Gruppe-III-Nitride ist eingezeichnet.

Die Abhängigkeit der relativen Valenzbandenergien von der Kristallfeld-Aufspaltung ist in Abbildung 3.10 dargestellt, dabei wurde zur Berechnung die Spin-Bahn-Wechselwirkung mit 18 meV angenommen, was ungefähr den Werten im Nitrid-System entspricht [98, 101, 102]. Da das Leitungsband linear von der Kristallfeld-Energie abhängt (vgl. Gleichung 3.40), reicht es zunächst aus, den Verlauf der Valenzbänder zu betrachten um optoelektronische Eigenschaften an der Bandkante zu beschreiben. Wie aus Diagramm 3.10 ersichtlich liegt in InN und GaN eine $\Gamma_9 - \Gamma_7 - \Gamma_7$ Bänderreihenfolge auf Grund ihrer leicht positiven Kristallfeld-Aufspaltung vor. Des Weiteren liegen die Bänder energetisch nur wenige meV auseinander was, wie später noch genauer beschrieben wird, zu ähnlichen optischen Eigenschaften parallel und senkrecht zur optischen Achse führt. Für ein kubisches System mit einer Kristallfeld-Aufspaltung von null sind das Γ_9 und Γ_{7+} entartet und man beobachtet nur noch zwei optische Übergänge. Geht man nun, wie in der Theorie [19] vorhergesagt und in früheren PL [26] und Reflexions-Messungen [22, 23] teilweise bestätigt, von einer hohen negativen Kristallfeld-Energie für AlN aus, so ändert sich die Bänderreihenfolge im Vergleich zu GaN oder InN. Es folgt eine $\Gamma_7 - \Gamma_9 - \Gamma_7$ Reihenfolge mit relativ großem Abstand zwischen dem oberen und den beiden unteren Zuständen. Diese haben wiederum nur einen Abstand von wenigen meV. Infolge dieser großen Lücke kommt es zu einem sehr starken Dichroismus in AlN.

Für die Beschreibung optischer Eigenschaften in Verbindung mit der elektronischen Bandstruktur müssen neben den Energiepositionen auch die Übergangsmatrixelemente bzw. Übergangswahrscheinlichkeit betrachtet werden. Da diese Matrixelemente proportional zu den Oszillatorstärken sind, welche sich aus den Eigenvektoren der Hamilton-Matrizen bestimmen lassen, reicht dies für eine erste quantitative Beschreibung aus. Die relativen Oszillatorstärken der drei Übergänge am Γ-Punkt der Brillouin-Zone sind in Abbildung 3.11 für senkrecht und parallel polarisiertes Licht in Abhängigkeit von Δ_{cr} dargestellt. Aus dem Diagramm ist ersichtlich, dass innerhalb dieser Störungsrechnung der Übergang aus dem Γ_9-Valenzband (A-Übergang) für senkrecht po-

3 Theoretische Beschreibung der Gruppe - III - Nitride

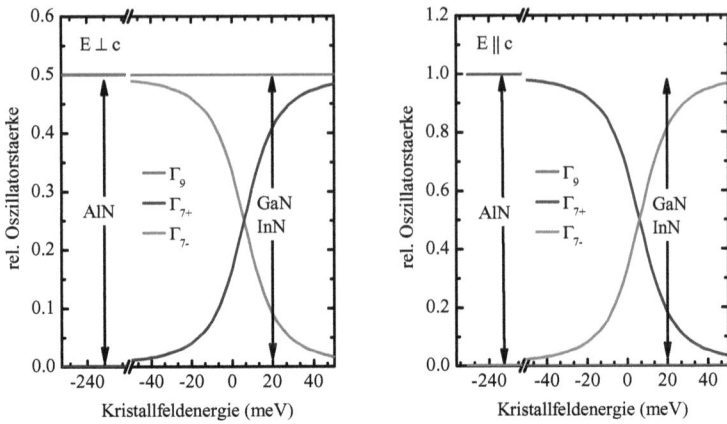

Abbildung 3.11: Relative Oszillatorstärken der drei Band-Band-Übergänge in Abhängigkeit von der Kristallfeldenergie für senkrecht (links) und parallel (links) polarisiertes Licht.

larisiertes Licht unabhängig von der Kristallfeld - Aufspaltung ist. Für kleine positive Werte von Δ_{cr} (für GaN bzw. InN) ergeben sich endliche Werte für die Oszillatorstärken der beiden anderen Übergänge. Geht man jedoch zu AlN, so hat der Übergang aus dem Γ_{7+} (B - Übergang) eine hohe Wahrscheinlichkeit wobei der Übergang aus Γ_{7-} (C - Übergang) eine verschwindenden Anteil ausmacht. In Verbindung mit Abbildung 3.12 zeigt sich, dass für AlN die Absorption aus dem energetisch höchsten Valenzband eine verschwindende Oszillatorstärke hat und somit nicht zu beobachten ist. Hingegen können die Übergänge aus den Γ_9 und Γ_{7-} Bändern beobachtet werden. Betrachtet man nun parallel polarisiertes Licht, so stellt man fest, dass der Übergang aus dem Γ_9 - Band komplett Symmetrieverboten ist. Für GaN/InN teilen sich nun die beiden anderen Übergänge die Oszillatorstärke auf, was für AlN nicht der Fall ist. Hier ist eigentlich nur der Übergang aus dem Γ_{7+}-Band zu beobachten, da die Oszillatorstärke des anderen null ist. Auf Grund dieser Eigenschaften erhält man bei AlN eine Blauverschiebung der Absorptionskante beim Wechsel von parallel zu senkrecht polarisiertem Licht. Diese Verschiebung liegt in der Größenordnung der Kristallfeld - Aufspaltung. Bei GaN und InN ist eine solche Verschiebung auch zu beobachten. Diese ist jedoch wesentlich kleiner und in der Polarisationsrichtungen vertauscht.

Luttinger-Kohn Modell

Im Gegensatz zum Kane - Modell werden im Luttinger - Kohn - Modell nun nicht nur das energetisch niedrigste Leitungsband und die drei höchsten Valenzbänder betrachtet. Der Einfluss anderer Bänder wird durch die von Löwdin entwickelte Methode beschrieben (Anhang D.2). Die Bänder

3.2 Bandstruktur

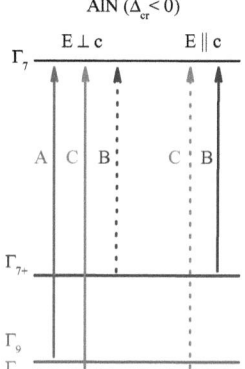
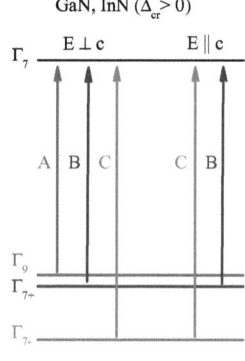

Abbildung 3.12: Benennung der Übergänge aus den einzelnen Valenzbändern am Γ-Punkt der Brillouin-Zone. Eine Vertauschung der beiden obersten Valenzbänder zwischen negativer (links) und positiver (rechts) Kristallfeld-Aufspaltung ist klar zu sehen. Gestrichelte Linien symbolisieren eine Oszillatorstärke von nahezu null während für durchgezogene ein endlicher Wert vorliegt.

werden hierbei in zwei Klassen eingeteilt. In Klasse A befinden sich das unterste Leitungsband sowie die drei obersten Valenzbänder. In Klasse B befinden sich alle weiter außenliegenden Bänder. Folgt man der Herleitung in Anhang E.4, so erhält man den folgenden Hamiltonian zur Beschreibung der drei Valenzbänder in der Umgebung des Γ-Punkt für hexagonalen Kristallen :

$$H_{vv} = \begin{pmatrix} F & -K^* & -H^* & 0 & 0 & 0 \\ -K & G & H & 0 & 0 & \sqrt{2}\Delta_3 \\ -H & H^* & \lambda & 0 & \sqrt{2}\Delta_3 & 0 \\ 0 & 0 & 0 & F & -K & H \\ 0 & 0 & \sqrt{2}\Delta_3 & -K^* & G & -H^* \\ 0 & \sqrt{2}\Delta_3 & 0 & H^* & -H & \lambda \end{pmatrix}. \quad (3.41)$$

Für die Matrixelemente gilt:

$$E_c = E_s^0 + \frac{\hbar^2 k_z^2}{2m_e^{\parallel}} + \frac{\hbar^2 (k_x^2 + k_y^2)}{2m_e^{\perp}}$$

$$F = \Delta_1 + \Delta_2 + \lambda + \frac{\hbar^2}{2m_0}[A_3 k_z^2 + A_4(k_x^2 + k_y^2)]$$

$$G = \Delta_1 - \Delta_2 + \lambda + \frac{\hbar^2}{2m_0}[A_3 k_z^2 + A_4(k_x^2 + k_y^2)] \quad (3.42)$$

$$K = \frac{\hbar^2}{2m_0} A_5 (k_x + ik_y)^2$$

3 Theoretische Beschreibung der Gruppe - III - Nitride

$$H = \frac{\hbar^2}{2m_0} A_6(k_x + ik_y)k_z$$

$$\lambda = \frac{\hbar^2}{2m_0} [A_1 k_z^2 + A_2(k_x^2 + k_y^2)].$$

Dieser Hamiltonian ist der Ausgangspunkt für die Weiteren Berechnungen innerhalb der k·p - Methode. In Abbildung 3.13 sind die Bandstrukturen für GaN und AlN in der Nähe des Γ-Punktes gezeigt. Auffällig ist bei beiden, dass die Bandkrümmungen aller drei Valenzbänder im Gegensatz zu Berechnungen innerhalb des Kane - Modell (Abbildung 3.8) nun richtig sind. Für AlN ist die angenommene große negative Kristallfeld - Aufspaltung, die sich durch einen großen Abstand zwischen Γ_{7+} und Γ_{7-}/Γ_9 sowie der Bänderreihenfolge $\Gamma_9 - \Gamma_7 - \Gamma_7$ auszeichnet, deutlich ersichtlich. Bei etwa 1.4 nm^{-1} in k_z-Richtung kreuzen sich die beiden oberen Valenzbänder Γ_{7+} und Γ_9. Dieser Kreuzungspunkt liegt damit ungefähr bei 1/10 der Δ-Linie zwischen Γ- und A - Punkt der hexagonalen BZ (Diagramm 3.6). Da es auf Grund der hexagonalen Symmetrie in Verbindung mit der Spin-Bahn-Wechselwirkung zu keiner Wechselwirkung der beiden Bänder kommt, ist die Kreuzung möglich. Diese wurde bereits in den mittels DFT berechneten Bandstrukturen beobachtet wodurch der k·p - Ansatz gerechtfertigt wird. Im Gegensatz dazu ist eine starke Wechselwirkung, welche sich durch eine vermiedenen Kreuzung auszeichnet, an der gleichen Position zwischen den beiden Bändern mit Γ_7 - Symmetrie zu sehen. Da die DFT Rechnungen ohne Spin - Bahn - Wechselwirkung durchgeführt wurden ergeben sich, wie in Abbildung 3.9 II gezeigt, andere Band-Symmetrien in der Nähe des Γ - Punkt. Infolge dieser veränderten Symmetrien kommt es zu keinerlei Wechselwirkung der Bänder wodurch diese vermiedene Kreuzung nicht beobachtet wird. Für GaN ist die Bänderreihenfolge umgekehrt, weshalb es keinen k - Wert gibt bei dem Bandkreuzungen auftreten. Bei zirka 0.3 nm^{-1} in k_x - Richtung ist eine vermiedene Kreuzung vorhanden, die auch im AlN sehr schwach zu sehen ist. Sowohl im AlN, nach der Kreuzung, als auch im GaN laufen die obersten beiden Bänder in k_z - Richtung parallel.

Verspannung

Allgemein

Da man bei vielen Halbleiter - Materialien mangels Bulk - Material nach wie vor auf heteroepitaktische Verfahren angewiesen ist, muss die Verspannung in solchen Schichten berücksichtigen werden. Diese Verzerrungen des Kristalls entstehen durch unterschiedliche Gitterkonstanten von Substrat und Schicht sowie verschiedene thermische Ausdehnungskoeffizienten. Des Weiteren haben Defektstrukturen und der Einbau von Störstellen einen Einfluss auf den Verspannungszustand. Die Auswirkungen dieser Einflüsse auf die elektronische Struktur und somit auf die optischen Eigenschaften ist nicht zu vernachlässigen und soll hier innerhalb eines einfachen Modells behandelt werden.

Geht man von einem verzerrten kartesischen Koordinatensystem aus, so kann man die neuen Basisvektoren beschreiben durch:

$$\widetilde{\vec{e}_i} = E_{ij}\vec{e}_j + \epsilon_{ij}\vec{e}_j \tag{3.43}$$

3.2 Bandstruktur

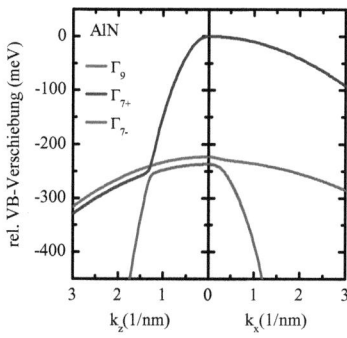 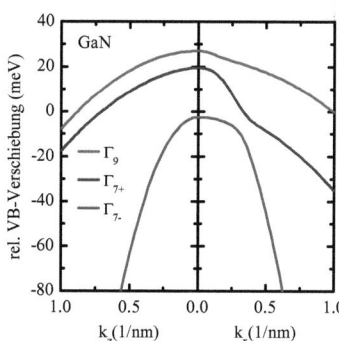

Abbildung 3.13: Valenzbandverlauf parallel (k_z) und senkrecht (k_x) zur c-Achse für unverspanntes wz-AlN (links) und wz-GaN (rechts) in der Nähe des Γ-Punkt. Für wz-AlN ist entlang der k_z-Richtung eine Bandkreuzung der beiden obersten Bänder zu sehen während für wz-GaN eine vermiedene Kreuzung entlang k_x auftritt.

$$\tilde{\vec{e}_x} = (1 + \epsilon_{xx})\vec{e}_x + \epsilon_{xy}\vec{e}_y + \epsilon_{xz}\vec{e}_z.$$
$$\vdots$$

E ist hierbei die Einheitsmatrix und ϵ der Verzerrungstensor. Dieser Tensor zweiter Stufe kann in einen symmetrischen und einen asymmetrischen Anteil zerlegt werden. Der symmetrische Tensor beschreibt Verzerrungen innerhalb des Kristalls, wohingegen die Verdrehung der Einheitszelle durch den asymmetrischen Tensor charakterisiert wird. Im Weiteren betrachten wir nur Systeme, in denen der Kristall nicht verdreht ist und somit der asymmetrische Tensor verschwindet. Für die Elemente des symmetrischen Verzerrungstensor gelten die folgenden Symmetriebedingungen: $\epsilon_{ij} = \epsilon_{ji}$. Wird ein Kristall elastisch verformt, dass heißt er nimmt seine ursprüngliche Form wieder an sobald die Ursache der Verformung verschwindet, so kann der Zusammenhang zwischen der auf den Kristall wirkenden Spannung und der resultierenden Dehnung innerhalb der Elastizitätstheorie beschrieben werden. Für hinreichend kleine Spannungen lässt sich der Verzerrungstensor linear über das Hook'sche Gesetzt mit dem Spannungstensor σ verknüpfen:

$$\sigma_{ij} = \sum_{kl} C_{ijkl}\epsilon_{kl}. \tag{3.44}$$

Jede Komponente des Spannungstensors ist hierbei mit allen Komponenten des Dehnungstensors verknüpft. C_{ijkl} ist an dieser Stelle der aus 81 Elementen bestehende Elastizitätstensor, der im allgemeinen eine Tensor vierter Stufe ist. Die Diagonalelemente des Spannungs- bzw. Dehnungstensors charakterisieren die lineare Dehnung bzw. Kompression des Kristalls, während die Scherspannungen sowie die Scherdehnung durch die Nebendiagonalelemente beschrieben werden. Auf Grund der Symmetrie des Elastizitätstensor ($C_{ijkl} = C_{jikl}$, $C_{ijkl} = C_{ijlk}$) kann dieser in

3 Theoretische Beschreibung der Gruppe - III - Nitride

abgekürzter Matrix-Notation dargestellt werden. Entsprechend lässt sich Gleichung 3.44 auf eine Matrixgleichung der Form

$$\sigma_i = \sum_j C_{ij}\epsilon_j \qquad i,j \in 1,...,6. \tag{3.45}$$

reduzieren. Durch die Betrachtung der Energie eines verspannten Kristalls kann zudem gezeigt werden, dass die Matrix der elastischen Konstanten symmetrisch ist $C_{ij} = C_{ji}$. Dadurch verkleinert sich die Zahl der unabhängigen Komponenten weiter von 36 auf 21. Je nach Symmetrie des betrachteten Kristalls kann sich die Anzahl der unabhängigen Komponenten noch weiter verringern. Betrachtet man ein hexagonales Gitter bei dem die z - Achse des Koordinatensystems parallel zur [0001] - Richtung des Kristalls liegt, ergibt sich: $C_{11} = C_{22}$, $C_{13} = C_{23}$, $C_{44} = C_{55}$. Somit besitzt die Matrix der elastischen Konstanten nur noch 5 unabhängige Komponenten:

$$\begin{pmatrix} \sigma_{xx} \\ \sigma_{yy} \\ \sigma_{zz} \\ \sigma_{yz} \\ \sigma_{xz} \\ \sigma_{xy} \end{pmatrix} = \begin{pmatrix} C_{11} & C_{12} & C_{13} & 0 & 0 & 0 \\ C_{12} & C_{11} & C_{13} & 0 & 0 & 0 \\ C_{13} & C_{13} & C_{33} & 0 & 0 & 0 \\ 0 & 0 & 0 & C_{44} & 0 & 0 \\ 0 & 0 & 0 & 0 & C_{44} & 0 \\ 0 & 0 & 0 & 0 & 0 & C_{66} \end{pmatrix} \begin{pmatrix} \epsilon_{xx} \\ \epsilon_{yy} \\ \epsilon_{zz} \\ 2\epsilon_{yz} \\ 2\epsilon_{xz} \\ 2\epsilon_{xy} \end{pmatrix} \tag{3.46}$$

$$\text{mit } \sigma_1 = \sigma_{xx} \quad \sigma_2 = \sigma_{yy} \quad ...$$
$$\epsilon_1 = \epsilon_{xx} \quad \epsilon_2 = \epsilon_{yy} \quad ... \;.$$

Da für Verspannungen die gleichen Symmetrie - Eigenschaften gelten wie für die $\vec{k}$ - Abhängigkeiten in den Luttinger - Kohn Matrizen (Gleichung E.28), kann man die Verspannungen einfach zu diesen additiv hinzufügen [43]. Dabei gilt:

$$k_\alpha k_\beta \to \epsilon_{\alpha\beta}.$$

Für die Matrixelemente in Gleichung 3.41 und E.32 ergibt sich dann:

$$E_c = E_s^0 + \frac{\hbar^2 k_z^2}{2m_e^\parallel} + \frac{\hbar^2(k_x^2 + k_y^2)}{2m_e^\perp} + a_z^{CB}\epsilon_{zz} + a_t^{CB}(\epsilon_{xx} + \epsilon_{yy})$$

$$F = \Delta_1 + \Delta_2 + \lambda + \frac{\hbar^2}{2m_0}[A_3 k_z^2 + A_4(k_x^2 + k_y^2)] + D_3\epsilon_{zz} + D_4(\epsilon_{xx} + \epsilon_{yy})$$

$$G = \Delta_1 - \Delta_2 + \lambda + \frac{\hbar^2}{2m_0}[A_3 k_z^2 + A_4(k_x^2 + k_y^2)] + D_3\epsilon_{zz} + D_4(\epsilon_{xx} + \epsilon_{yy}) \tag{3.47}$$

$$K = \frac{\hbar^2}{2m_0}A_5(k_x + ik_y)^2 + D_5\epsilon_+$$

$$H = \frac{\hbar^2}{2m_0}A_6(k_x + ik_y)k_z + D_6\epsilon_{z+}$$

$$\lambda = \frac{\hbar^2}{2m_0}[A_1 k_z^2 + A_2(k_x^2 + k_y^2)] + D_1\epsilon_{zz} + D_2(\epsilon_{xx} + \epsilon_{yy}).$$

D_i^{VB}, a_z^{CB} und a_t^{CB} sind die Deformationspotentiale für Valenz - und Leitungsbänder. In vielen Fällen ist es ausreichend, die kubische Näherung zu benutzen, wodurch die Anzahl der unabhängigen Variablen in 3.47 reduziert werden kann. Diese Näherung beruht auf der Ähnlichkeit zwischen kubischer [111]- und hexagonaler [0001] - Richtung [103]. Dadurch ergibt sich folgender Zusammenhang für Band-Parameter sowie Deformationspotentiale:

$$A_1 - A_2 = -A_3 = -2A_4$$
$$A_3 + 4A_5 = \sqrt{2}A_6$$
$$D_1 - D_2 = -D_3 = 2D_4 \qquad (3.48)$$
$$D_3 + D_4 = \sqrt{2}D_6$$
$$\Delta_2 = \Delta_3$$

Biaxiale isotrope Verspannung

Bei epitaktischer Abscheidung eines Halbleiter - Materials mit hexagonaler Symmetrie auf ein c - orientiertes hexagonales Substrat nimmt die Schicht ebenfalls eine c-Orientierung an. Beispiele hierfür sind Nitridschichten auf [0001] - Saphir, [0001] - 6H - SiC oder [111] - Si Substraten. An dieser Stelle bleibt die grundlegende Kristallsymmetrie des dünnen Films erhalten, es treten aber durch unterschiedliche Gitterkonstanten und thermische Ausdehnungskoeffizienten zwischen Substrat und Schicht Verzerrungen der Einheitszelle auf. Die Verspannung in der Wachstumsebene (xy - Ebene) ist dabei isotrop, weshalb man auch von biaxial isotroper Verspannung spricht. Die Komponenten des Verzerrungstensors ergeben sich aus den Gleichgewichtsgitterkonstanten a_0 und c_0 senkrecht und parallel zur optischen Achse sowie den Gitterparametern der verzerrten Schicht a und c.

$$\epsilon_{xx} = \epsilon_{yy} = \frac{a - a_0}{a_0} \qquad \epsilon_{zz} = \frac{c - c_0}{c_0} \qquad (3.49)$$

Entlang der Wachstumsrichtung kann sich das Material ungehindert ausdehnen, wodurch sich ein verspannungsfreier Zustand einstellt ($\sigma_{zz} = 0$). Aus Gleichung 3.46 folgt somit:

$$\begin{pmatrix} \sigma_{xx} \\ \sigma_{yy} \\ 0 \end{pmatrix} = \begin{pmatrix} C_{11} & C_{12} & C_{13} \\ C_{12} & C_{11} & C_{13} \\ C_{13} & C_{13} & C_{33} \end{pmatrix} \begin{pmatrix} \epsilon_{xx} \\ \epsilon_{yy} \\ \epsilon_{zz} \end{pmatrix} \qquad (3.50)$$

$$\longrightarrow \quad 0 = C_{13}\epsilon_{xx} + C_{13}\epsilon_{yy} + C_{33}\epsilon_{zz} \qquad (\epsilon_{xx} = \epsilon_{yy})$$

$$\frac{\epsilon_{zz}}{\epsilon_{xx}} = -\frac{2C_{13}}{C_{33}}. \qquad (3.51)$$

Wird von einer Volumenerhaltung der Einheitszelle ausgegangen zeigt sich bei gestauchter Gitterkonstante in der Wachstumsebene ein gedehnter Gitterparameter senkrecht dazu. In diesem Fall

3 Theoretische Beschreibung der Gruppe - III - Nitride

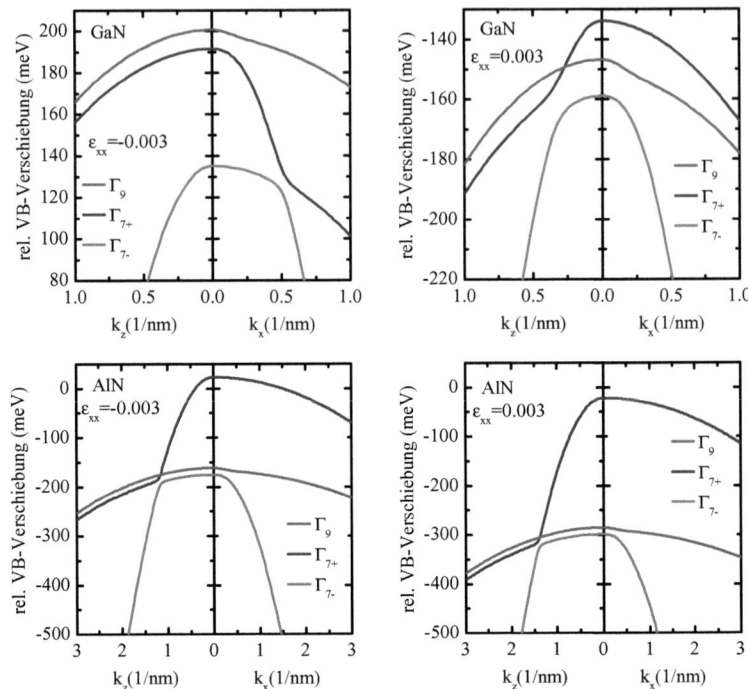

Abbildung 3.14: Valenzbandverlauf parallel (k_z) und senkrecht (k_x) zur c-Achse für kompressiv (links) und tensil (rechts) verspanntes wz-AlN (unten) und wz-GaN (oben) in der Nähe des Γ-Punkt.

spricht man von kompressiver Verspannung wobei sich die Gitterkonstanten in einem bestimmten Verhältnis ändern (Gleichung 3.51). Beim umgekehrten Fall handelt es sich um tensile Verspannung. Aus den Gleichungen 3.46 und 3.51 ergibt sich folgender Zusammenhang zwischen Verspannung und Verzerrung:

$$\sigma_{xx} = \sigma_{yy} = M\epsilon_{xx} \quad \text{mit} \quad M = \left(C_{11} + C_{12} - 2\frac{C_{13}^2}{C_{33}}\right). \quad (3.52)$$

M bezeichnet hierbei das sogenannte biaxiale Verspannungsmodul. Mit Hilfe der Beziehungen 3.51 und 3.41 sowie den materialspezifischen Komponenten des Elastizitätstensors und der Deformationspotentiale aus Tabelle 3.3 lassen sich nun die Valenzbandverläufe von verspannten Schichten berechnen. In Abbildung 3.14 sind die Bandverläufe für GaN und AlN in kompressiv bzw. tensil verspannte Schichten dargestellt. Aus den Darstellungen ist ersichtlich, dass die Bandstruktur in der Nähe des Γ-Punktes für GaN wesentlich stärker von der Verspannung abhängt als für

3.2 Bandstruktur

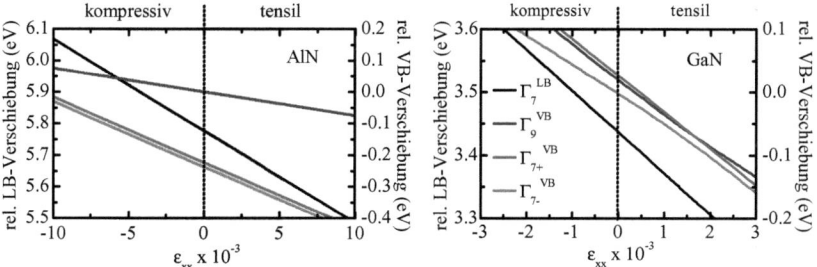

Abbildung 3.15: Verspannungsabhängige Verschiebung der Leitungs- und Valenzbänder für wz-GaN (rechts) und wz-AlN (links).

AlN. Dies liegt wiederum an der hohen negativen Kristallfeld - Aufspaltung des AlN, wodurch die Wechselwirkungen zwischen den Bänder wesentlich schwächer sind. Für GaN erhält man bei genügend großer tensiler Verspannung eine Kreuzung der oberen beiden Valenzbänder (Γ_9 und Γ_{7+}) entlang der k_z - Richtung. Der k - Punkt an dem diese Kreuzung stattfindet ist hierbei von der Verspannung abhängig. Des Weiteren tritt bei kompressiver Verspannung eine vermiedene Kreuzung zwischen Γ_{7+} und Γ_{7-}, deren Position wiederum von der Verspannung abhängt. Für GaN und AlN wird davon ausgegangen, dass sich die Fermi - Energie in der Bandlücke befindet und so die Übergänge für $\vec{k} = 0$ dominieren. Im Gegensatz dazu liegt, bedingt durch hohe Ladungsträgerdichten, das Fermi-Niveau für InN im Leitungsband, sodass man einen entarteten Halbleiter hat, bei dem die Absorption nicht bei $\vec{k} = 0$ statt findet [107]. Die Verspannungsabhängigen Leitungs - und Valenzbandenergien für GaN und AlN am Γ - Punkt sind in Diagramm 3.15 gezeigt. Für beide Materialien ist sowohl ein energetischer Anstieg der Leitungs - als auch Valenzbänder mit kompressiver Verspannung zu beobachten. Demgegenüber nimmt die Energieposition mit tensiler Verspannung ab. Des Weiteren weißen die Leitungsbänder eine größere Steigung als die Valenzbänder auf. Da in der Praxis die hydrostatischen Deformationspotentiale für Leitungs - (a_t^{CB}, a_z^{CB}) und Valenzbänder (D_1, D_2) nur sehr schwer getrennt bestimmbar sind, können die Verläufe in Abbildung 3.15 durchaus abweichen. Die Grundlage der Berechnungen hier waren erste Versuche von Ghosh *et.al* [108] diese Potentiale für GaN zu trennen. Für AlN beruhen die Deformationspoten-

Tabelle 3.3: Deformationspotentiale [98, 104] sowie Elastizitätskoeffizienten [105, 106] für hexagonales GaN und AlN.

	D_1 (eV)	D_2 (eV)	D_3 (eV)	D_4 (eV)	D_5 (eV)	C_{13} (MPa)	C_{33} (MPa)
GaN	-41.4	-33.7	8.2	-4.1	-4.7	106	398
AlN	-17.1	-8.7	8.4	-4.2	-3.4	108	373

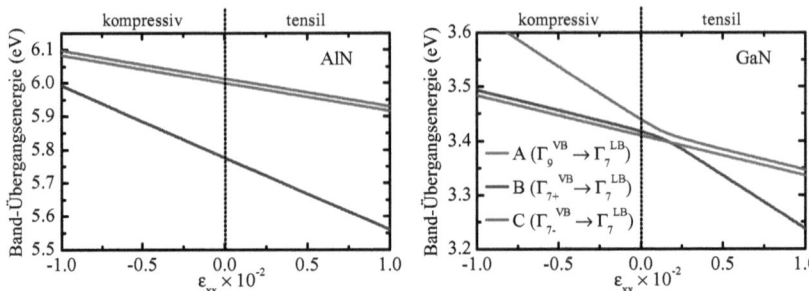

Abbildung 3.16: Übergangsenergien der drei Valenzbänder ins Leitungsband für wz-GaN und wz-AlN in Abhängigkeit von der isotropen Verspannung.

tiale bisher nur auf theoretischen Betrachtungen [109, 110]. Um diesem Problem aus dem Weg zu gehen, werden nun die Übergangsenergien von den Valenzbändern in die Leitungsbänder betrachtet. In diesem Fall sind die sogenannten kombinierten Deformationspotentiale ($\Xi_t = a_t^{CB} - D_1$, $\Xi_z = a_z^{CB} - D_2$) direkt mit den Übergangsenergien verknüpft und somit leichter zu bestimmen. Beide Materialien zeigen einen Anstieg der Übergangsenergien mit kompressiver Verspannung, während für tensile Verspannung die Übergangsenergien sinken. Für GaN ist wiederum die starke Wechselwirkung der beiden Γ_7-Bänder zu erkennen, was zu einer vermiedenen Kreuzung führt. Im Gegensatz dazu wechselwirken diese beiden Bänder im AlN nur sehr schwach, da sie, auf Grund der großen Kristallfeld-Aufspaltung, energetisch zu weit auseinander liegen. Hier tritt erst eine merkliche Wechselwirkung in sehr stark kompressiv verspannten Schichten auf da durch die Deformation die Bänder, wie in Abbildung 3.16 zu sehen, energetisch zusammenlaufen. Für eine tensile Verzerrung von etwa $1.75 \cdot 10^{-3}$ kommt es im GaN zu einer Kreuzung des A- und B-Übergangs, welche auch schon aus Abbildung 3.15 ersichtlich ist. An dieser Stelle wird gerade die kombinierte Spin-Bahn-Kristallfeld-Aufspaltung durch die Verspannung kompensiert, wobei es infolge der Bandsymmetrien zu keiner Wechselwirkung kommt und somit die Kreuzung möglich wird. Bereits bei den Betrachtungen zur Kristallfeld-Aufspaltung wurde deutlich, dass nicht nur die Lage der Bänder sondern auch die Übergangswahrscheinlichkeiten (bzw. Oszillatorstärken) von Veränderungen des Kristalls beeinflusst werden. Diese Abhängigkeit der Oszillatorstärke von der biaxial isotropen Verspannung ist in den Diagrammen 3.17 für senkrecht und parallel polarisiertes Licht dargestellt. Auffällig ist die Ähnlichkeit zu den Diagrammen 3.11 für die Oszillatorstärken in Abhängigkeit von der Kristallfeld-Energie. Dies zeigt, dass die Kristallfeld-Aufspaltung ähnlich wie eine Verzerrung des Kristalls beschrieben werden kann. Aus den Diagrammen 3.17 ist erkennbar, dass die Oszillatorstärke des Übergangs aus dem Γ_9-Valenzband (A-Übergang) in dieser Näherung sowohl für GaN als auch für AlN verspannungsunabhängig ist. Auch dieses Verhalten wurde bereits in Diagramm 3.11 beobachtet. Für senkrecht polarisiertes Licht nimmt die

3.2 Bandstruktur

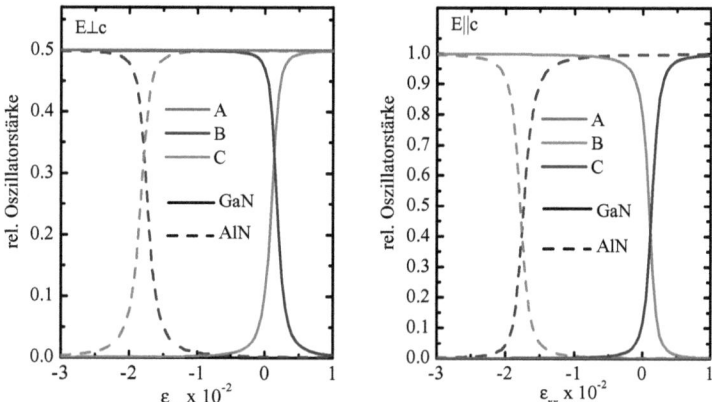

Abbildung 3.17: Relative Oszillatorstärken der Übergänge aus den drei Valenz- ins Leitungsband in Abhängigkeit von der biaxial isotropen Verspannung für senkrecht (links) und parallel (rechts) polarisiertes Licht.

Oszillatorstärke stets einen Wert von 1/2 an, während für die parallele Komponente der Übergang symmetrieverboten ist. Im Gegensatz zu diesen Rechnungen zeigt die Störungsrechnung dritter Ordnung, dass die Oszillatorstärke dieses Übergangs nicht mehr komplett verspannungsunabhängig. Die Abweichungen zu den hier gezeigten Ergebnissen ist aber minimal. Betrachtet man nun die Übergänge aus den beiden Γ_7 - Valenzbändern (B,C - Übergang) so ist ein Wechsel der Oszillatorstärke in einem bestimmten Bereich erkennbar. Für GaN findet dieser Wechsel ziemlich genau bei unverspanntem Material statt, so dass für kompressive Verspannung der B - Übergang in der senkrechten Komponente und der C - Übergang in der parallelen dominiert. In tensil verspannten Schichten ist es genau entgegengesetzt. Auf Grund der schon oft erwähnten großen negativen Kristallfeld - Aufspaltung muss der AlN - Kristall sehr stark kompressiv verspannt werden um diesen Wechsel der Oszillatorstärke beobachten zu können. Da solch große Verzerrungswerte in realen Schichten nicht auftreten, kann davon ausgegangen werden, dass die Übergangswahrscheinlichkeiten der drei Übergänge in AlN von der Verspannung unabhängig sind. Infolgedessen wird, wie bereits erwähnt (vgl. Abbildung 3.12), die senkrechte Komponente von A - und C - Übergang dominiert, während für paralleles Licht nur der B - Übergang sichtbar ist. Im Gegensatz zu AlN können die optischen Auswahlregeln in GaN durch Verzerrungen des Kristalls stark geändert werden.

Biaxial anisotrope Verspannung

Spricht man von uniaxialer oder biaxial anisotroper Verspannung, so ist dies, unter Vernachlässigung von Scherkräften, der allgemeine Fall eines verzerrten Kristalls. Hierbei sind die Verzerrun-

3 Theoretische Beschreibung der Gruppe - III - Nitride

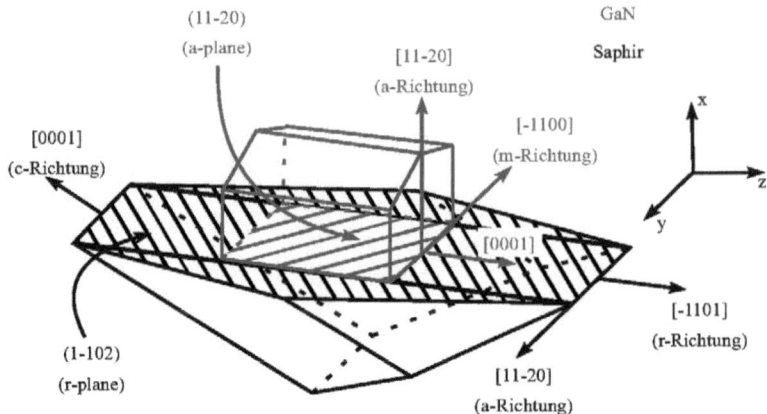

Abbildung 3.18: Orientierung einer a-plane GaN Schicht (rot) auf einem r-plane Saphir Substrat (schwarz). Die [11-20]-Richtung des GaN ist dabei parallel zur x-Achse während [-1100] ([0001]) entlang der y(z)-Richtung liegen.

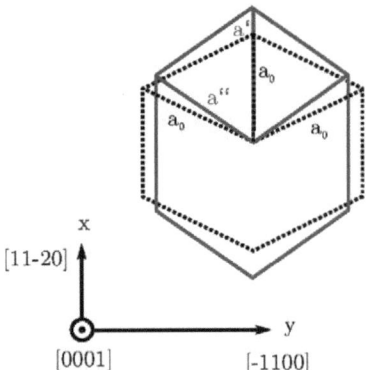

Abbildung 3.19: Biaxial anisotrope Verzerrung einer hexagonalen Einheitszelle (durchgezogene Linie) im Vergleich zu unverspanntem Material (gepunktete Linie). a_0 bezeichnen die unverspannten Gitterparameter in der Basalebene während a' und a'' die verspannten darstellen. Dabei gilt: $a' \neq a''$. Die c-Achse steht hierbei senkrecht zur betrachteten Oberfläche (parallel zu [0001]).

3.2 Bandstruktur

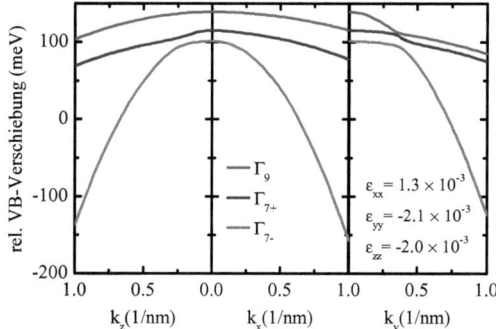

Abbildung 3.20: Valenzbandverlauf von uniaxial verspanntem GaN parallel (k_z) und senkrecht (k_x, k_y) zur optischen Achse in der Nähe des Γ-Punkt. Die auf Grund der Symmetriebrechung aufgehobene Entartung zwischen k_x und k_y ist klar zu erkennen.

gen des Kristalls in allen drei Raumrichtungen unterschiedlich:

$$\epsilon_{xx} \neq \epsilon_{yy} \neq \epsilon_{zz}. \tag{3.53}$$

Solche uniaxialen Verspannungen treten in heteroepitaktischen Schichten auf Substraten mit nicht - oder semi - polaren Oberflächenorientierung auf [111]. Weiterhin wurden biaxial anisotrope Verspannungen an c - orientierten Schichten auf nicht-polaren Oberflächen nachgewiesen [112–114]. Durch uniaxiale Verzerrung wird die Symmetrie des Kristalls gebrochen, wodurch die C_{6v} in eine C_{2v} Symmetrie übergeht. Da diese Symmetriegruppe nun weniger Symmetrieoperationen enthält, wird die Entartung der x - und y - Richtung aufgehoben. Ferner ändern sich die Symmetrien der Bänder und somit die Auswahlregeln für optische Übergänge an der Bandkante [108, 115–126]. Als Beispiel soll hier, eine in Abbildung 3.18 gezeigte, heteroepitaktische a - plane GaN Schicht auf einem r - plane Saphir Substrat dienen. Die z - und y - Richtungen liegen hierbei in der Wachstumsebene, wobei die c - Achse des Materials parallel zu z orientiert ist. Für die Verspannung in Wachstumsrichtung gilt analog zum biaxial isotropen Fall: $\sigma_{xx} = 0$. Unter den vorliegenden Bedingungen kann aus Gleichung 3.46 die folgende Beziehung zwischen den Komponenten des Verzerrungstensors ermittelt werden:

$$\epsilon_{xx} = -\frac{C_{12}\epsilon_{yy} + C_{13}\epsilon_{zz}}{C_{11}}. \tag{3.54}$$

Die Komponenten des Verzerrungstensors ergeben sich aus den verspannten Gitterkonstanten.

$$\epsilon_{zz} = \frac{c - c_0}{c_0} \qquad \epsilon_{xx} = \frac{a' - a_0}{a_0} \qquad \epsilon_{yy} = \frac{a'' - a_0}{a_0} \tag{3.55}$$

Zur anschaulichen Beschreibung der uniaxialen Verspannung solcher Schichten dient Grafik 3.19. Hier ist die hexagonale Einheitszelle im unverspannten sowie verspannten Fall gezeigt. Man sieht,

3 Theoretische Beschreibung der Gruppe - III - Nitride

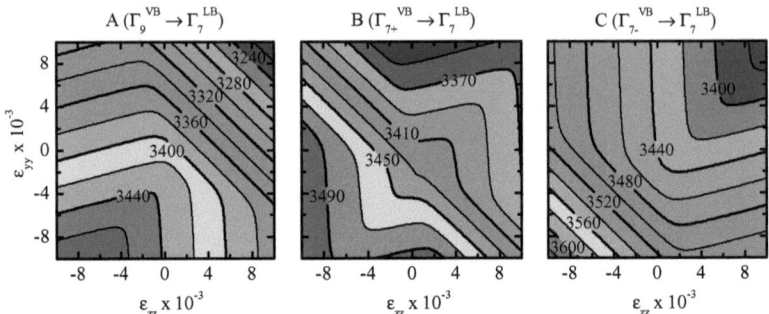

Abbildung 3.21: Abhängigkeit der Übergangsenergien aus den drei Valenzbändern ins Leitungsband (am Γ-Punkt) von biaxial anisotroper Verspannung in wz-GaN. Die Verspannung ϵ_{zz} liegt parallel zur c-Achse der GaN-Schicht und damit ebenso parallel zur Wachstumsebene wie ϵ_{yy}. Die roten Bereiche symbolisieren erhöhte Übergangsenergien während die blauen für tiefere stehen.

dass die Einheitzelle in m-Richtung (y - Richtung) zusammengedrückt wird, während sie in a-Richtung (x - Richtung), d.h. in Wachstumsrichtung, gedehnt wird. Eine ausführliche Beschreibung solcher biaxial anisotrop verspannter Schichten ist in der Literatur zu finden [127]. Die Auswirkungen einer solchen Verspannung auf die Bandstruktur in der Nähe des Γ - Punktes sind in Diagramm 3.20 zu sehen. Auffällig ist der Unterschied im Bandverlauf zwischen k_x - und k_y - Richtung, den es bei biaxial verspanntem Material nicht gibt (vgl. Abbildung 3.14). Auf Grund der Symmetriebrechung im Kristall besteht nun zwischen x - und y - Richtung eine Anisotropie. In der k_y - Richtung ist nun eine vermiedene Kreuzung sichtbar, die durch den Bruch der hexagonalen Symmetrie hervorgerufen wird. Für biaxial verspannte Materialien ist diese Kreuzung noch erlaubt. Wie bereits im Abschnitt über isotrop verspanntes Material gezeigt wurde, hat die Verspannung einen großen Einfluss auf die optischen Eigenschaften des Systems. Die Übergangsenergien am Γ - Punkt in Abhängigkeit von den beiden in-plane Verspannungen (ϵ_{yy} und ϵ_{zz}) sind in den Diagrammen 3.21 dargestellt. Auffällig ist das sehr spezielle Verhalten aller drei Übergangsenergien unter dem Einfluss anisotroper in - plane Verzerrung. Im Allgemeinen ist jedoch ein Anstieg der Übergangsenergien mit kompressiver Verspannung zu sehen (rote Bereiche) während tensile Verspannung zu reduzierten Energiewerten führt (blaue Bereiche). Dieses Verhalten wurde, wie in Diagramm 3.16 zu sehen, bereits für biaxial isotrop verspanntes Material beschrieben. Die Verläufe der drei Übergangsenergien zeigen eine klare Asymmetrie bezüglich der beiden in - plane Verzerrungen (ε_{zz}, ε_{yy}). Dies hat zur Folge, dass unter Vertauschung beider Werte andere Energien resultieren. Die Ursache hierfür liegt in den verschiedenen Elastizitätskonstanten senkrecht und parallel zur optischen Achse. Wie ebenfalls im vorigen Abschnitt gezeigt sind die Oszillatorstärken und damit die Übergangswahrscheinlichkeiten der einzelnen Übergänge stark

3.2 Bandstruktur

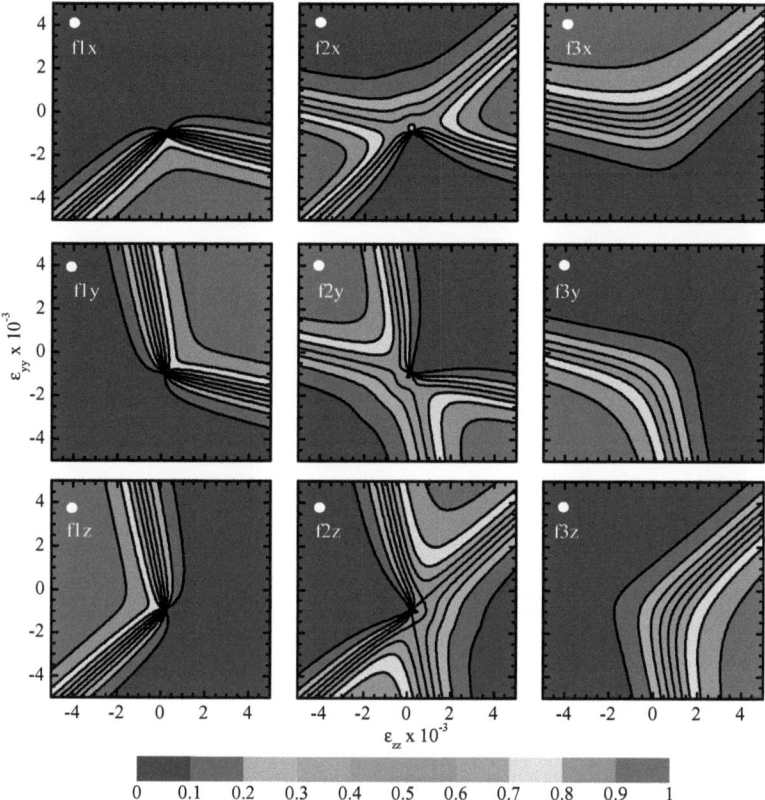

Abbildung 3.22: Oszillatorstärken der drei Übergänge in Abhängigkeit von der anisotropen in-plane Verspannung sowie der optischen Polarisation. Blaue Bereiche kennzeichnen Oszillatorstärken von null während rötliche Abschnitte nahe eins liegen.

von der Verzerrung abhängig. Die Abhängigkeiten aller drei Übergänge für die entsprechenden drei Polarisationsrichtungen des Lichtes sind in den Abbildungen 3.22 gezeigt. Sehr auffällig ist der Unterschied zwischen den drei Polarisationen. Dies zeigt, dass die optischen Eigenschaften sehr stark von der Material-Orientierung und der Polarisation des einfallenden Lichtes abhängig sind. Der Unterschied zwischen den Polarisationsrichtungen äußert sich in einer Drehung der Diagramme um 90°. Auf Grund dessen ergeben sich Verspannungszustände in denen die ein-

3 Theoretische Beschreibung der Gruppe - III - Nitride

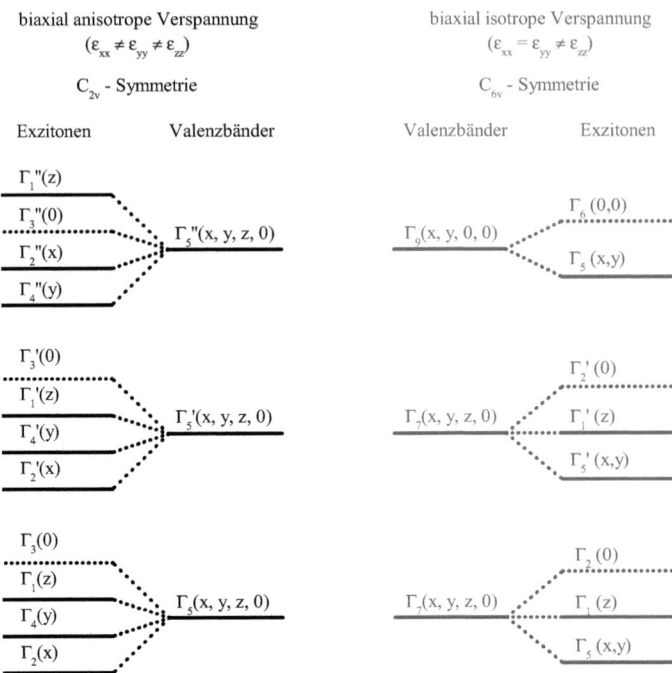

Abbildung 3.23: Band- und Exzitonenübergänge am Γ-Punkt für isotrop und anisotrop verspannte Kristalle.

zelnen Übergänge komplett linear polarisiert sind. Ein Beispiel hierfür ist ein Kristall mit den Verzerrungen $\varepsilon_{zz}=-0.004$ und $\varepsilon_{yy}=0.004$ welche durch Punkte in den Diagrammen gekennzeichnet sind. In diesem Fall ist der A-Übergang gänzlich z - polarisiert während der B(C) - Übergang x(y) - polarisiert ist.

Exzitonen

In diesem Abschnitt soll kurz der Einfluss von Exzitonen auf die Symmetrie von Zuständen und die damit verbundenen Auswahlregeln beschrieben werden. Die Beschreibung erfolgt an dieser Stelle nur innerhalb der kp-Näherung. Durch eine optische Anregung, Absorption eines Photons, wird ein Elektron vom Valenzband ins Leitungsband angehoben und erzeugt somit ein Loch im Valenzband. Das Elektron und das erzeugte Loch können nun über die Coulomb-Anziehung wechselwirken. Dies führt dazu, dass sich beide gemeinsam durch den Kristall bewegen können und ein Exziton bilden. Die Exzitonen werden mit A, B und C, herrührend von der Benennung der Bänder, bezeichnet. Die optischen Übergänge zwischen Leitungs- und Valenzbändern hängen von der Symmetrie der Zustände (optischen Auswahlregeln) und der Polarisation des Lichtes ab. Die Symmetrien der Band- und Exzitonenübergänge am Γ-Punkt ergeben sich aus der Gruppentheorie. Sie sind für biaxial isotrop verspannte Wurtzit-Kristalle (Symmetriegruppe C_{6v}) im rechten Teil der Abbildung 3.23 zu sehen. Es ergeben sich 12 Übergänge von den sechs Valenz- in die zwei Leitungsbänder. Dies sind zwei Γ_7 und ein Γ_9 Übergang, die jeweils 4fach entartet sind. Vier der möglichen Übergänge sind verboten, d.h. sie können nicht optisch angeregt werden. Durch die Wechselwirkung des Elektron im Leitungsband (Γ_7-Symmetrie) und den Löchern im Valenzband (Γ_7-,Γ_7-,Γ_9-Symmetrie) kommt es zur dargestellten Aufspaltung der Übergänge. Es ergeben sich somit für die Exzitonen drei Γ_5 Übergänge, die jeweils 2-fach entartet sind, zwei Γ_1 Übergänge und vier symmetrieverbotene Übergänge (2 x Γ_2 und 2 x Γ_6). Somit erhält man in der Summe wieder 12 Übergänge. Die Buchstaben in Klammern geben jeweils die Polarisation des Lichts an, mit der dieser Übergang anregen werden kann. 0 bedeutet der Übergang ist symmetrieverboten. Die z-Achse liegt parallel zur $\vec{c}$-Achse des GaN. Der Vergleich zwischen isotrop 3.23 (rechts) und anisotrop (links) verspannten Kristallen zeigt das sich die Symmetrien der Bänder durch die Brechung der Kristallsymmetrie ändert. Für anisotrop verzerrte Schichten haben alle drei Valenzbänder sowie das Leitungsband die gleiche Γ_5-Symmetrie. Geht man zu Exzitonenübergängen so sieht man, dass durch die Anisotropie im Kristall die Entartung zwischen x- und y-Richtung aufgehoben wird, die im linken Teil der Grafik noch vorherrscht. Des Weiteren kommt es nun auch zu einer energetischen Aufspaltung zwischen Γ_4 und Γ_2. Hierbei können beide Exzitonen nur durch x- beziehungsweise y-polarisiertes Licht angeregt werden. Der energetische Abstand dieser Übergängen, genau wie für Γ_1-Γ_5 im isotropen Fall, liegt für GaN nur im Bereich von $1\,\mathrm{meV}$ wodurch eine Auflösung dieser beiden sehr schwierig ist. Mit Hilfe von sehr starken Magnetfeldern (über 27 T) kann dieser Abstand jedoch vergrößert werden ($2\text{-}3\,\mathrm{meV}$) wodurch dieser Effekt nachgewiesen wurde [128].

3 Theoretische Beschreibung der Gruppe - III - Nitride

4 Messergebnisse und Auswertung

4.1 Kubische Nitride

4.1.1 GaN

Die dielektrische Funktion von Zinkblende Galliumnitirid wurde im Bereich von 0.92 eV bis 20 eV gemessen und mittels des in Kapitel 2.3 beschriebenen Verfahrens ausgewertet. Untersucht wurden zwei Schichten auf freistehendem 3C-SiC Substrat. Diese Schichten wurden mit Molekularstrahlepitaxie (MBE) bei 700 °C an der TU Paderborn gewachsen. Eine detaillierte Beschreibung des Wachstumsprozess kann der Literatur entnommen werden [129]. Die Proben unterscheiden sich in der Schichtdicke sowie der aus dem Modell (Energiebereich 3 eV - 10 eV) bestimmten Oberflächenrauhigkeit, was in Tabelle 4.1 zusammengefasst ist. zb-GaN war zuvor schon Gegenstand ellipsometrischer Untersuchung im sichtbaren und UV-Bereich [42, 130]. Auf Grund verbesserter Wachstumsprozesse sowie neuem Substrat-Material (3C-SiC) konnte die Kristallqualität von kubischen Nitriden in den letzten Jahren stark erhöht werden. Darüber hinaus ermöglichen RHEED Messungen die Kontrolle der Stöchiometrie während des Wachstumsprozess, woraus sich eine erhebliche Verringerung der Oberflächenrauhigkeit erzielen lässt [34]. Infolge dieser Entwicklungen ist eine erneute Untersuchung von zb-GaN Schichten sehr interessant. Ferner ist durch die Weiterentwicklung der in Kapitel 2.2.3 beschriebenen Messapparatur nun eine geschlossene Messung bis 20 eV möglich.
In Abbildung 4.1 ist die Anpassung des parametrischen zb-GaN-Modell an die Messdaten der Probe zbGaN_01 gezeigt. Sämtliche Messungen im Energiebereich unter 6.2 eV mit Hilfe des in Abschnitt 2.2.2 beschriebenen Ellipsometers wurden von P. Schley, G. Rossbach und E. Sakalaus-

Tabelle 4.1: Schichtdicken, Wachstumstemperatur und Substrat-Material der zb-GaN und zb-AlN Schichten.

Probe	Schichtdicke (nm)	Rauheit (nm)	Substrat	Wachstumstemperatur (°C)
zbGaN_01	600	4.2	3C-SiC	~ 700
zbGaN_02	700	2.6	3C-SiC	~ 700
zbAlN_01	90	1	3C-SiC	~ 800
zbAlN_02	40	1.4	3C-SiC	~ 800

4 Messergebnisse und Auswertung

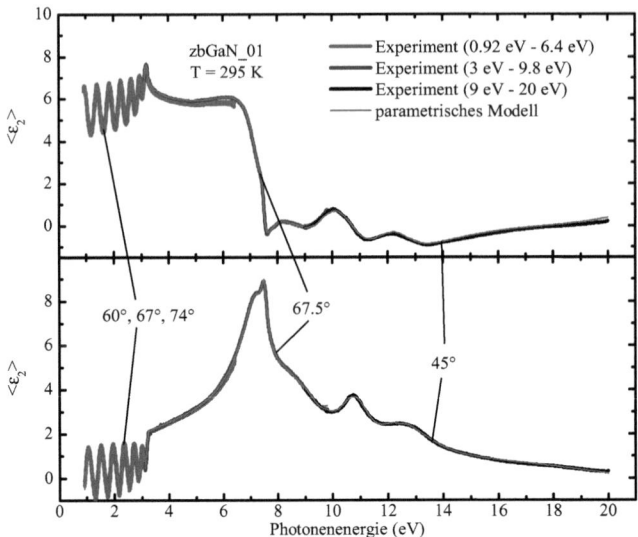

Abbildung 4.1: Messungen des Real- und Imaginärteil der pseudo-DF an zb - GaN (Probe zbGaN_01) im Energiebereich zwischen 0.92 eV und 20 eV im Vergleich zum parametrischen Modell. Die unterschiedlichen Modelle für die drei Energiebereiche sind mit verschieden Farben dargestellt. Entsprechende Einfallswinkel sind angegeben.

kas an der TU Ilmenau durchgeführt. Um einen möglichst genauen Wert für die Oberflächenrauhigkeit zu erhalten erfolgten die Messungen in diesem Spektralbereich unter drei verschiedenen Einfallswinkeln. In den beiden hochenergetischen Bereichen (5 eV - 10 eV und 9 eV - 20 eV) waren Messungen auf Grund des Messaufbaus nur bei den angegebenen Einfallswinkeln möglich. Im gesamten Spektrum ist eine sehr gute Übereinstimmung sowohl im Real - als auch im Imaginärteil der DF zwischen dem Experiment und den modellierten Daten zu sehen. Zur Auswertung wurde die in Abschnitt 2.3 beschriebene Prozedur angewendet, wobei für jeden Energiebereich ein extra Modell angenommen wurde. Diese Modelle wurden so miteinander gekoppelt, dass sie sich nur in der Oberflächenrauhigkeit unterscheiden. Infolge unterschiedlicher Messfleck - Abmessungen sowie verschiedener Einfallswinkel in den einzelnen Bereichen ist diese Annahme gerechtfertigt. Die aus der Modellierung im Transparenzbereich erhaltenen Schichtdicken für Schicht und Rauhigkeit sind in Tabelle 4.1 zusammengefasst. Nach Angleichung der Messdaten mittels parametrischem Modell wurde die beschriebene Punkt für Punkt Anpassung durchgeführt. Die extrahierte komplexe DF für kubisches GaN ist in Abbildung 4.2 für beide Proben im gesamten Bereich für Raumtemperatur dargestellt. Dabei stellen die bunten Kurven das PM - Modell dar, während die PfP - DF für Probe zbGaN_01 grau ist. Die PfP - DF der anderen Probe ist der Übersichtlichkeit

4.1 Kubische Nitride

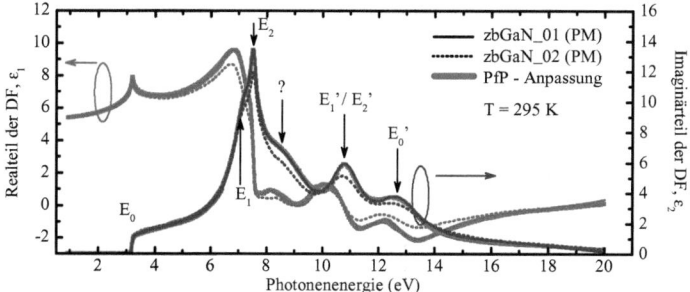

Abbildung 4.2: Real- und Imaginärteil der dielektrischen Funktion bei Raumtemperatur von zb-GaN für zwei Proben (zbGaN_01, zbGaN_02) mit unterschiedlichen Schichtdicken. Vergleich des parametrischen Modell mit Punkt für Punkt Daten. Die im Text beschriebenen wichtigsten Absorptionsstrukturen an kritischen Punkten der BZ sind mit Pfeilen gekennzeichnet.

halber nicht dargestellt. Über den gesamten Bereich ist eine sehr gute Übereinstimmung der PM - und PfP - DF zu sehen. Abweichungen entstehen im wesentlichen durch leichtes Rauschen in den Messungen, welches sich in der PfP - DF widerspiegelt. Auf Grund der Kramers-Kronig Konsistenz des parametrischen Modells zeigt sich, dass auch die PfP - Daten dieser Relation genügen, was die Korrektheit der Messung untermauert. Da die Proben oberhalb der Bandkante nicht transparent sind, kann die ermittelte DF als die für Bulk-Material angesehen werden. Die Grafik zeigt eine gute Übereinstimmung der beiden ermittelten DF im gesamten Bereich, wodurch eine Reproduzierbarkeit gegeben ist. Abweichungen in den Amplituden der Interbandübergänge für beide Proben werden durch unterschiedliche Kristallqualität hervorgerufen. Die Proben wurden vor der Messung bei 350 °C für eine Zeit von dreißig Minuten im Vakuum ausgeheizt, wodurch sich die Oberflächenrauhigkeit verringert sowie organische Verbindungen von der Probe abgetragen werden. Unterschiede im Temperaturverlauf beim Aufheizen sowie Abkühlen der Proben haben ebenso kleinere Einflüsse auf die Peakhöhen.

Im Verlauf der dielektrischen Funktion sind fünf klare Strukturen zu erkennen, welche für beide Proben an identischer Energieposition liegen. Diese mit Pfeilen gekennzeichneten Hauptabsorptionen sind auf Übergänge an kritischen Punkten der Bandstruktur zurückzuführen, welche in Abbildung 4.3 gezeigt ist. Bei 3.193 eV ist eine ausgeprägte Absorptionskante erkennbar, die vom Übergang an der fundamentalen Bandkante im Zentrum der BZ herrührt. Auf diesen Bereich der DF wird später noch gesondert eingegangen. Zwischen 6 eV und 10 eV zeigt sich eine sehr starke Absorption (E_2) bei 7.53 eV mit einer Schulter (E_1) auf der niederenergetischen Seite (7.32 eV). Die Energiepositionen dieser Doppelstruktur liegen im Bereich früherer Messungen von Logothetidis et al. (~ 6.93 eV, ~ 7.58 eV) [130], Kasic et al. (~ 7.24 eV, ~ 7.55 eV) [131] und Cobet et al. (~ 7.16 eV, ~ 7.57 eV) [41, 42]. Die Erhöhung der Ladungsträgerdichten in β - GaN führt

4 Messergebnisse und Auswertung

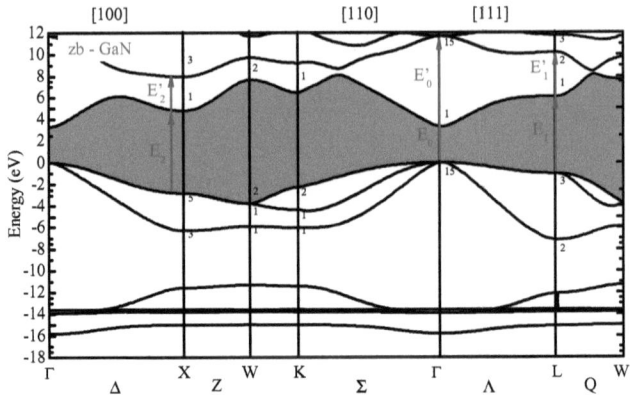

Abbildung 4.3: Bandstruktur von zb - GaN aus DFT-Rechnungen. Im Text beschriebene Übergänge an Punkten hoher Symmetrie sind durch Pfeile markiert. Die Symmetrien der einzelnen Bänder an diesen Punkten sind durch kleine Zahlen gekennzeichnet.

zu einer Rotverschiebung des E_1 - Peaks [130], wodurch sich die Unterschiede in den Messungen erklären lassen. Des Weiteren wurde gezeigt, dass die Energieposition der E_2 - Struktur nahezu unabhängig von der Ladungsträgerkonzentration ist [131], weshalb sich der hier ermittelte Wert sehr gut mir den früheren Messungen deckt. Aus der Verschiebung der E_1 - Absorption im Vergleich zu den älteren Arbeiten kann also auf eine niedrigere Hintergrunddotierung in unseren Schichten geschlossen werden. Dies untermauert die Annahme einer gesteigerten Kristallqualität kubischer Nitrid Schichten in den letzten Jahren. Der Ursprung des E_2 - Hauptpeaks liegt in einem Exzitonen-Übergang entlang der [100] - Richtung vom Γ zum X - Punkt. Hier laufen das oberste Valenz - und das unterste Leitungsband nahezu parallel, was zu einer hohen kombinierten Zustandsdichte und somit einer starken Absorption führt. Der Ursprung der wesentlich weniger ausgeprägten niederenergetischen Schulter ist nicht so einfach zu klären. Vergleicht man das Spektrum mit der DF von Zinkblende GaAs [132], so könnte man diese Doppelstruktur einem durch Spin - Bahn Wechselwirkung aufgespaltenen E_1 Übergang zuordnen. Theoretische Arbeiten zeigen unter Einbeziehung der Ga3d - Zustände eine Spin - Bahn - Aufspaltung von 32 meV am L - Punkt [133]. Dieser Wert ist ein wenig größer als am Γ - Punkt der BZ (20 meV), liegt aber in der gleichen Größenordnung. Andererseits ist diese Aufspaltung wesentlich kleiner als die aus der DF ermittelte (210 meV). Des Weiteren ist die Breite der Peaks, welche im Bereich einiger hundert meV liegen, bedeutend höher. Somit kann man davon ausgehen, dass diese beiden Übergänge nicht getrennt aufgelöst werden und die niederenergetische Schulter einen anderen Ursprung haben muss. *Ab initio* Rechnungen unterstützen die Interpretation, dass diese Struktur mit einem Übergang nahe des L - Punktes, in [111] - Richtung, verknüpft werden kann. Es zeigt sich aus der Theorie eine starke Rotverschie-

4.1 Kubische Nitride

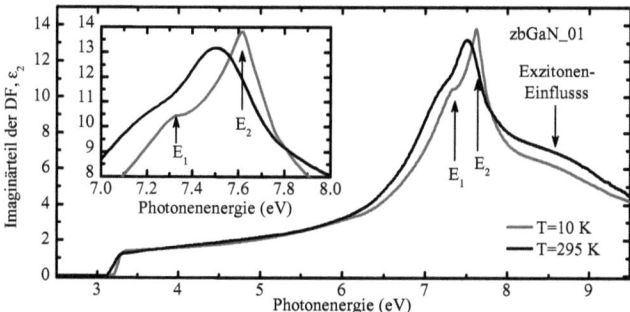

Abbildung 4.4: Imaginärteil der dielektrische Funktion von kubischem GaN (Probe zbGaN_01) im Spektralbereich zwischen 2 eV und 10 eV bei Raumtemperatur sowie T=10 K.

bung des ausgeprägten E_2 Übergangs in zb-GaN im Vergleich zu GaAs, wodurch beide Peaks (E_1 und E_2) energetisch sehr nah beieinander liegen. In zb-AlN sollte laut Theorie dieser Effekt noch markanter sein, was dann zu einem indirekten Bandgap führt. Auf diese Sachverhalte wird im nächsten Abschnitt 4.1.2 ausführlich eingegangen. Die Dispersion der Bänder im Bereich des L-Punktes haben einen Sattelpunkt artigen Verlauf, wodurch die kombinierte Zustandsdichte wesentlich geringer ist und der Peak bei Raumtemperatur nur sehr schwach erscheint. Infolgedessen wurde eine der beiden Proben bei $T = 10$ K gemessen, wodurch eine bessere Trennung beider Übergänge möglich sein sollte. Ein Vergleich der DF bei unterschiedlichen Temperaturen ist in Abbildung 4.4 dargestellt. Die allgemeine Struktur der DF bei beiden Temperaturen ändert sich hierbei nur geringfügig. Die Lage der fundamentalen Absorptionskante verschiebt ein wenig zu größeren Energien, worauf im Folgenden noch eingegangen wird, während die Höhe des nachfolgenden Plateaus konstant bleibt. Im Bereich der beiden Interbandübergänge E_1 und E_2 sieht man nun, auf Grund verringerter Streuung an thermisch angeregten Phononen, eine klare Separation der beiden Strukturen. Hierbei sieht die niederenergetische einem M_1 Sattelpunkt ähnlich, der auch am L-Punkt in der Bandstruktur erkennbar ist. Infolge des schmalerwerdenden E_1 Übergangs senkt sich der Verlauf der DF im Bereich oberhalb dieser Resonanz. Betrachtet man nun wieder den Verlauf bei Raumtemperatur (Abbildung 4.2), so erkennt man auf der hochenergetischen Seite dieser beschriebenen Doppelstruktur bei ca. 9 eV eine schulterähnliche sehr breite Bande, die von der Linienform einem M_2 Sattelpunkt aus Diagramm 2.7 ähnelt. Da jedoch laut Theorie keine zusätzlichen Übergänge in diesem Bereich erwartet werden, muss der Ursprung dieser Struktur woanders liegen. Eine mögliche Erklärung könnten exzitonische Effekte am E_2-Übergang sein. Adachi et al. stellten ein Modell zur Beschreibung des Einflusses der Coulomb-Wechselwirkung auf Interbandübergänge von GaAs vor [134]. Dieses ergibt, abhängig von der Dimensionalität des kritischen Punktes, eine Exzitonen-Kontinuum ähnliche Struktur oberhalb des eigentlichen

4 Messergebnisse und Auswertung

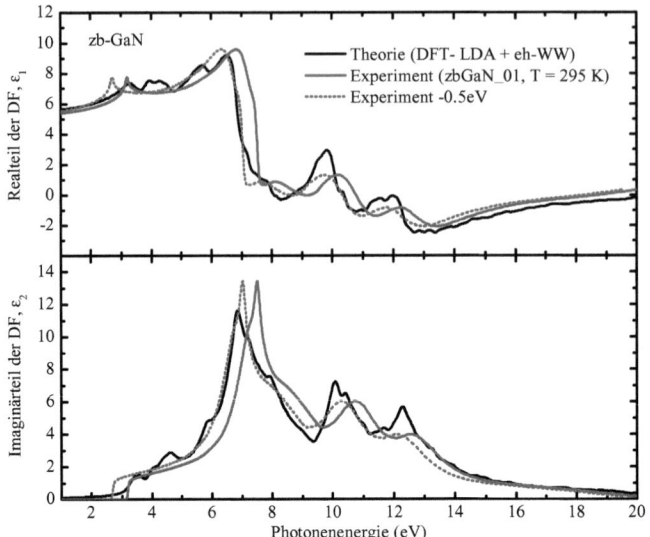

Abbildung 4.5: Imaginärteil der DF von zb-GaN (Probe zbGaN_01) aus dem Experiment (rote Linie) im Vergleich zur Theorie (schwarze Linie) [136]. In den DFT-LDA Rechnungen sind Elektron-Loch-Wechselwirkungen (eh-WW) berücksichtigt. Zum Vergleich der Interbandübergänge wurde das gemessene Spektrum energetische verschoben (gestrichelte Linie).

Übergangs. Da der exzitonische Einfluss in Nitriden wesentlich höher ist als in Arseniden sollten die beschriebenen Effekte eine stärkere Auswirkung auf den Verlauf der DF haben. Auf Grund dieser Interpretation wird die schulterähnliche Bande bei ca. 9 eV auf den Einfluss von Elektron-Loch-Wechselwirkung zurückgeführt. Um eine eindeutige Beschreibung zu erhalten, sind weiterführende theoretische Arbeiten nötig. Oberhalb von 10 eV sind zwei weitere stark ausgeprägte Absorptionen auffallend. Hierbei handelt es sich bei der E'_1 / E'_2 Struktur (10.49 eV) um eine Superposition aus zwei Absorptionen zwischen dem höchsten Valenzband und dem zweiten Leitungsband in der Nähe des L- und X-Punktes [135]. Weiterhin erfolgt die dem E'_0-Peak bei 12.41 eV zu Grunde liegende Absorption am Γ-Punkt. Auch hier findet die Absorption aus dem höchsten Valenz- ins zweite Leitungsband statt. Im Vergleich zu GaAs liegt das zweite Leitungsband am Γ-Punkt wesentlich höher, sodass der E'_1 / E'_2-Übergang in zb-GaN niederenergetischer liegt als E'_0. Da die Absorption am X-Punkt (E_2) nun wesentlich niedriger lokalisiert ist als in GaAs, sind beide Peaks oberhalb von 10 eV sehr gut zu sehen.

Abbildung 4.5 stellt einen Vergleich der gemessenen dielektrischen Funktion mit einer theoretischen Arbeit von Benedict [136] dar. Hierbei zeigen beide Verläufe eine gute Übereinstimmung im gesamten betrachteten Spektralbereich. Sowohl die DFT - LDA - Rechnung als auch das Experiment liefern die fünf bereits beschriebenen Absorptionstrukturen. Verschiebt man die theoretische Kurve, welche bereits vom Autor um 1 eV verschoben wurde, um weitere 0.5 eV zu höheren Energien, so zeigt sich, dass alle Interbandübergänge in Theorie und Experiment energetisch übereinstimmen. Eine Verschiebung der Bandkante und somit der gesamten DF zu kleineren Energien ist eine allgemein bekannte Schwäche von DFT - Berechnungen. Darüber hinaus stimmen die Amplituden in beiden Kurven gut überein. Kleinere Verschiebungen im experimentellen Verlauf zu Gunsten der niederenergetischen Strukturen können auf eine Unterschätzung des Exzitoneneinflusses in der Rechnung zurückgeführt werden. Ferner sind die gemessenen Amplituden sowohl von der Oberflächenbeschaffenheit als auch von der Kristallqualität der untersuchten Probe abhängig. Da in der Theorie stets ideale Kristalle angenommen werden, kann auch hierdurch eine Abweichung entstehen. Die bereits erwähnte Schulter auf der hochenergetischen Seite des Hauptabsorptionspeak ist ebenso in der Theorie zu beobachten. Da in den Berechnungen der exzitonische Einfluss auf den Verlauf der DF berücksichtigt wurde, unterstützt dies die Interpretation des Ursprungs dieser Bande. Im Bereich oberhalb von 10 eV liefern die theoretischen Ansätze jeweils einen Doppelpeak der im Experiment jedoch nicht aufgelöst werden konnte. Auch andere theoretische Arbeiten offenbaren in diesem Bereich eine Doppelstruktur [135], was die Interpretation einer Superposition der E'_1 / E'_2 - Struktur untermauert. In den folgenden Kapiteln zu kubischen AlN und AlGaN zeigt sich, dass es sich tatsächlich um eine Superposition aus zwei Absorptionen handelt. Weiterhin stimmen Lage und Amplitude des hochenergetischen Ausläufers der Interbandabsorptionen sowohl für den Real - als auch Imaginärteil in Theorie und Experiment sehr gut überein.

Im Folgenden wird der Spektrale Bereich um die fundamentale Absorptionskante von β-GaN genauer diskutiert. Auf Grund der größeren Sensitivität bezüglich Bandkanten-Exzitonen wurden in diesem Bereich Photolumineszenz (PL) sowie Photoreflexionsmessungen (PR) an der TU Ilmenau durchgeführt. Der temperaturabhängige Verlauf beider Messreihen ist in Abbildung 4.6 dargestellt. Hierbei zeigen sowohl die PR - als auch die PL - Signale die erwartete Rotverschiebung der Exzitonen - Banden mit steigender Temperatur. Des Weiteren nimmt die Verbreiterung zu, wodurch im PR Signal nur bis circa $T = 170$ K zwei getrennte Strukturen von freien Exzitonen aufgelöst werden. In unverspannten kubischen Halbleitern ist das Valenzband am Γ-Punkt infolge von Spin - Bahn - Wechselwirkung in zwei Bänder aufgespalten. An dieser Stelle fallen, wie bereits in Grafik 3.9 gezeigt, die Bänder der leichten (LH) und schweren Löcher (HH) zusammen, während das abgespaltene Band (SO) um die Spin-Bahn-Energie (Δ_{so}) tiefer liegt. Somit stammt die niederenergetische Struktur im PR-Signal vom LH/HH-Übergang und die kurzwellige vom SO-Übergang. Die PL - Messungen offenbaren für $T = 5$ K ebenfalls zwei klare Strukturen bei 3.150 eV (T_1) und 3.262 eV (T_2). Die T_2-Struktur wird einer Superposition eines freien (FX) mit einem Akzeptor gebundenen Exziton (X,A^0) zugeordnet, während es sich bei T_1 um eine Donator - Akzeptor Rekombination handelt [137]. Deren Amplitude nimmt mit steigender Temperatur ab, bis sich schließlich ab ca. $T = 50$ K eine neue Struktur auf der hochenergetischen Seite

4 Messergebnisse und Auswertung

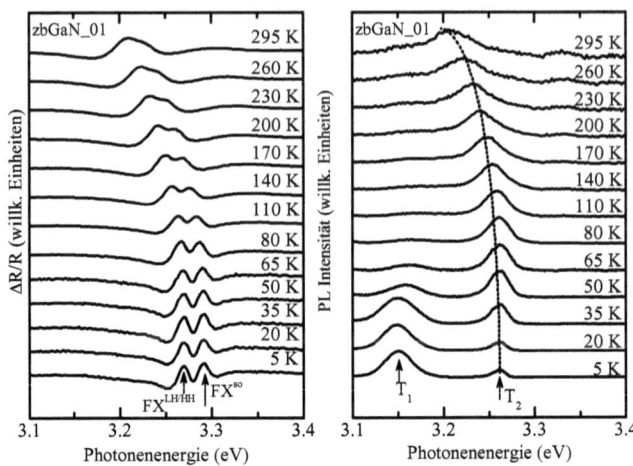

Abbildung 4.6: Temperaturabhängige PR (links) und PL (rechts) Messungen im Bereich der Bandkante von zb-GaN (Probe zbGaN_01). Die Übergänge der freien Exzitonen ($FX^{LH/HH}$, FX^{so}) sind im PR Signal durch Pfeilen markiert.

bildet. Dieses Verhalten ist typisch für einen Donator-Akzeptor Übergang, der mit zunehmender Temperatur in eine Band-Akzeptor übergeht [138]. Der Grund hierfür liegt in der zunehmenden Ionisierung der Donatoren. Sowohl die ermittelte Übergangsenergie der T_2 Bande von 3.262 eV als auch deren Verbreiterung (13 meV) sind in guter Übereinstimmung mit früheren Messungen [137, 139]. Mit steigenden Temperaturen (ab ca. 140 K) verschwindet das Akzeptor gebundene Exziton, wodurch einzig das freie Exziton existent ist. Um die Übergangsenergien sowie die Linienbreiten der PR Messungen bestimmen zu können, wurde eine von Aspnes entwickelt Methode [140], ähnlich der in Kapitel 2.3 beschriebenen, zur Bestimmung der Übergangsenergien von Interbandübergängen, benutzt. Hierzu ist in Abbildung 4.7 der Vergleich zwischen Experiment und Fit für $T = 5$ K dargestellt, wobei die ermittelten Übergangsenergien mit Pfeilen gekennzeichnet sind. Mit 3.271 eV für den $FX^{LH/HH}$ sowie 3.291 eV für den FX^{so} Übergang zeigen die Messungen bei $T = 5$ K eine exzellente Übereinstimmung mit ortsaufgelösten Kathodolumineszenz-Messungen [141]. Andererseits liegen die Ergebnisse höher als PR-Untersuchungen von Bru-Chavallier *et al.* [142] an zb-GaN auf Silizium-Pseudo-Substraten. Der Vergleich zwischen PR- und PL-Messung bei T=5 K zeigt einen Unterschied in den Übergangsenergien von ca. 9 meV. Diese Bindungsenergie des Exziton an einen neutralen Akzeptor liegt ein wenig unter den von Philippe *et al.* gefundenen 13 meV. Die aus den PR-Spektren ermittelte Aufspaltung zwischen $FX^{LH/HH}$ und FX^{so} ist mit 20 meV einen wenig höher als ein zuvor gefundene Wert von 15 meV [142]. Die wahrscheinliche Begründung für diese Verschiebung liegt in geringerer tensiler Verspannung der

4.1 Kubische Nitride

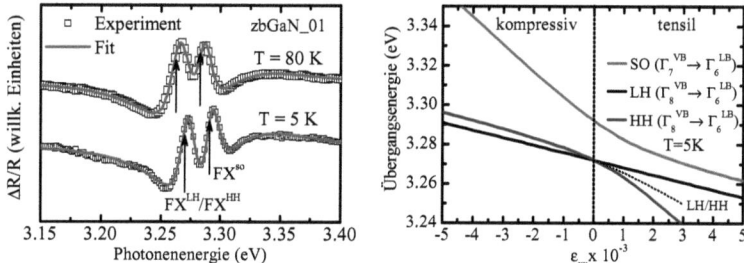

Abbildung 4.7: Vergleich zwischen PR-Messungen und Fit im Bereich der Bandkanten-Exzitonen für zwei verschiedene Temperaturen (links). Abhängigkeit der Übergangsenergien aus den drei Valenzbändern ins Leitungsband von der internen Verspannung in zb-GaN (rechts).

hier untersuchten zb-GaN Schichten. Betrachtet man Kristalle mit kubischer Symmetrie, in denen die Kristallfeld-Aufspaltung verschwindet ($\Delta_1 = \Delta_{cr} = 0$) und es nur jeweils ein Deformationspotential für Valenz- und Leitungsband gibt, so vereinfacht sich der Hamiltonian 3.41 extrem. Die aus diesem Operator ermittelten Übergangsenergien aus den drei Valenzbändern ins Leitungsband ist in Abhängigkeit von der isotropen Verspannung auf der rechten Seite von Abbildung 4.7 zu sehen. Grundlage der Berechnungen waren die unverspannten Übergangsenergie aus dem Band der leichten Löcher von $3.272\,\text{eV}$ für $T = 5\,\text{K}$ [141]. Des Weiteren wurden $-8\,\text{eV}$ ($-1.7\,\text{eV}$) [143] für das Deformationspotential des Leitungsbandes (Valenzband) sowie Elastizitätskoeffizienten von $C_{11}=293\,\text{GPa}$ und $C_{12}=159\,\text{GPa}$ [144] verwendet. Die Spin-Bahn-Aufspaltung in kubischen GaN beträgt $\Delta_{so}=20\,\text{meV}$, [145] was sich sehr gut mit den gemessenen Werten deckt. Aus Diagramm 4.7 ist ersichtlich, dass durch interne Verspannung die Entartung der Bänder für leichte und schwere Löcher am Γ-Punkt aufgehoben wird. zb-GaN Schichten auf Pseudo-Substraten aus Silizium und GaAs oder 3C-SiC sind in der Regel tensil verspannt [142, 146], wodurch sich die Übergangsenergien ins rote verschieben und die Aufspaltung zwischen LH/HH und SO größer wird. Darüber hinaus nimmt die Verbreiterung des niederenergetischen LH/HH-Übergangs auf Grund der aufgehobenen Entartung zu. Sowohl die höheren Energien der Übergänge als auch die höhere Aufspaltung waren bereits Anzeichen für verminderte interne Verspannungen in den hier gezeigten β-GaN-Kristallen auf 3C-SiC. Ein weiteres Indiz dafür ist die nahezu identische Verbreiterung der beiden Übergänge (FX$^{LH/HH}$ und FX^{so}) von $12\,\text{meV}$ in den PR Spektren bei $T = 5\,\text{K}$. Bezüglich dieser Informationen kann von annähernd unverspanntem GaN auf 3C-SiC ausgegangen werden. Dieses Resultat ist ein weiteres Indiz für die erhoffte höhere Kristallqualität der zb-GaN Schichten auf diesem Substrat, was die erneute Untersuchung motiviert.

Die linke Abbildung in Diagramm 4.8 zeigt den Vergleich der bereits diskutierten PL- und PR-Messungen mit Photolumineszenz Anregungsspektroskopie (PLE) sowie Ellipsometrie bei tiefen Temperaturen. Der Zusammenhang zwischen Modulationsspektroskopischen Signalen und der

4 Messergebnisse und Auswertung

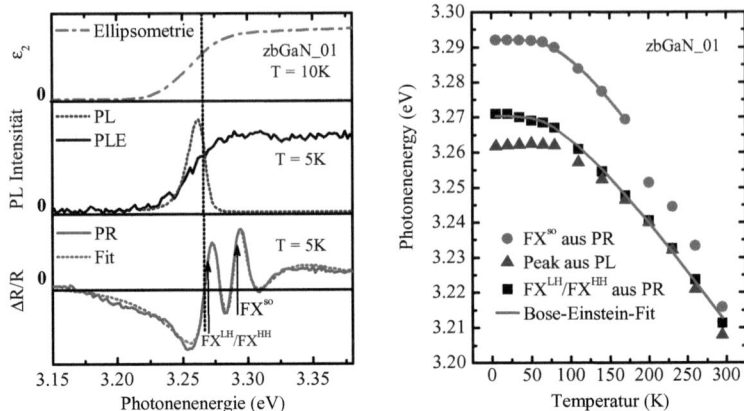

Abbildung 4.8: Vergleich der Ergebnisse verschiedener Messmethoden im Bereich der Bandkantenexzitonen in zb - GaN bei tiefen Temperaturen (links). Temperaturabhängigkeit der Exzitonenenergien aus PR und PL (rechts).

dritten Ableitung der dielektrischen Funktion wurde hierbei schon zu Beginn des Kapitels erwähnt. Aus dem Diagramm ist ersichtlich, dass alle vier Messmethoden die gleichen Ergebnisse liefern und somit die ermittelten Übergangsenergien als Referenzwerte für nahezu unverspanntes zb - GaN angesehen werden können. Der PL Peak liegt ein wenig niedriger als die Exzitonenlinien in der PR und die Exzitonen-Absorptionskante in der Ellipsometrie. Wie beschrieben, handelt es sich bei der PL - Struktur um eine Überlagerung von gebundenen und freien Exzitonen bei $T = 5$ K. Ferner liegt die Übergangsenergie des ungebundenen Exziton ein wenig höher als das Maximum des PL Peaks. Des Weiteren können noch Verschiebungen durch einen Stokes - Shift hinzukommen, die man aber nicht weiter spezifizieren kann. Auf der rechten Seite der Abbildung 4.8 sind die ermittelten Übergangsenergien aus PL - und PR - Messungen in Abhängigkeit von der Temperatur dargestellt. Auffällig ist zunächst, dass die aus der PL ermittelten Übergangsenergien unterhalb von $T = 80$ K nicht weiter ins blaue verschieben und eher wieder abnehmen. Die Begründung ist wiederum die Superposition der beiden Übergänge für gebundene und freie Exzitonen, woraus sich ein typischer s - förmiger Temperaturverlauf von PL - Signalen ergibt. Mit sinkender Temperatur gehen die freien Exzitonen in gebundene Zustände über, was eine Rotverschiebung des PL-Peak zur Folge hat. Aus diesem Grund sind PL - Messungen für die Beschreibung der Temperaturabhängigkeit nicht vorteilhaft. Die aus den PR - Messungen bestimmten Übergangsenergien wurden mit der Bose-Einstein Beziehung

$$E(T) = E(0) - \frac{\lambda}{\exp(\Theta/T) - 1} \tag{4.1}$$

Tabelle 4.2: Elektron-Phonon Kopplung λ und Debye-Temperatur Θ für zb-GaN.

Probe	λ(meV)	θ(K)	Anmerkung
zb-GaN/3C-SiC (FX^{HH}/FX^{LH})	80.6	258	Diese Arbeit
zb-GaN/3C-SiC (FX^{SO})	110	300	Diese Arbeit
zb-GaN/3C-SiC/Si (FX^{HH}/FX^{LH})	80	230	Ref.[148]
wz-GaN/GaN (FX^{A})	121	316	Ref.[149]
wz-GaN/GaN (FX^{A})	84	271	Ref.[150]
wz-GaN/Al$_2$O$_3$ (FX^{A})	98	292	Ref.[150]

angepasst [147]. Hierbei sind $E(0)$ die Exzitonenenergie bei $T = 0$ K, λ die Stärke der Elektron-Phonon-Kopplung und Θ die Debye-Temperatur. Für den FX^{so} Übergang wurden nur Daten bis $T = 170$ K verwendet, da die Übergänge oberhalb sehr breit werden und sie nicht mehr eindeutig trennen lassen. Im gesamten Bereich ergibt sich eine sehr gute Übereinstimmung der Messpunkte mit dem Modellverlauf. Die aus der Anpassung erhaltenen Resultate sind in Tabelle 4.2 im Vergleich zu Literaturwerten zusammengestellt. Die Werte in der Tabelle zeigen, dass die Ergebnisse im Bereich früherer Messungen für kubisches sowie hexagonales GaN liegen.

4.1.2 AlN

Die untersuchten kubischen AlN Schichten wurden von T. Schupp an der TU Paderborn mit Plasma unterstützter Molekularstrahlepitaxi (PAMBE) pseudomorph auf freistehendem 3C-SiC abgeschieden. Zunächst erfolgte eine Säuberung des Substrats in einem Ultraschallbad mittels Azeton, Propanol und Nassätzen. Anschließend wurden zb-AlN Schichten bei einer Substrattemperatur von 800 °C und einer Wachstumsrate von 300 nm/h aufgewachsen. Da es sich bei kubischem AlN um die metastabile Form handelt, führt der Kontakt mit Stickstoff zur Ausbildung von hexagonalen Clustern innerhalb der kubischen Kristalle. Dies kann verhindert werden, indem die AlN-Schichten in einer Al-reichen Umgebung gewachsen werden, sodass man stets eine circa 1 Monolage (ML) dicke Al-Oberflächenschicht erhält. Die stetige Existenz dieser Deckschicht wurde mittels RHEED Aufnahmen kontrolliert. Nach der Abscheidung von ca. 20 ML schlägt das Schichtwachstum in ein 3D Wachstum um, wodurch sich Inseln auf der Oberfläche bilden und die Probe sehr rau wird. Um dies zu umgehen, erfolgte das AlN-Wachstum in Intervallen von 20 ML mit einer Pause von 30 s. Die Dicke der aufgebrachten Schichten wurde hierbei mittels RHEED Oszillationen überwacht. Eine genauere Beschreibung der Wachstumsprozesse ist in verschiedenen Veröffentlichungen zu finden [34–36].
Zur Untersuchung standen zwei Schichten (zbAlN_01, zbAlN_02) mit unterschiedlichen Dicken (100 nm und 40 nm) zur Verfügung, deren kubische Struktur durch Röntgenbeugung (XRD) bestätigt wurde. Die Analyse der Oberfläche mittels Rasterkraftmikroskop (AFM) zeigt einen starken Anstieg der Oberflächenrauhigkeit bei Schichtdicken oberhalb von 100 nm. Die betrachteten

4 Messergebnisse und Auswertung

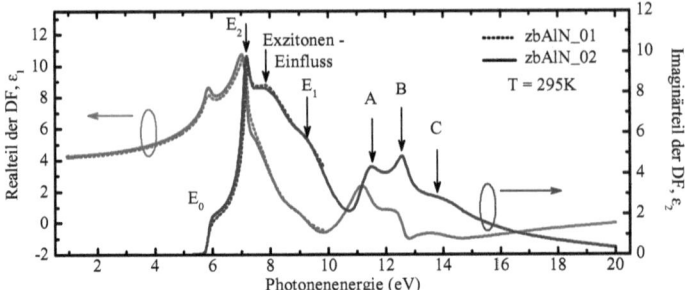

Abbildung 4.9: Real- und Imaginärteil der dielektrische Funktion der beiden zb-AlN Proben (zbAlN_01 und zbAlN_02) im Spektralbereich von 0.92 eV bis 20 eV. Die wichtigsten Absorptionsstrukturen, die mit Übergängen an kritischen Punkten der Bandstruktur verknüpft sind, sind mit Pfeilen gekennzeichnet.

Kristalle hatten im Gegensatz dazu mit 0.4 nm bzw. 0.6 nm relative geringe Rauhigkeiten. Wie Tabelle 4.1 belegt, liegen diese Werte unter denen aus dem ellipsometrischen Modell. Vor den Messungen beider Schichten wurden die Proben bei 450 °C für eine zeit von 30 Minuten ausgeheizt um die Oberfläche zu reinigen. Die Anpassung an die Messdaten erfolgte erneut mit der in Abschnitt 2.3 beschriebenen Herangehensweise. Hierbei wurden wie für zb - GaN drei Modelle für die verschiedenen Energiebereiche miteinander gekoppelt. Die einzigen veränderlichen Parameter waren die jeweiligen Oberflächenrauhigkeiten sowie die DF der zu untersuchenden Schicht. In Abbildung 4.9 ist der Verlauf des Real - und Imaginärteil der DF für beide Proben im Bereich zwischen 0.92 eV bis 20 eV dargestellt. Analog zur Modellierung der zb - GaN Schichten liefert auch hier die PfP - DF keine Zusatzinformationen, sodass an dieser Stelle nur das Ergebnis der parametrischen Anpassung gezeigt ist. Die im PM verwendeten Funktionen haben dabei keinerlei physikalischen Hintergrund, weshalb nicht weiter auf sie eingegangen wird. Wie die Abbildung zeigt, konnte der Bereich oberhalb von 10 eV nur für eine der beiden Proben gemessen werden. Die verschiedenen deutlichen Strukturen, welche mit Übergängen an Punkten hoher Symmetrie in der BZ verknüpft werden können, sind mit Pfeilen gekennzeichnet. Unterhalb von 10 eV ist der spektrale Verlauf der DF für beide Proben nahezu identisch. Einzig die Amplituden um E_2 (E_0, E_1) unterscheiden sich ein wenig. Der Grund für solche Abweichungen in den Peakhöhen wurde bereits im vorigen Abschnitt diskutiert. Indes bestätigt die allseitige Übereinstimmung beider Kurven eine Reproduzierbarkeit des Wachstumsprozesses sowie der Messung. Die ausgeprägte Absorptionskante bei 5.93 eV korreliert mit dem direkten Übergang im Zentrum der Brillouin Zone. Dieser ermittelte Wert liegt einerseits über den 5.74 eV für AlN bestehend aus beiden Phasen [151], andererseits circa 100 meV niedriger als der Wert (6.03 eV) aus Reflexionsmessungen [152]. Unterhalb dieser scharfen Absorptionskante zeigt die DF einen auffälligen Ausläufer im Imaginärteil [153] der in Abbildung 4.10 im Vergleich zu kubischem GaN nochmal vergrößert

4.1 Kubische Nitride

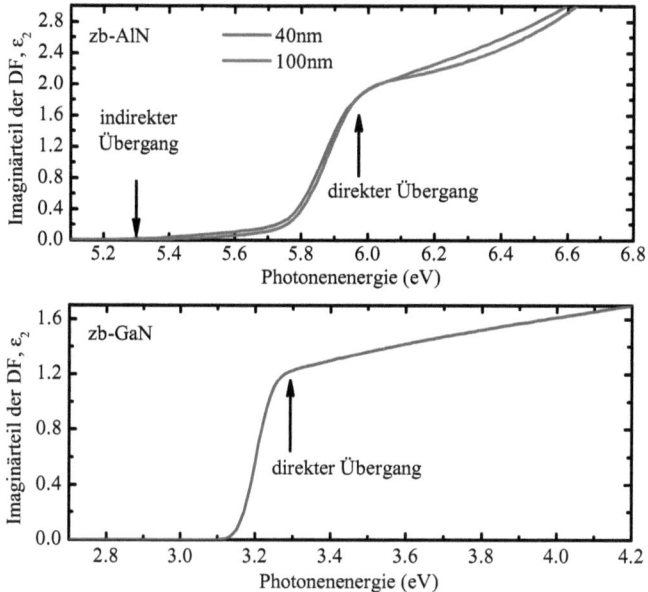

Abbildung 4.10: Imaginärteil der dielektrische Funktion von zb-AlN und zb-GaN im Bereich der fundamentalen Bandkante bei Raumtemperatur. Die direkten und indirekten Absorptionen sind mit Pfeilen markiert.

dargestellt ist. Das deutliche asymptotische Abklingverhalten unterhalb der direkten Bandkante ist typisch für einen, in Kapitel 2.1.2 beschrieben, Phononen-unterstützen indirekten Übergang. Im Gegensatz dazu zeigt zb-GaN eine scharfe Absorptionskante ohne niederenergetischen Ausläufer, was auf einen starken direkten Übergang hindeutet. Erst unterhalb eines Wertes von circa 5.3 eV wird der Imaginärteil der DF für kubisches AlN null. Dieses Ergebnis ist nur eine grobe Abschätzung der indirekten Bandlücke, da ein exakter Wert mit Ellipsometrie nicht bestimmt werden kann. Sowohl der geringe Absorptionskoeffizient in diesem Bereich als auch die niedrige Schichtdicke wirken sich hier negativ auf die Sensitivität dieser Reflexionsmethode aus. Eine genauere Untersuchung mittels Absorptionsspektroskopie könnte an dieser Stelle mehr Aufschluss geben. Generell konnte jedoch im Rahmen dieser Arbeit die von der Theorie vorhergesagte indirekte Bandlücke für zb-AlN experimentell nachgewiesen werden. Dabei liegt der interpolierte Wert für die indirekte Absorption im Bereich früherer Messungen (5.34 eV) [154] und der Theorie [155]. An die direkte Absorptionskante schließt sich wie erwartet ein Plateau an (Abbildung 4.9), welches durch den, in Kapitel 2.1.2 beschriebenen, Sommerfeldfaktor bestimmt ist. Auf Grund der höheren Bandlücke ist dieses im Vergleich zu zb-GaN sehr schmal und der Imaginärteil steigt

4 Messergebnisse und Auswertung

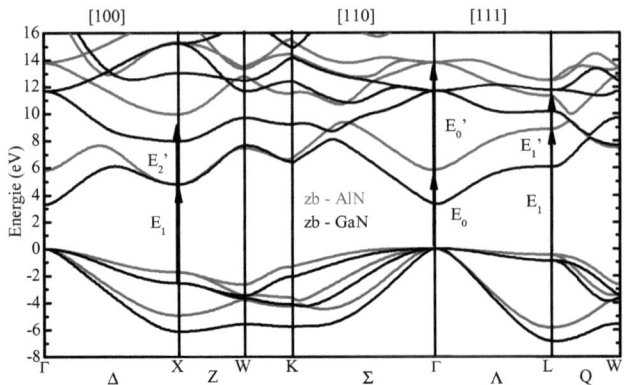

Abbildung 4.11: Vergleich der mittels DFT berechneten Bandstrukturen für zb-GaN und zb-AlN. Die im Text diskutierten Übergänge an Hochsymmetriepunkten in der BZ sind mit Pfeilen gekennzeichnet.

anschließend sehr stark an. Bei 7.20 eV zeigt die DF einen markanten Absorptionspeak (E_2), welcher wie im zb-GaN mit einer van-Hove Singularität am X-Punkt der BZ verknüpft ist. Auf der hochenergetischen Seite dieser Struktur offenbart sich bei 7.95 eV eine plateauartige Erhebung, die im GaN nicht so stark ausgeprägt ist. Ferner gibt es in der DF von zb-AlN kein Anzeichen einer weiteren Absorption zwischen Bandkante und der E_2-Hauptabsorption. Der in GaN als niederenergetische Schulter zu sehende E_1-Übergang, welcher auf der Verbindungslinie Γ-L in der Nähe des L-Punktes entsteht, muss also zu höheren Energien verschoben sein. Vergleicht man die beiden in Abbildung 4.11 dargestellten Bandstrukturen so ist die Verschiebung des Leitungsbandes zu höheren Energien am L-Punkt klar zu sehen. Auf der anderen Seite ist in der Nähe des X-Punktes kaum eine Änderung zu beobachten. Infolge dieser unterschiedlichen Bandverschiebungen kommt es zu einem energetischen Wechsel der beiden Interbandübergänge E_1 und E_2. Auch die beschriebene indirekte Bandlücke ist eine Konsequenz dieser Veränderung. Beide Bandstrukturen sind am Begin der [100]-Richtung nahezu identisch während das Leitungsband am Γ-Punkt für zb-AlN stark nach oben verschoben. Folglich ist das Minimum des Leitungsbandes nun am X-Punkt lokalisiert, woraus sich der indirekte Übergang ergibt. Dieses unterschiedliche Verhalten der Bänder an den jeweiligen Hochsymmetriepunkten der BZ wird auf die fehlenden d-Elektronen im Aluminium zurückgeführt. Dadurch gibt es im Gegensatz zu GaN keine Wechselwirkung mit den obersten Valenz- sowie untersten Leitungsbändern. Da die Leitungsbänder im Zentrum der BZ einen eher s-artigen Charakter haben, während sie am Rand p-artig sind ergeben sich unterschiedliche Interaktionen mit den Ga3d-Zuständen. Dieser Sachverhalt wurde bereits in Abschnitt 3.2.2 anhand der mittels DFT berechneten Bandstrukturen diskutiert. Die genaue

4.1 Kubische Nitride

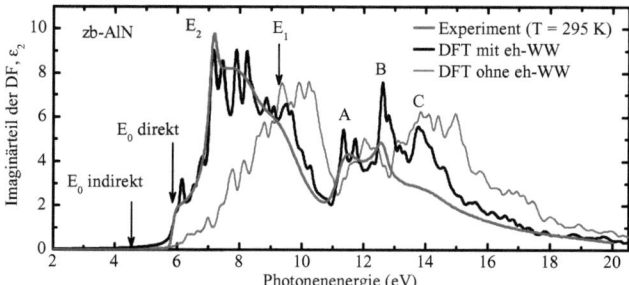

Abbildung 4.12: Vergleich der dielektrischen Funktion von zb-AlN aus Experiment und Theorie [156]. Die graue Kurve stellt die mittels DFT berechnete Quasiteilchen-DF ohne Berücksichtigung der Elektron-Loch-Wechselwirkung (eh-WW) dar. Unter Berücksichtigung der exzitonischen Einflüsse (schwarze Kurve) ergibt sich eine sehr gute Übereinstimmung zwischen Theorie und Experiment.

Lage des, infolge dieser fehlenden Wechselwirkung in AlN, verschobenen E_1- Übergangs lässt sich nun schwer angeben, da die Struktur auf der hochenergetischen Seite von E_2 relativ breit ist. Theoretische Betrachtungen zu kubischem AlN ergeben mit ungefähr 10 eV eine wesentlich höhere Energie für den E_1- Übergang als zunächst angenommen [156]. Im Experiment ist in diesem Energiebereich jedoch keinerlei Struktur zu erkennen, sodass man nur die Schulter bei $9.15\,\mathrm{eV}$ mit dieser Resonanz in Verbindung bringen könnte. Da die berechnete Übergangsenergie aus einer Quasi-Teilchen Rechnung stammt und somit Elektron-Loch-Wechselwirkung nicht berücksichtigt wurden, liegt diese Wert, wie zu erwarten, zu hoch. Werden jedoch Exzitonen - Korrekturen mit einbezogen, so verschiebt sich die Energieposition ins Rote und die Struktur bei $9.15\,\mathrm{eV}$ kann als E_1 - Übergang identifiziert werden.

Auf Grund dieser Interpretation stellt sich nun die Frage, wo der Ursprung der breiten Struktur auf der hochenergetischen Seite von E_2 liegt. Ein Vergleich mit der, im vorigen Abschnitt diskutierten, DF von zb - GaN zeigt, dass auch dort eine solche Bande zu finden ist. Hierbei ist die Amplitude jedoch wesentlich geringer als im zb - AlN. Geht man wieder von Adachi's Modell [134] aus, so kann diese Struktur einer Art Exzitonenkontinuum des E_2 - Übergangs zugeordnet werden. Bedingt durch den wesentlich höheren Einfluss der Coulomb-Wechselwirkung in AlN ist dieser Plateauartige Verlauf nun erheblich stärker ausgeprägt. Der Grund für die größere exzitonische Wechselwirkung in AlN liegt zum einen am höheren ionischen Charakter der kovalenten Bindungen der auf unterschiedliche Elektronegativitätswerte zurückzuführen ist. Darüber hinaus spielt auch die kleinere Einheitszelle und die damit verbundene stärkere Bindung der Exzitonen an das Gitter eine Rolle. Die Notwendigkeit der Berücksichtigung von Exzitonen - Effekten zeigt die, in Abbildung 4.12 dargestellte, von Riefer *et. al* [156] berechnete DF für zb - AlN. Aus dem Diagramm ist ersichtlich, dass die Einbeziehung der Elektron - Loch - Wechselwirkung in die Berechnungen mit

4 Messergebnisse und Auswertung

einer drastischen Änderung der optischen Spektren einhergeht. Durch die exzitonische Anziehung kommt es zu einer kompletten Umverteilung der spektralen Oszillatorstärke, sodass eine Interpretation sowie Zuordnung der einzelnen gemessenen Strukturen zu Übergängen in der BZ schwierig ist. Es ist deutlich erkennbar, dass die breite Plateauartige Struktur auf der hochenergetischen Seite von E_2 erst durch den Exziton-Einfluss entsteht. Dieses Ergebnis aus DFT - Rechnungen deckt sich mit den Interpretationen basierend auf Adachi's Modell. Im Allgemeinen äußern sind die Auswirkungen der Elektron-Loch-Wechselwirkung auf den Verlauf der DF in einer Verschiebung der Absorptionen zu kleineren Energien sowie einer spektrale Umverteilung der Oszillatorstärke. Dabei erfolgt diese Umordnung zu Gunsten der niederenergetischen Interbandübergänge. Des Weiteren ist aus Diagramm 4.12 eine klare Überhöhung an der direkten Bandkante (ca. 6 eV) zu beobachten die ebenfalls durch Exzitonen-Einflüsse hervorgerufen wird. Alle diese Effekte belegen die Notwendigkeit der Berücksichtigung von Elektron - Loch - Wechselwirkungskorrekturen in DFT Rechnungen. Betrachtet man nun wieder den Verlauf der DF, so zeigen sich sowohl in der Theorie als auch im Experiment drei weitere deutliche Absorptionsstrukturen oberhalb von 10 eV. Die Energiepositionen stimmen dabei sehr gut überein, während die Amplituden in der Theorie ein wenig überschätzt werden. Den Strukturen B (12.68 eV) und C (14.1 eV) können laut DFT Übergänge an verschiedenen Punkten der BZ zugeordnet werden. Indes ist der Ursprung des A - Peaks (11.32 eV) unklar [156]. Zusätzliche theoretische Arbeiten sowie die im nächsten Abschnitt folgende Untersuchung von kubischen AlGaN - Kristallen können hier mehr Aufschluss liefern. Folgt man den bisherigen theoretischen Ausführungen [156], so handelt es sich bei der B-Bande, wie schon im zb - GaN, um eine Superposition aus Übergängen am L - (E_1') und X - Punkt (E_2'). Hier erfolgt die Absorption jeweils aus dem höchsten Valenz - ins zweite Leitungsband. Die im Experiment als M_3 kritischer Punkt erscheinende Schulter (Struktur C) ist ebenfalls eine Überlagerung mehrerer Übergänge. Sowohl Absorptionen ins dritte Leitungsband am L - Punkt (E_1'') als auch ins zweite im Zentrum der BZ (E_0') tragen zu dieser Struktur bei. Entsprechend den DFT Rechnungen ist die E_0' (E_1') - Struktur bei 14.67 eV (12.77 eV) zu finden was wesentlich höher ist als in GaAs (ca. 5 eV (6.5 eV)). Dies zeigt, dass der Vergleich optischer Spektren von Oxid - und Nitridverbindungen mit Arseniden, Phosphiden und Antimoniden sehr schwer ist. Einzig die erhöhte Lage des E_0' Übergangs durch den großen Unterschied in den p - artigen Valenzbändern ist offensichtlich. Insgesamt betrachtet, passt die theoretische und experimentelle dielektrische Funktion für zb - AlN ausgezeichnet übereinander. Hierbei stimmen sowohl Energiepositionen als auch Amplituden über den gesamten Bereich. Das berechnete Spektrum enthält gerade im Bereich der Hauptabsorption um 8 eV eine Feinstruktur, die durch das Abtasten der k - Punkte hervorgerufen wird. Durch Erhöhung der k - Punkt - Anzahl sowie der Lorentz - Verbreiterung wird diese Feinstruktur minimiert und die theoretische Kurve zeigt ebenfalls einen ausgeprägten Peak mit anschließendem Plateau.

4.1 Kubische Nitride

4.1.3 AlGaN

Um die Interpretationen für kubisches GaN und AlN zu untermauern sowie offene Fragen weiter zu diskutieren, wurden kubische AlGaN Schichten mit unterschiedlichen Zusammensetzungen analysiert. Darüber hinaus soll das kompositionsabhängige Verhalten der einzelnen Absorptionsstrukturen untersucht werden. Die untersuchten Proben wurden von T. Schupp an der TU Paderborn mittels PAMBE gewachsen. Als Trägermaterial diente in diesem Fall ein pseudo-Substrat aus einer dicken 3C-SiC Schicht auf Silizium. Mit ungefähr T=830 °C lag die Wachstumstemperatur zwischen denen der beiden binären Materialien. Eine detaillierte Beschreibung des Wachstumsprozess ist in der Literatur zu finden [157, 158]. Die Zusammensetzung der einzelnen Schichten wurde mittels hochauflösende Röntgenbeugungsmessungen (HRXRD) des (113) Reflexes bestimmt. Dabei enthält der relative Abstand dieses Reflexes zum 3C-SiC Reflex die Information über die Zusammensetzung [159].

Analog zur Auswertung der zb-GaN und zb-AlN Proben wurden die gemessenen pseudo-DF der kubischen AlGaN Schichten modelliert. Die ermittelten dielektrischen Funktionen im Bereich zwischen 1 eV und 20 eV sind in der Abbildung 4.13 zusammengestellt. Zur Verbesserung der Übersichtlichkeit wurden die Spektren gegeneinander verschoben. Im Allgemeinen sehen sich die Verläufe der DF für die verschiedenen Proben relativ ähnlich. Erst bei genauerer Betrachtung fallen entscheidende Unterschiede auf. Offensichtlich ist die Verschiebung der fundamentalen Absorptionskante zu höheren Energien mit steigendem Al-Gehalt. Hierbei ist auffällig, dass die Proben mit mittleren Zusammensetzungen eine stark verbreiterte Absorptionskante zeigen, was auf niedrigere Kristallqualität zurückzuführen ist. Wie in Kapitel 4.1.2 ausführlich diskutiert wird, handelt es sich bei zb-AlN um einen indirekter Halbleiter, sodass es für einen bestimmten Al-Gehalt zum Wandel vom direkt zum indirekt Übergang kommen muss. Theoretische Arbeiten prognostizieren diesen Übergang bei nahezu 50 % [160, 161]. Auf Grund des geringen Absorptionskoeffizienten sowie mäßiger Qualität der Kristalle von AlGaN Schichten in diesem Bereich war es nicht möglich, diesen Übergang nachzuweisen. Alle untersuchten Proben offenbaren im Bereich zwischen 7 eV und 8 eV ausgeprägte Absorptionsstrukturen, die auf Interbandübergänge an kritischen Punkten zurückzuführen sind. Wie bereits in Kapitel 4.1.1 dargelegt, zeigt sich im Verlauf der DF für zb-GaN eine starke Absorption (E_2) der Übergänge in der Nähe des X-Punktes der BZ zugeordnet werden. Ferner wird eine Schulter auf der niederenergetischen Seite beobachtet, deren Ursprung am L-Punkt liegt. Für AlGaN-Kristalle ist mit steigendem Al-Gehalt eine klare Verlagerung des E_2-Hauptpeaks zu kleineren Energien sichtbar. Andererseits verschiebt die E_1-Struktur ins Blaue, wodurch sie schon für sehr geringe Al-Beimischungen im Hauptpeak verschwindet. Ein Vergleich der Bandstrukturen in Abbildung 4.11 zeigt, dass beim Übergang von GaN zu AlN das Leitungsband am X-Punkt nahezu die gleiche Energielage beibehält, während die obersten Valenzbänder ein wenig angehoben werden. Hierin liegt der Grund für die klare Verschiebung der Hauptabsorption zu kleineren Energien. Im Gegensatz dazu wird das Leitungsband in der Nähe des L-Punktes stark nach oben gezogen, wodurch die E_1-Struktur im Spektrum

4 Messergebnisse und Auswertung

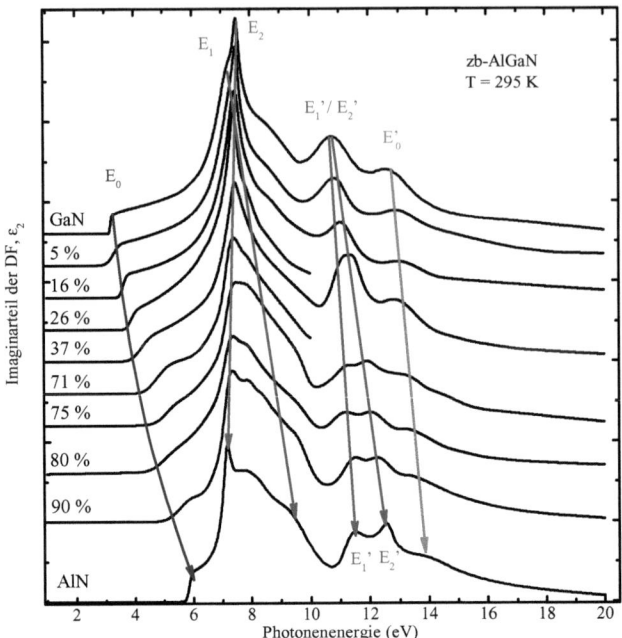

Abbildung 4.13: Imaginärteil der DF von zb-AlGaN Schichten mit unterschiedlichen Zusammensetzungen im Spektralbereichbereich zwischen 1 eV und 20 eV. Die Verschiebung der Interbandübergänge ist mit Pfeilen markiert.

drastisch blauverschoben wird. Der in Diagramm 4.14 dargestellte Ausschnitt zeigt, dass für das binäre GaN - Material noch eine deutliche niederenergetische Struktur erkennbar ist, wohingegen sie bei einem Al-Anteil von 5 % nur noch sehr schwach wahrzunehmen ist. Bereits die Probe mit 16 % Aluminium lässt, auf Grund des asymmetrischen Peaks, nur noch eine Struktur erahnen. Für mittlere Zusammensetzungen kommt es zu einer Superposition beider Übergänge, weshalb sich nur eine signifikante Struktur in der betrachteten Region zeigt. Eine auffällige Anhebung der DF im Bereich oberhalb der Hauptabsorption erfolgt für Kristalle ab circa 60 % (Abbildung 4.13). Zum einen liegt nun die E_1 - Struktur in diesem Energiebereich zum anderen wurde bereits im Kapitel 4.1.2, über kubisches AlN, beschrieben, dass der exzitonische Einfluss mit steigendem Al - Anteil zunimmt. Infolgedessen wird dieses Exzitonen - Kontinuum zunehmend stärker ausgeprägt, wodurch die E_1 - Struktur nicht explizit aufgelöst werden kann. Erst für Schichten mit Al - Anteilen um 80 % können beiden Banden wieder voneinander getrennt werden, wobei sich der E_1 - Übergang als klare Schulter im Bereich um 9.5 eV zeigt. Betrachtet man nun den Bereich

4.1 Kubische Nitride

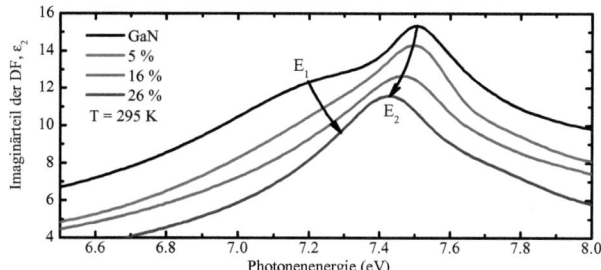

Abbildung 4.14: Imaginärteil der dielektrische Funktion von zb-AlGaN Schichten mit unterschiedlichen Zusammensetzungen im Energiebereich der Interbandübergänge E_1 und E_2. Die durch Pfeile gekennzeichnete Verschiebung der Absorptionen ist klar zu sehen.

oberhalb von 10 eV, so fällt auf, dass AlN, übereinstimmend mit der Theorie, drei ausgeprägte Absorptionsstrukturen zeigt, während die DF von GaN nur zwei umfasst. Wie bereits erwähnt, verschiebt die E'_0 - Struktur in Nitrid - Halbleitern zu wesentlichen höheren Energien im Gegensatz zu anderen III-V Halbleitern. Der Grund ist das bedeutend höhere zweite Leitungsband im Zentrum der BZ. Wie aus den Bandstrukturen in Diagramm 4.11 erkennbar, schiebt dieses Γ_{15} - Band beim Übergang von GaN zu AlN noch weiter nach oben. Die Verlagerung des zugehörigen E'_0 zu höheren Energien ist im Verlauf der dielektrischen Funktionen (Diagramm 4.13) klar zu erkennen. Die bereits angedeutete Vermutung, dass die markante Struktur im GaN bei 10.49 eV aus zwei verschiedenen Übergängen besteht, kann durch den Übergang zu AlN bestätigt werden. Es ist klar ersichtlich, dass bei AlGaN - Schichten oberhalb von 60 % eine Trennung der beiden Strukturen erfolgt. Für die Proben mit 75 %, 80 % und 90 % Aluminium sowie für das reine binäre Material zeigen sich nun zwei separate Strukturen. Laut Theorie [156] handelt es sich bei der mittleren Struktur im AlN (B-Bande in Abbildung 4.9) ebenfalls um solch ein Überlagerung der Übergänge ins zweite Leitungsband am X - Punkt (E'_2) sowie am L - Punkt (E'_1). Da in diesem Bereich keine weiteren markanten Absorptionsstrukturen von anderen Punkten der BZ erwartet werden, liegt die Vermutung nahe, dass es zu einer Separation dieser beiden mit steigendem Al - Anteil kommt. Der Vergleich der Bandstrukturen lässt erahnen, dass beim Übergang von GaN zu AlN das zweite Leitungsband am L - Punkt weniger stark nach oben gezogen wird als am X - Punkt. Hieraus resultiert ein abschließender Energieunterschied der beiden Übergänge von circa 1 eV. Dies ist in sehr guter Übereinstimmung mit den ermittelten Strukturen in der DF. Da in den theoretischen Betrachtungen [156] keinerlei Aussage über die niederenergetische Struktur gemacht wird, kann diese Interpretation nur als Grundlage weiterer Untersuchungen dienen.

In Abbildung 4.15 sind die ermittelten Energiepositionen der Bandkante sowie Interbandübergänge für die betrachteten zb - AlGaN Proben in Abhängigkeit vom Al - Gehalt zusammengefasst. Die Kreuzung der beiden Interbandübergänge E_1 und E_2 ist wiederum klar zu sehen, wobei E_2 mit

4 Messergebnisse und Auswertung

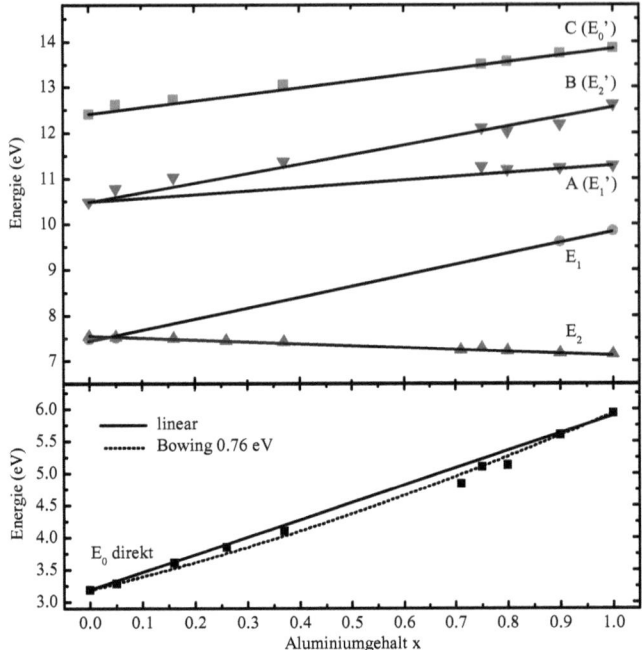

Abbildung 4.15: Übergangsenergien der Interbandabsorptionen der untersuchten zb-AlGaN Proben in Abhängigkeit vom Aluminiumgehalt. Die lineare Abhängigkeit von der Zusammensetzung ist für die einzelnen Übergänge durch schwarze Linien gekennzeichnet.

steigendem Al-Anteil leicht ins rote verschiebt, während die Übergangsenergie für E_1 stark ansteigt. Bei linearer Interpolation zwischen GaN und AlN erhält man einen Kreuzungspunkt unterhalb von 10 %. Für alle Strukturen oberhalb von 10 eV ist ein Anstieg der Energien mit Erhöhung des Al-Anteil zu verzeichnen. Dabei ist erneut die Aufspaltung der A-Struktur bei großen Aluminium-Konzentrationen zu sehen, wobei ab circa 80 % beide Strukturen getrennt aufgelöst werden können. Des Weiteren zeigt Abbildung 4.14, dass für jeden dieser hochenergetischen Übergänge eine lineare Abhängigkeit von der Zusammensetzung angenommen werden kann. Im Gegensatz dazu könnte man, wie im unteren Bild gezeigt, einen nichtlinearen Verlauf für die fundamentale Bandlücke annehmen. Da jedoch die Absorptionskanten gerade bei Schichten mit mittleren bis hohem Al-Gehalt auf Grund minderer Kristallqualität sehr breit sind, sind die Übergangsenergien mit einem relativ großen Fehler behaftet. Der ermittelte Bowing-Parameter von 0.76 eV liegt zwar relativ nahe bei den Literaturwerten (1.1 eV [162], 0.62 eV [163]), kann jedoch auch stark

4.1 Kubische Nitride

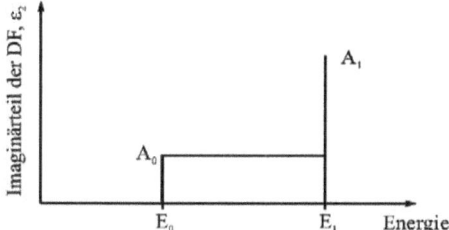

Abbildung 4.16: Modell für die Beschreibung des Imaginärteil der DF unterhalb der Bandkante. Eine anschließende Kramers-Kronig-Transformation liefert eine Beschreibung der Dispersion im Transparenzbereich. E_0 beschreibt eine effektive Bandlücke während alle hochenergetischen Übergänge durch E_1 beschrieben werden. A_0 und A_1 stellen die Amplituden der beiden Absorptionen dar.

davon abweichen. Es ist offensichtlich, dass die Übergangsenergien an der fundamentalen Bandlücke für Al - Anteile unter 50 % ein wenig zu hoch für den berechneten nichtlinearen Verlauf sind. Andererseits sind die Absorptionen für Al - reichen Proben ins Rote verschoben. Eine mögliche Erklärung könnten Verspannungen in den AlGaN Schichten sein. Infolge unterschiedlicher Gitterkonstanten und thermischer Ausdehnungskoeffizienten zwischen Substrat und Schicht kommt es zu einer Verzerrung des Kristallgitters. Für Kristalle mit hohem Al-Anteil ist der thermische Ausdehnungskoeffizient wesentlich größer als der für 3C - SiC. Im Gegensatz dazu liegt er für kleine Al - Beimischungen nahe dem Substrat-Material. Die Konsequenz daraus ist, dass die interne tensile Verspannung in den Al - reichen Schichten nach dem Abkühlen erheblich höher ist. Ferner sind die Übergangsenergien in diesen Proben rotverschoben, während sie für Al - armen Schichten nahezu konstant sind. Beachtet man diese Verschiebungen, so kann auf einen noch kleineren Bowing-Parameter geschlossen werden.

Wie bereits mehrfach erwähnt, sind Halbleitermaterialien unterhalb der fundamentalen Absorptionskante transparent. Das heißt, der Imaginärteil der dielektrischen Funktion ist in diesem Bereich null und der Realteil steigt allmählich an. Obwohl ε_2 in diesem Spektralbereich keine Strukturen zeigt, haben sowohl Übergänge an der Bandlücke als auch an anderen kritischen Punkten Einfluss auf das Verhalten im Transparenzbereich. Eine sehr einfache empirische Beschreibung des Verhaltens in diesem Spektralbereich in Abhängigkeit von den erwähnten höheren Übergängen wurde von Shokhovets *et al.* entwickelt [164]. Hierbei werden zunächst die Beiträge aus dem Infraroten Spektralbereich auf ε_2 vernachlässigt sowie alle hochenergetischen Interbandübergänge approximiert. Am Ende erhält man ein analytisches Modell mit vier unabhängigen Parametern. In Abbildung 4.16 ist das Modell anhand einer Skizze dargestellt. Die Bandkante inklusive aller exzitonischer Beiträge wird hierbei durch eine konstante Amplitude (A_0) zwischen den Energien E_0 und E_1 angenähert. Die Energie E_0 beschreibt an dieser Stelle nicht die wirklich Bandlücke

4 Messergebnisse und Auswertung

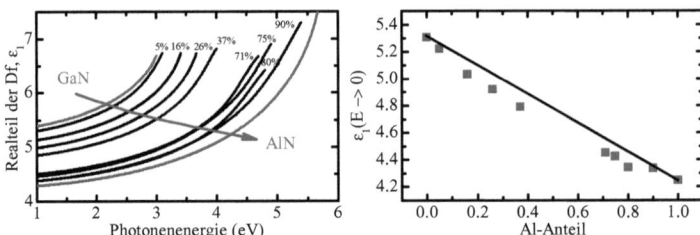

Abbildung 4.17: Verlauf des Realteil der dielektrischen Funktion im Transparenzbereich unterhalb der Bandlücke für die untersuchten zb-AlGaN Schichten (links). Hochfrequenz-Dielektrizitätskonstante (ε_∞) für die zb-AlGaN Proben ermittelt mit dem im Text beschrieben Modell (rechts).

sondern eine effektive. Der Einfluss aller Übergänge bei höheren Energien wird durch eine δ-Funktion bei E_1 beschrieben, deren Integral gerade gleich der Amplitude A_1 ist. Bestimmt man nun den Realteil der DF mit Hilfe der Kramers - Kronig Transformation, so erhält man einen analytischen Ausdruck mit den vier beschriebenen Parametern.

$$\varepsilon_1(E) = 1 + \frac{2}{\pi} \left[\frac{A_0}{2} \ln\left(\frac{E_1^2 - E^2}{E_0^2 - E^2}\right) + \frac{A_1 E_1}{E_1^2 - E^2} \right] \tag{4.2}$$

Die Bildung des Grenzwertes $E \to 0$ dieser Beziehung ergibt den langwelligen Grenzwert der Dispersion welcher die statischen Dielektrizitätszahl ε_∞ verkörpert.

$$\varepsilon_\infty = 1 + \frac{2}{\pi} \left[A_0 \ln\left(\frac{E_1}{E_0}\right) + \frac{A_1}{E_1} \right] \tag{4.3}$$

In Abbildung 4.17 sind die Verläufe des Realteils der DF für die untersuchten kubische AlGaN - Schichten im Vergleich zu zb - GaN und AlN gezeigt. Für GaN wurde ein Wert von 5.31 für ε_∞ ermittelt der mit steigendem Al Anteil abnimmt und für AlN 4.25 beträgt. Über die im Anhang gezeigte Lyddan - Sachs - Teller - Relation A.12 kann mit den ermittelten Werten für die Hochfrequenz - Dielektrizitätskonstante die statische berechnet werden. Mit $897\,\text{cm}^{-1}$ ($742\,\text{cm}^{-1}$) beziehungsweise $651\,\text{cm}^{-1}$ ($555\,\text{cm}^{-1}$) für die longitudinal - und transversal optischen Phononenfrequenzen [165] ergibt sich für zb - AlN (zb - GaN) ein Wert von $\varepsilon_s = 8.07$ (9.49). Diese Werte liegen im Bereich der theoretischen Vorhersagen [166]. Für die AlGaN - Schichten kann auf Grund fehlender Phononen-Frequenzen keinerlei Aussage über die statische Dielektrizitätskonstante gemacht werden. Für niedrige Al - Anteile zeigen die ε_1-Verläufe einen nahezu parallelen Verlauf, während sie für die Al - reiche Schichten ein wenig davon abweichen. Der Grund hierfür liegt in der niedrigeren Kristallqualität der Proben mit hohem Al - Anteil. Dadurch wird die Absorptionskante an der Bandkante sehr breit, was auch den Realteil der DF stark beeinflusst. Für kleine Photonenenergien nimmt dieser Einfluss ab, weshalb die ε_1 - Verläufe wieder nahezu parallel sind. Die Abhängigkeit des Realteils der DF und somit des Brechungsindex im Transparenzbereich ist sehr

4.1 Kubische Nitride

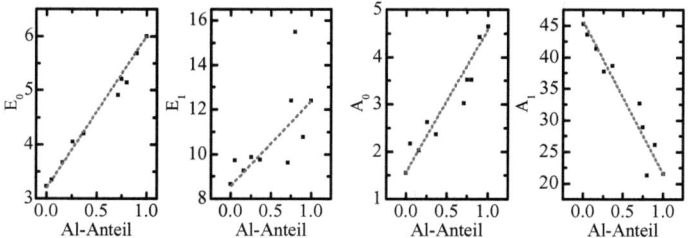

Abbildung 4.18: Abhängigkeit der Modell-Parameter, zur Beschreibung des Realteil der DF unterhalb der Bandlücke, vom Al-Anteil der untersuchten Proben.

wichtig bei der Modellierung von Lichtleitern sowie optischen Bauelementen und transparenter Elektronik. Im rechten Teil der Grafik 4.17 ist die Abhängigkeit der mit Gleichung 4.3 berechneten Hochfrequenz - Dielektrizitätskonstante vom Al Gehalt dargestellt. Die klare Veränderung liegt zum einen an der geänderten Packungsdichte der Materialien, was sich auf die Polarisierbarkeit auswirkt und zum anderen an der kleineren Bandlücke für GaN, wodurch der Realteil unterhalb stark nach oben gezogen wird. Es ist auffällig, dass die Abhängigkeit eine Nichtlinearität aufweist. Die Herkunft dieser Abhängigkeit ist nicht klar. Sowohl hexagonalen Einschlüssen als auch anderen Inhomogenitäten beziehungsweise Verspannungen in den Schichten könnten Ursache dieser Abweichung sein. Es könnten aber auch andere Effekte wie die gezeigte nichtlineare Verschiebung der Bandkante eine Rolle spielen.

Die Anpassung des Transparenzbereichs mittels Formel 4.2 ergab die in Abbildung 4.18 dargestellten Werte für die vier Modell - Parameter. Aus den Grafiken ist ersichtlich, dass in erster Näherung eine lineare Abhängigkeit aller Parameter vom Al - Anteil angenommen werden kann. So gilt:

$$E_0 = E_{0,AlN} \cdot x + E_{0,GaN} \cdot (1-x) = 6\,\text{eV} \cdot x + 3.23\,\text{eV} \cdot (1-x)$$
$$E_1 = E_{1,AlN} \cdot x + E_{1,GaN} \cdot (1-x) = 12.4\,\text{eV} \cdot x + 8.65\,\text{eV} \cdot (1-x)$$
$$A_0 = A_{0,AlN} \cdot x + A_{0,GaN} \cdot (1-x) = 4.64 \cdot x + 1.55 \cdot (1-x)$$
$$A_1 = E_{1,AlN} \cdot x + A_{1,GaN} \cdot (1-x) = 21.58 \cdot x + 45.29\,\text{eV} \cdot (1-x)$$

Aus dieser linearen Abhängigkeit kann nun der Verlauf des Realteils der DF unterhalb der Bandkante für beliebige Al - Konzentrationen berechnet werden. In Abbildung 4.19 sind die, aus diesem entwickelten Modell, berechneten Verläufe für verschiedene Al - Konzentrationen dargestellt. Zum Vergleich wurden die gleichen AlGaN - Zusammensetzungen wie die der untersuchten Proben gewählt. Wie die Darstellung beweist, werden die gemessenen Verläufe von ε_1 für die Proben mit niedrigem Al - Gehalt sehr gut durch das Modell wiedergegeben. Dabei decken sich die berechneten und experimentellen Daten über den gesamten Energiebereich. Für die Schichten mit hohem Al - Anteil beschreibt das Modell die Abhängigkeiten weit unterhalb der Bandkante ebenfalls sehr

4 Messergebnisse und Auswertung

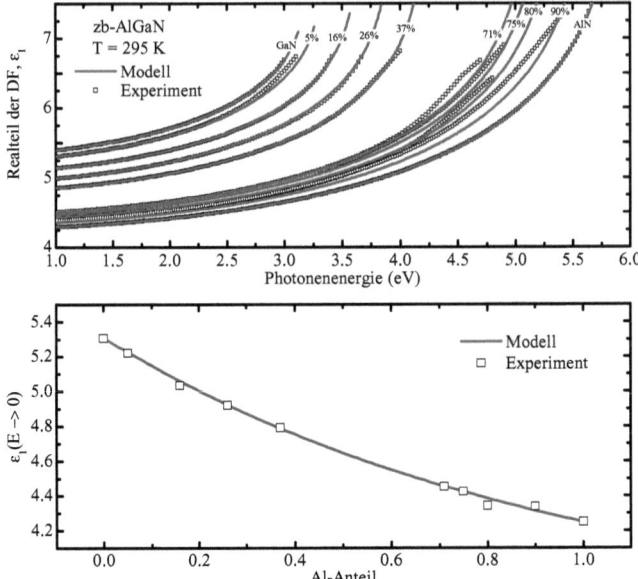

Abbildung 4.19: Vergleich von gemessenem und modelliertem Dispersionsverlauf unterhalb der Bandkante für verschiedene zb-AlGaN Schichten (oben). Abhängigkeit der gemessenen Hochfrequenz-Dielektrizitätskonstante (ε_∞) von der AlGaN-Zusammensetzung im Vergleich zum vorgestellten Modell (unten).

gut. Im Energiebereich nahe der Bandkante kommt es jedoch zu kleineren Unterschieden, die wiederum auf die bereits erwähnte verbreiterte Bandkante zurückzuführen sind. Des Weiteren kann die Abhängigkeit der vier Parameter durchaus vom linearen Verhalten abweichen, wodurch kleinere Fehler entstehen. Zusammengefasst lässt sich sagen, dass sich die Dispersion von zb - AlGaN Schichten im Transparenzbereich sehr gut mit dem vorgestellten Modell beschreiben lässt. Wie am Anfang des Kapitels gezeigt, lässt sich durch Bildung des Grenzwertes ($E \to 0$) von Gleichung 4.2 die Hochfrequenz - Dielektrizitätskonstante, beschrieben durch Gleichung 4.3, berechnen. Dies wurde nun mit Hilfe des gezeigten Modells für beliebige AlGaN-Zusammensetzungen berechnet und im unteren Teil von Grafik 4.19 im Vergleich zu den Messungen dargestellt. Hierbei zeigt sich eine exzellente Übereinstimmung zwischen Experiment und Theorie über den gesamten Kompositionsbereich. Für AlGaN Proben mit wenig Aluminium werden die Messergebnisse perfekt durch das Modell wiedergegeben, während für hohe Al - Anteile leichte Abweichungen aus den genannten Gründen auftreten. Ferner fällt auf, dass die Modellierung den beschriebenen nichtlinearen Verlauf hervorragend wiederspiegelt.

4.2 Hexagonale Nitride - Interbandübergänge

4.2.1 GaN

Zur Untersuchung der anisotropen DF von hexagonalem GaN standen drei 2.5 µm dicke a - plane Schichten auf r - plane Saphir Substrat zur Verfügung. Diese Proben wurde mittels Metallorganische Gasphasenepitaxie (MOVPE) bei unterschiedlichen Wachstumstemperatur an der Otto - von - Guericke - Universität in Magdeburg abgeschieden. Zur Verbesserung der Kristallqualität wurde zwischen Substrat und Schicht eine GaN - Puffer Schicht bei niedriger Temperatur aufgebracht. Angesichts verschiedener thermischer Ausdehnungskoeffizienten zwischen Substrat und Schicht sowie deren Anisotropie auf Grund der Kristallorientierung kommt es in den Schichten, wie in Kapitel 3.2.3 bereits beschrieben, zu unterschiedlichen anisotropen Verspannungszuständen. Die aus Röntgenbeugung ermittelten Gitterkonstanten in a-, m- und c - Richtung sind in Tabelle 4.3 für die einzelnen Proben zusammengefasst. Analog zu den kubischen Proben wurden diese Proben vor der Messung ausgeheizt. Dabei lag die Temperatur während des ungefähr einstündigen Erhitzen bei 500 °C. Zur Analyse der experimentellen Daten wurde eine ähnliche Methode wie für die kubischen Schichten verwendet. Der einzige Unterschied bestand darin, dass hier eine anisotrope DF angenommen wurde. Auf Grund der drei gemessenen Energiebereiche sowie jeweils zwei Polarisationsrichtungen war es nun nötig, sechs verschiedene Modelle miteinander zu koppeln. Der einzigen unabhängigen Parameter in allen Modellen waren wiederum die Dicke der Oberflächenrauhigkeit und die DF der untersuchten Schicht (hier jetzt anisotrop).
Der spektrale Verlauf der so ermittelten anisotropen dielektrischen Funktion der Probe GaN_a1 im Bereich von $0.58\,\mathrm{eV}$ bis $20\,\mathrm{eV}$ ist in Abbildung 4.20 gezeigt. Im Bereich bis $10\,\mathrm{eV}$ sind die Verläufe der beiden anderen Proben identisch mit der gezeigten. Infolge höherer Oberflächenrauhigkeit, und der daraus resultierender höheren Streuung von Licht kurzer Wellenlänge, ist die Messung dieser beiden Proben oberhalb von $10\,\mathrm{eV}$ sehr schwierig oder unmöglich. Auffällig in der Abbildung ist die starke Anisotropie über den gesamten betrachteten Spektralbereich. Hierbei zeigen sowohl die ordentliche als auch die außerordentliche Tensorkomponente eine Reihe von ausgeprägten Absorptionsstrukturen, deren Ursprung an verschiedenen Punkten der BZ liegt. Des Weiteren ist der Verlauf beider Kurven wesentlich komplexer als in kubischem Material (Diagramm 4.2), was auf die reduzierte Kristallsymmetrie des hexagonalen Systems zurückzuführen ist. Auf Grund dessen ist die Interpretation der Spektren erheblich komplexer und noch nicht abschließend

Tabelle 4.3: Gitterkonstanten der a - orientierten Proben.

Probe	Wachstumstemperatur (°C)	a (Å)	m (Å)	c (Å)
GaN_a1	1145	3.1936	2.7560	5.1744
GaN_a2	1105	3.1928	2.7567	5.1760
GaN_a3	1065	3.1922	2.7572	5.1776

4 *Messergebnisse und Auswertung*

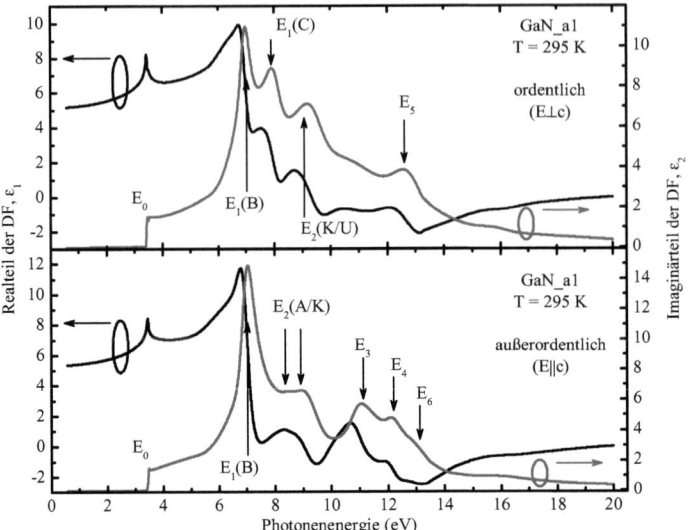

Abbildung 4.20: Real- und Imaginärteil der ordentlichen (oben) und außerordentlichen (unten) dielektrischen Funktion von wz-GaN (Probe GaN_a1) im Spektralbereich zwischen 0.58 eV und 20 eV für Raumtemperatur. Die eingezeichneten Pfeile weisen auf Absorptionsstrukturen infolge von Übergängen an kritischen Punkten der BZ.

geklärt. Beginnend bei circa 3.4 eV zeigt sich ein starker Anstieg im Imaginärteil der DF beider Richtungen. Diese E_0 - Absorptionskante ist wiederum mit dem direkten Exzitonenübergang am Γ - Punkt verknüpft. Im Folgenden wird das Augenmerk zunächst auf die Interbandübergänge gelegt. Im Anschluss folgt eine ausführliche Diskussion des anisotropen Bandkantenbereichs. An die Absorptionskante schließt sich das, in Kapitel 2.1.2 beschriebene, Plateau - artige Verhalten an, welches durch den Exzitoneneinfluss hervorgerufen wird. Im Bereich zwischen 5 eV und 8.5 eV zeigen sich in der ordentlichen DF zwei klare Strukturen, während in der außerordentlichen nur eine zu beobachten ist. Alle drei Strukturen können mit dem E_1 - Übergang in kubischem GaN verglichen werden. Diese Verbindung entsteht durch die Analogie der $\pm[111]$ Richtung im kubischen mit der $\pm[0001]$ - Richtung im hexagonalem Kristall. Infolge der sechszähligen Symmetrie der Wurtzit - Struktur weichen die anderen sechs Richtungen des kubischen Gitters im hexagonalen von der [0001] ab und es kommt zu einer Aufspaltung des E_1 - Peaks in der ordentlichen Komponente [42]. Die starke $E_1(B)$ - Absorptionsstruktur welche sowohl in der ordentlichen als auch in der außerordentlichen sichtbar ist, entsteht an einem Sattelpunkt auf der U - Linie vom M- zum L - Punkt der BZ. Zum besseren Verständnis sind alle diskutierten Übergänge in die berechnete Bandstruktur (Grafik (4.21)) eingezeichnet. Für die senkrechte Komponente ($\varepsilon_\perp$) wird dieser Peak

4.2 Hexagonale Nitride - Interbandübergänge

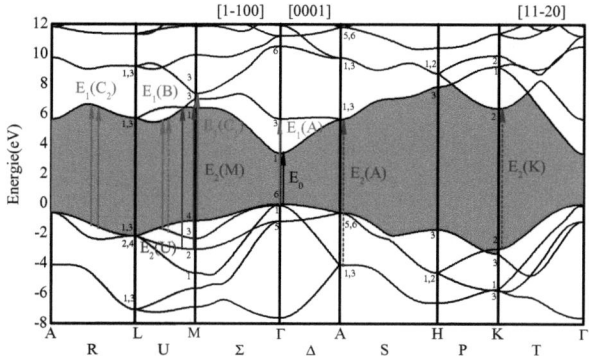

Abbildung 4.21: Bandstruktur von wz-GaN aus DFT-LDA-Rechnungen. Im Text beschriebene Übergänge an Punkten hoher Symmetrie sind mit durchgezogenen (E⊥c) und gestrichelte (E∥c) Pfeile markiert. Die Symmetrien der einzelnen Bänder an diesen Punkten ist durch kleine Zahlen gekennzeichnet.

dominiert von Übergängen aus dem ersten Valenzband (U_3^V) ins erste Leitungsband (U_4^C) bei ungefähr 2/3 (M→L). Übergänge aus dem zweiten Valenzband (U_3^V) spielen in der ordentlichen DF nur einen untergeordnete Rolle. Im Gegensatz dazu haben diese Übergänge für parallel polarisiertes Licht eine wesentlich höhere Übergangswahrscheinlichkeit, sodass sich das Verhältnis der beiden Amplituden umkehrt [90]. Durch das so entstehende Übergewicht dieses Übergangs ($U_3^V \rightarrow U_3^C$) im außerordentlichen Spektrum kann auch der kleine energetische Unterschied (20 meV) zwischen beiden Peaks in $\varepsilon_\perp$ und $\varepsilon_\parallel$ erklärt werden. Diese Aufspaltung der beiden Valenzbänder am U-Punkt ist ebenfalls in der Bandstruktur zu erkennen. Die zweite Absorptionsstruktur ($E_1(C)$), welche nur in der ordentlichen DF auszumachen ist, entsteht an zwei verschiedenen Punkten in der BZ. Die Übergangsenergie von ungefähr 8 eV ist hierbei für beide Übergänge nahezu identisch. Zum einen sind Absorptionen vom obersten Valenz- ins zweite und dritte Leitungsband ($M_4^V \rightarrow M_3^C$) am M-Punkt Ursprung für diese Struktur ($E_1(C_1)$). Angesichts des flacheren Bandverlaufs und damit verbundener höherer Zustandsdichte hat der niederenergetische dieser beiden eine höhere Amplitude. Der Übergang ins unterste Leitungsband (M_1^C) ist aus Symmetriegründen an dieser Stelle verboten. Die andere Region die zur Ausbildung des $E_1(C)$ Peaks beiträgt, befindet sich auf der Geraden (R) zwischen L- und A-Punkt ($E_1(C_2)$). Da das oberste Valenzband und das unterste Leitungsband auf dieser Verbindung nahezu parallel verlaufen, ergibt sich ein sehr starker Übergang, der einen erheblichen Anteil an der $E_1(C)$-Absorptionsstruktur einnimmt [89]. Eine solche Doppelstruktur kann in früheren Messungen an GaN-Schichten erahnt werden [130]. Weshalb in den hier gezeigten Messungen nur ein Peak zu sehen ist, kann nicht abschließend geklärt werden. Eine mögliche Ursache ist die wesentlich höhere Kristallqualität und somit verbundene

4 Messergebnisse und Auswertung

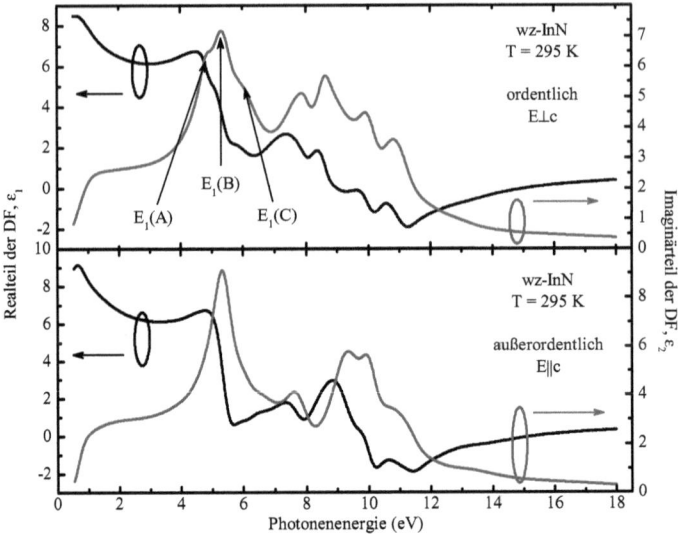

Abbildung 4.22: Real- und Imaginärteil der anisotropen dielektrische Funktion von wz-InN bei Raumtemperatur im Energiebereich zwischen 0.58 eV und 20 eV. Die im Text diskutierten Interbandübergänge sind mit Pfeilen gekennzeichnet. Eine detaillierte Beschreibung der dielektrischen Eigenschaften von InN ist in der Dissertation von P. Schley zu finden [167].

Reduzierung von freien Ladungsträgern im Vergleich zu früheren Daten. Hierdurch werden die Exzitonen weniger stark abgeschirmt, weshalb ihr Einfluss stärker zum Tragen kommt. Die Auswirkungen auf die optischen Eigenschaften wurden schon kurz im vorigen Abschnitt beschrieben.

Durch die exzitonischen Effekte kommt es zu einer Umverteilung der Oszillatorstärken der Interbandübergänge, wobei sich diese zu Gunsten der niederenergetischen Übergänge verschieben. Infolgedessen wird die Amplitude des energetisch tieferen in $E_1(C)$ involvierten Übergänge stark erhöht, wodurch der andere nicht mehr aufzulösen ist. Wie bereits angemerkt, kann die [111]-Richtung der kubischen Struktur mit der [0001]-Richtung im hexagonalen verglichen werden. Daraus folgt, dass das periodische Potential entlang der Zinkblende $\Gamma \rightarrow L$- und der Wurtzit $\Gamma \rightarrow A$-Linie nahezu gleich ist [168]. Im Gegensatz dazu gibt es keine Verkörperung der $\Gamma \rightarrow K$ und $\Gamma \rightarrow M$ Linien des kubischen im hexagonalen. Demzufolge bestehen die elektronischen Zustände im Wurtzit entlang dieser Linien aus einer Mischung verschiedener Zinkblende Zustände. Folgt man dieser Argumentation, so sollte sich ein weiterer Zustand, welcher mit dem kubischen E_1 in Verbindung steht, im Spektrum des hexagonalen GaN befinden [42]. Darüber hinaus zei-

4.2 Hexagonale Nitride - Interbandübergänge

gen theoretische Betrachtungen von Lambrecht *et al.* [89] ebenfalls eine dritte Struktur in der ordentlichen Komponente unterhalb von $E_1(B)$. Ferner wird aus dieser Arbeit deutlich, dass der Ursprung dieser $E_1(A)$ - Struktur am A - Punkt der BZ liegt. Hierbei erfolgen Absorptionen aus dem zweifach entarteten Valenz- ins ebenfalls zweifach entartete Leitungsband ($A_{5,6}^V \rightarrow A_{1,3}^L$). Daneben gibt es noch einen kleinen Beitrag aus dem Zentrum der BZ durch Übergänge vom Γ_5 - Valenz- ins zweite Leitungsband (Γ_3). Gegenüber früheren Ellipsometrie- und Reflexionsmessungen [169] zeigt die hier gemessene DF in Abbildung 4.20 keinerlei Anzeichen für eine solche zusätzliche Struktur. Andererseits weist die anisotrope DF von wz - InN, die in Abbildung 4.22 gezeigte ist, eine solche dreifach Struktur in der ordentlichen Komponente auf. Sowohl die im Rahmen dieser Arbeit zum Vergleich gemessene und mit dem beschriebenem Modell ausgewertete DF, als auch frühere Arbeiten [170–175] zeigen eine klare niederenergetische Schulter an der starken $E_1(B)$ - Absorptionsstruktur. Eine Erklärung dieses Sachverhaltes liegt wiederum in den höheren Einflüssen von Exzitonen auf die optischen Eigenschaften. Zum einen ist die Exzitonenbindungsenergie in InN mit circa 2 meV [176] wesentlich kleiner als in GaN (≈ 25 meV [177, 178]) oder AlN (≈ 55 meV [28, 179]), zum anderen sind heutige InN - Schichten von wesentlich geringerer Kristallqualität als GaN, was sich hauptsächlich in hohen Ladungsträgerdichten äußert. Wie zuvor schon erläutert, führt dies zu einer Abschirmung der Exzitonen, wodurch sich ihr Einfluss auf die Spektren verringert. Ein weiteres Indiz für diese Ausführungen sind die wesentlich höheren Interbandübergänge oberhalb von 10 eV, in InN im Vergleich zu GaN oder AlN. Hierbei sind die Amplituden dieser Absorptionsstrukturen nahezu identisch mit denen unterhalb von 10 eV während sie im GaN und AlN zwei bis dreimal kleiner sind. Laut DFT - Rechnung für zb - AlN (Abbildung 4.12) verschiebt sich die Oszillatorstärke durch den Einfluss von Coulomb - Wechselwirkung zu den niederenergetischen Übergängen, was auf verminderten Einfluss in InN schließen lässt. Auch frühere Messungen an hexagonalem GaN [130, 180] zeigen im Vergleich zu den hier dargestellten Messungen bedeutend kleinere Amplituden für die Interbandübergänge bis 10 eV. Bezüglich dieser Darlegung kann davon ausgegangen werden, dass in den hier vermessenen GaN - Proben, mit hoher Kristallqualität, der Exzitoneneinfluss auf die $E_1(B)$ - Struktur sehr groß ist und somit der bedeutend kleinere $E_1(A)$ - Übergang nicht mehr aufgelöst wird.

Oberhalb dieser Triplet - Struktur (nur zwei sichtbar) kann eine weitere Absorptionsbande bei ungefähr 9 eV identifiziert werden. Diese Bande tritt in der ordentlichen Komponente als klarer Peak auf, während sie in der außerordentlichen einer Schulter ähnelt. Wie in Abbildung 4.23 dargestellt, kann durch Abkühlen der Probe auf $T = 10$ K jeweils eine Doublet im besagten Bereich aufgelöst werden. Zur Verdeutlichung wurden in die Grafik ebenfalls die dritten Ableitungen der DF gezeigt, da man hier die Strukturen besser voneinander trennen kann. Eingezeichnete Pfeile signalisieren die durch den Fit der 3ten Ableitung, mittels Gleichung 2.93, gewonnenen Energiepositionen der Peaks im betrachteten Bereich. Die Deutung des Ursprungs dieser Banden ist sehr schwierig, sodass teilweise nur Annahmen auf Grund theoretischer Arbeiten und Bandstrukturbetrachtungen gemacht werden können. Für die ordentliche Komponente ist die Herkunft der Strukturen noch relativ eindeutig in der Nähe des M - Punkts sowie auf der U - Linie (M $\rightarrow$ L) lokalisiert. Dabei liegt

4 Messergebnisse und Auswertung

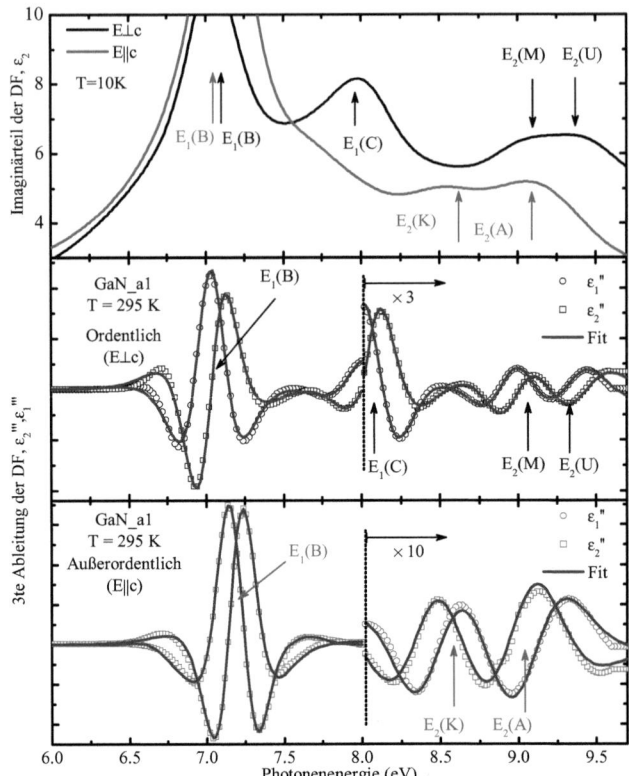

Abbildung 4.23: Imaginärteil der anisotropen DF von wz-GaN im Bereich der Interbandübergänge zwischen 6 eV bis 10 eV bei $T = 10$ eV (oben). Dritte Ableitung des Real- und Imaginärteil der oben gezeigten ordentlichen (Mitte) und außerordentlichen (unten) DF von wz-GaN. Die ermittelten Interbandübergänge sind mit Pfeilen markiert.

der direkt am M-Punkt verzeichnete $E_2(M)$-Übergang energetisch ein wenig tiefer (≈ 300 meV) als die auf Grund paralleler Bänder stärker ausgeprägte $E_2(U)$-Struktur entlang der U-Linie [89]. Die hier beteiligten Bänder sind das dritte Valenzband (M_2^V, U_2^V) sowie das erste (M_1^C) beziehungsweise zweite (U_1^C) Leitungsband. Einen kleinen Beitrag zu dieser Absorptionsstruktur in $\varepsilon_\perp$ liefert eine Region in der Nähe des K-Punktes, wobei das oberste Valenzband (K_2^V) sowie das unterste Leitungsband (K_2^C) beteiligt sind. Da die Oszillatorstärke für diesen Übergang ($E_2(K)$) sehr gering ist und seine Position sehr nahe bei den anderen beiden liegt, kann man diese Bande nicht weiter auflösen. Andererseits kann dieser Übergang ($K_2^V \to K_2^C$) aus Symmetrie-Gründen auch für

4.2 Hexagonale Nitride - Interbandübergänge

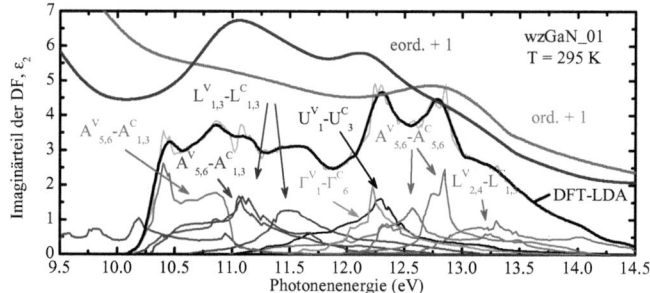

Abbildung 4.24: Imaginärteil der ordentlichen und außerordentlichen DF im Spektralbereich zwischen 9.5 eV und 14.5 eV im Vergleich zu DFT-LDA-Rechnungen von Lambrecht [135]. Die errechneten Hauptabsorption zur ordentlichen DF von verschiedenen Bändern an kritischen Punkten der BZ sind mit Pfeilen markiert.

parallel polarisiertes Licht angeregt werden. Eine Bestätigung erhält die Interpretation durch die theoretischen Arbeiten von Lambrecht et al. [90, 135]. Darüber hinaus zeigen diese Rechnungen einen weiteren starken Beitrag zu $\varepsilon_\parallel$ in diesem Spektralbereich. Dieser am A-Punkt entstehende Anteil geht auf Übergänge zwischen dem zweiten Valenzband ($A_{5,6}^V$) und dem untersten ($A_{1,3}^C$) Leitungsband zurück, wobei beide jeweils zweifach entartet sind und sich somit eine erhöhte Übergangswahrscheinlichkeit ergibt. Im Verlauf der bei $T = 10$ K gemessenen dielektrischen Funktion ist genau diese Bande zu sehen ($E_2(A)$). In der Dissertation von C. Cobet [41], die sich ausführlich mit den dielektrischen Eigenschaften von Nitrid-Halbleitern befasst, ist der Verlauf der anisotropen DF bis 10 eV identisch mit der hier gezeigten. In der ordentlichen Komponente wird dabei ebenfalls von zwei Absorptionen ($E_2(M)$, $E_2(U)$) im Bereich um 9.5 eV ausgegangen. Da es sich bei diesen Untersuchungen ausschließlich um Raumtemperatur Messungen handelt, war es nicht möglich, eine Doppelstruktur ($E_2(K)$, $E_2(A)$) in der außerordentlichen DF zu finden. Ferner unterstützt die im nächsten Abschnitt folgende anisotrope DF von wz-AlN die hier dargelegte Interpretation.

Betrachtet man nun wieder den kompletten Verlauf der DF bei Raumtemperatur in Abbildung 4.20 so ist eine große Anisotropie im Bereich um die 10 eV erkennbar. Die ordentliche Komponente zeigt hierbei eine abfallende Plateau artige Struktur, während in $\varepsilon_\parallel$ ein ausgeprägtes Minimum auftritt. An diese Senke schließen sich eine augenfällige Absorptionsstruktur bestehend aus zwei Peaks (E_3, E_4) sowie einer hochenergetischen Schulter (E_6) an. Im Realteil ist der Unterschied der beiden Tensorkomponenten in diesem Spektralbereich noch besser zu erkennen, da die außerordentliche DF hier einen starken Peak zeigt, während $\varepsilon_\perp$ einen flachen Verlauf annimmt. Für senkrecht polarisiertes Licht tritt oberhalb von 10 eV nur noch eine wesentliche Absorption (E_5) auf. Eine Zuordnung der Strukturen zu Übergängen an bestimmen kritischen Punkten der Bandstruktur ist in diesem Bereich nicht mehr möglich. Aus Abbildung 4.24 wird deutlich, dass es eine

119

4 Messergebnisse und Auswertung

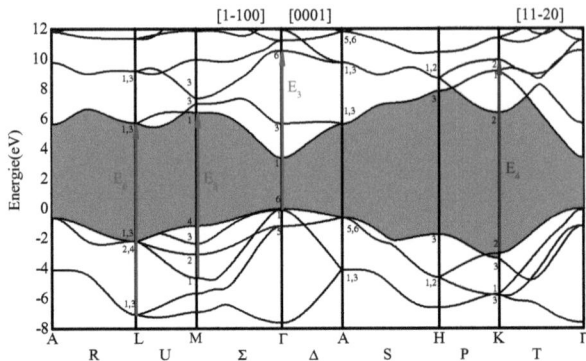

Abbildung 4.25: Bandstrukturen aus DFT - Rechnungen für hexagonales GaN. Vermutete Interbandübergänge in wz - GaN an kritischen Punkten für parallel polarisiertes Licht sind mit Pfeilen gekennzeichnet.

Vielzahl von Beiträgen aus verschiedensten Regionen der BZ gibt, wobei es sich vorwiegend um Übergänge in der Nähe des L - und A - Punkt handelt. Eine detailliere Interpretation ist auf Grund der Superposition aller beteiligten Absorptionen nicht möglich. Auch der in Arseniden und Phosphiden sehr stark ausgeprägte E_0' - Übergang am Γ - Punkt vom ersten Valenzband (Γ_1^V) ins dritte Leitungsband (Γ_6^C) liegt, wie bereits bei kubischem Material gesehen, bei GaN in diesem Bereich und somit erheblich höher als in den anderen Materialsystemen. Für die außerordentliche Komponente, die ebenfalls in Abbildung 4.24 dargestellt ist, gibt es keinerlei theoretische Aussagen über Absorptionen in diesem Energiebereich. Auf Grund der Auswahlregeln sind jedoch hier wesentlich weniger Übergänge erlaubt, sodass sich durch die Lage der Bänder in der Bandstruktur ein paar Annahmen für die drei signifikanten Strukturen bei circa 11 eV, 12 eV bzw. 13 eV machen lassen. Zur Veranschaulichung sind diese vermuteten Absorptionen in eine Bandstruktur Abbildung 4.25 eingezeichnet. Der Abstand von viertem Valenzband (M_1^V) und erstem Leitungsband (M_1^C) am M - Punkt liegt im Bereich von 11 eV. Da diese beiden Bänder hier relativ flach verlaufen, kann davon ausgegangen werden, dass Übergänge an diesem Punkt Beiträge zur E_3 - Struktur liefern. Des Weiteren kann eine Beteiligung von Übergängen am Γ - Punkt vom ersten Valenz - ins dritte Leitungsband ($\Gamma_6^V \to \Gamma_6^C$) angenommen werden, da hier die beiden Bänder genau parallel verlaufen. Sowohl für die E_4- als auch die E_6 - Struktur bei 12 eV (13 eV) kann zunächst nur eine Übergang am K - Punkt vom obersten (zweiten) Valenz - ins dritte (unterste) Leitungsband ($K_2^V \to K_2^C$) bzw. am L - Punkt ($L_{1,3}^V \to L_{1,3}^C$) gefunden werden. Nur weiterführende theoretische Arbeiten könnten diese Interpretationen bestätigen oder erweitern. Der im Rahmen dieser Arbeit bestimmte und hier gezeigte Verlauf der DF zeigt einige Unterschiede im Spektralbereich über 10 eV im Vergleich zur schon erwähnten Arbeit von C. Cobet [41]. Die dort dargestellte DF weist

4.2 Hexagonale Nitride - Interbandübergänge

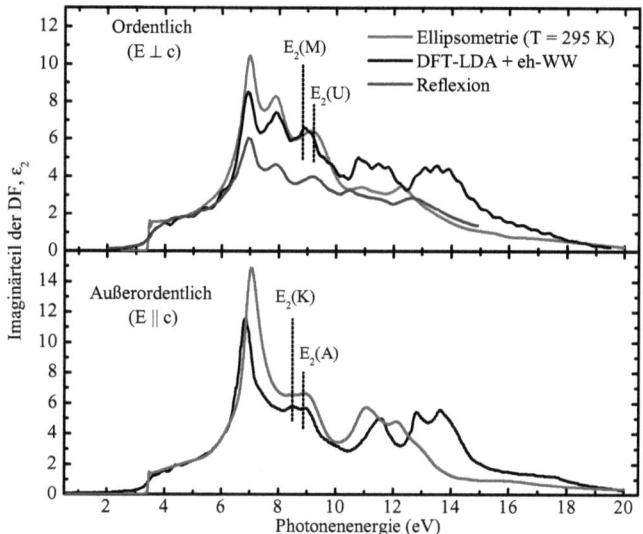

Abbildung 4.26: Vergleich des gemessenen Imaginärteil der anisotropen DF von wz-GaN mit DFT-Rechnungen von Benedict [136] sowie Reflexionsmessungen [89].

sowohl für die ordentlichen als auch die außerordentliche Komponente eine ausgeprägte Absorptionsstruktur um 11 eV auf. Demgegenüber zeigt die DF in Abbildung 4.20 eine solchen Bande nur für parallel polarisiertes Licht. Für die senkrechte Polarisation ist ein flacher Verlauf mit keinerlei Peak-Struktur zu erkennen. Ein weiterer Vergleich der DF von wz-GaN im Bereich von 12 eV bis 14 eV ist nicht möglich, da die Messung in diesem Spektralbereich in den früheren Arbeiten nicht möglich waren. Somit stellt die hier präsentierte DF den ersten lückenlosen Verlauf beider Tensorkomponenten von 0.58 eV bis 20 eV dar.

Abbildung 4.26 zeigt den Vergleich der ermittelten DF mit DFT-Rechnungen von Benedict *et al.* [18, 136], welche aber nicht weiter auf den Ursprung der einzelnen Strukturen eingehen. Diese auf DFT-LDA basierenden Arbeiten beinhalten exzitonischen Effekte, was zu einer sehr guten Übereinstimmung des spektralen Verlaufs sowohl der ordentlichen als auch der außerordentlichen DF führt. Die drei ausgeprägten Strukturen unterhalb von 10 eV in der ordentlichen Komponente werden von der Theorie an den gleichen Energiepositionen wie im Experiment vorausgesagt. Des Weiteren stimmt die Abnahme der Amplituden von $E_1(B)$ bis E_2 in Messung und Theorie überein. In der außerordentlichen Komponente zeigt sich eine kleine Verschiebung der Hauptabsorption. Ferner werden in beiden Komponenten die Lage der Absorptionskante und die Höhe des anschließenden Plateaus in der DFT richtig bestimmt. Bestätigung findet die Messung der DF bei $T = 10$ K, da in den Rechnungen eine klare Doppelstruktur bei circa 9 eV in beiden Tensorkomponenten zu finden ist. Oberhalb von 10 eV weichen die beiden Kurven ein wenig voneinander ab jedoch sind alle Absorptionsbanden aus dem Experiment auch in der Theorie zu beobachten. Es gibt nur kleine Unterschiede in der Energieposition und den Amplituden. Der Unterschied in den Peakhöhen ist über das gesamte Spektrum zu sehen, wobei die unteren Übergänge in ihrer Stärke unterschätzt werden während die oberen zu hoch sind. Wie wir bereits im Kapitel 4.1.2 zu kubischen Nitriden gesehen haben, sind die Amplituden der Interbandübergänge wesentlich vom Einfluss der Exzitonen abhängig. So ergibt sich durch die Elektron - Loch - Wechselwirkung eine Umverteilung der Oszillatorstärken zu Gunsten der niederen Absorptionen. Hinsichtlich der Verläufe in Diagramm 4.26 lässt sich schließen, dass der Exzitoneneinfluss bei diesen Rechnungen ein wenig unterschätzt wurde. Des Weiteren zeigt der Vergleich der Rechnungen mit und ohne Coulomb - Wechselwirkung innerhalb der Literatur [136, 181], dass der Exzitonen - Einfluss bei GaN wesentlich geringer zu sein scheint als in AlN. Absolutwerte in ellipsometrischen Messungen sind stark von der Oberflächenrauhigkeit der untersuchten Probe abhängig. Dieser Einfluss kann zwar in der anschließenden Auswertung durch Annahme einer Deckschicht beachtet werden, da jedoch die tatsächliche Dicke der Rauhigkeit nicht bekannt ist, kann es hier zu kleineren Fehlern in den bestimmten Amplituden kommen. Im Diagramm 4.26 ist neben den theoretischen Betrachtungen auch eine aus Reflexionsmessungen [89] bestimmte DF zu sehen. Wiederum stimmt der generelle Verlauf beider Kurven sehr gut überein, einzig die Abweichungen in den Peakhöhen ist erneut auffällig. Andererseits wurde bereits kurz der Einfluss von Oberflächenpräparation und Kristallqualität auf die optischen Eigenschaften erwähnt. Da die Reflexionsmessungen mittels Synchrotron Strahlung schon etwas älter sind, ist es naheliegend, dass die Qualität der Kristalle noch nicht so hoch war. Darüber hinaus ist davon auszugehen, dass ein nicht unerheblicher Unterschied in der Oberflächenbeschaffenheit besteht. Obendrein sind Reflexionsmessungen für die Bestimmung von Absolutwerten in der DF nicht geeignet. Trotzdem zeigt die Übereinstimmung des grundsätzlichen Verlaufs beider Kurven die Korrektheit der hier gezeigten anisotropen dielektrischen Funktion für Wurtzit GaN.

4.2.2 AlN

Nach der ausführlichen Beschreibung der DF von wz - GaN im Bereich der Interbandübergänge liegt der Fokus in diesem Abschnitt auf dem Verlauf der DF von hexagonalem AlN. Da die Entwicklung von Wachstumsprozessen zur Herstellung von nichtpolaren wz - AlN Kristallen erst in den letzten Jahren verstärkt wurde, sind solche a - oder m - orientierten Schichten noch sehr selten. Auf Grund dessen stand zur Analyse der dielektrischen Eigenschaften von wz - AlN nur eine Probe mit m-plane Ausrichtung zur Verfügung. Diese Probe wurde von M. Bickermann an der Universität Erlangen durch Sublimation und Rekondensation hergestellt. Die Abscheidung der epitaktischen Schicht auf ein AlN - Bulk Substrat erfolgte bei ca. 2000 °C. Eine detaillierte Beschreibung des Wachstumsprozess ist in der Literatur zu finden [182]. Zur Bestimmung der anisotropen Gitterkonstanten wurden Röntgenbeugungsexperimente am (0002) und (11-20) Reflex durchgeführt.

4.2 Hexagonale Nitride - Interbandübergänge

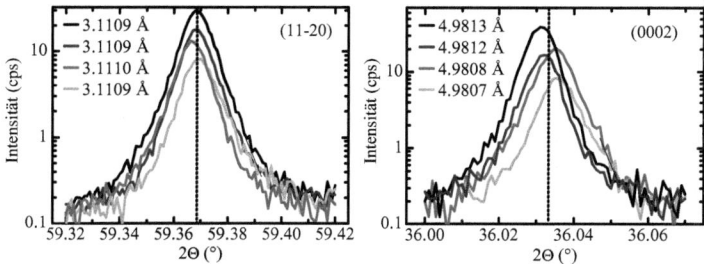

Abbildung 4.27: XRD Messungen zur Bestimmung der a- (links) und c-Gitterkonstante (rechts) der untersuchten m-plane AlN Probe. Zur Überprüfung der Homogenität wurde die Messung an vier verschiedenen Punkten wiederholt. Die Ergebnisse zeigen eine sehr gut Übereinstimmung. Zur Messung wurde die Kupfer $K_{\alpha 1}$ Linie verwendet (1.5406 Å).

Die Ergebnisse der $\omega - 2\Theta$-Scans sind in Abbildung 4.27 dargestellt. Zur Analyse der Homogenität der Gitterkonstanten über die gesamte Probe wurden vier verschiedene Messpunkte gewählt. Wie aus der Abbildung zu sehen, sind die ermittelten Winkel zu den jeweiligen Reflexen über die vier Punkte nahezu identisch. Mit Hilfe der Bragg - Bedingung und der Wellenlänge der verwendeten Kupfer $K_{\alpha 1}$ Strahlung konnten die Gitterkonstanten entlang der c - Achse und senkrecht dazu bestimmt werden. Die aus allen Messpunkten gemittelten Werte ergeben $a = 3.1109$ und $c = 4.9810$. Vergleicht man diese Gitterparameter mit denen für unverspanntes Material (Tabelle 3.1) so ist erkennbar, dass es sich bei der hier untersuchten Probe um eine nahezu verzerrungsfreie AlN - Schicht handelt. Dies ist ein sehr interessantes Ergebnis im Hinblick auf die Bestimmung von Übergangsenergien im Bereich der Bandkante, was im nächsten Abschnitt ausführlich diskutiert wird. Zunächst liegt jedoch die Konzentration auf den Bereich der Interbandübergänge im Vergleich zu wz - GaN. Das Ausheizen dieser Probe erfolgt für eine Stunde bei ca. 600 °C. Anschließende ellipsometrische Messungen sowie die Auswertung der wz - AlN Probe erfolgten innerhalb des gleichen Prozesses wie für wz - GaN beschrieben. Die aus der Modellierung erhaltene anisotrope DF im Bereich von 0.58 eV bis 20 eV ist in Abbildung 4.28 gezeigt. Für Aluminiumnitrid gibt es nur sehr wenig theoretische Arbeiten, die auf den Verlauf der DF und einzelne Strukturen eingehen. Somit basieren die folgenden Ausführungen auf früheren Interpretationen sowie Vergleichen mit hexagonalem GaN und AlGaN sowie kubischem AlN. Generell sind sich die Spektren für hexagonales GaN und AlN sehr ähnlich. Erst eine detaillierte Betrachtung zeigt eindeutige Unterschiede. Im Gegensatz zum kubischen Polytyp zeigen beide Komponenten der DF für Wurtzit-AlN scharfe Absorptionskanten bei circa 6 eV, die von einem direkten Übergang im Zentrum der BZ entstammen. Es ist auffällig, dass der Abstand der Bandkantenabsoprtionen in $\varepsilon_\perp$ und $\varepsilon_\parallel$ erheblich höher ist als in GaN, worauf im Folgenden Abschnitt ausführlich eingegangen wird. An das durch Exzitonen - Wechselwirkung hervorgerufene Plateau oberhalb der fundamentalen Bandlücke schließt sich für beide Polarisationen ein sehr starker Peak an. Hierbei unterschei-

4 Messergebnisse und Auswertung

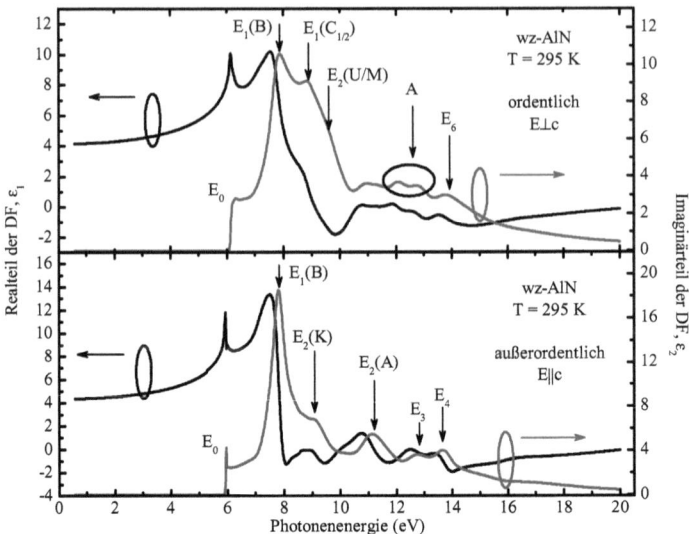

Abbildung 4.28: Real- und Imaginärteil der ordentlichen (oben) und außerordentlichen (unten) dielektrischen Funktion von wz-AlN im Spektralbereich zwischen 0.58 eV und 20 eV für Raumtemperatur. Die eingezeichneten Pfeile weisen auf Absorptionsstrukturen infolge von Übergängen an kritischen Punkten der BZ.

den sich die Energiepositionen in beiden Komponenten nur sehr leicht, während die Amplitude der außerordentlichen auffällig höher ist. Infolge der Ähnlichkeit mit beiden Komponenten der DF von wz - GaN kann dieser $E_1(B)$ - Struktur wiederum ein Übergang auf der U - Linie zugeordnet werden. Ein Vergleich der Bandstrukturen von GaN und AlN in Abbildung 4.29 sowie die daraus resultierenden Bandübergangsverschiebungen (Abbildung 4.30) zeigt, dass dieser Übergang mit steigendem Al - Gehalt in AlGaN Kristallen leicht ins Blaue verschieben muss. Dieses Verhalten, was auch schon von Buchheim et al. [183] nachgewiesen wurde, wird im Kapitel 4.2.3 über wz - AlGaN noch genauer beleuchtet. Während die ordentliche DF von GaN (Abbildung 4.2.1) oberhalb der starken $E_1(B)$ - Absorption zwei weitere auffallende Peaks bis 10 eV, zeigt ist im AlN nur einer bei ca. 9 eV auszumachen. Bei genauerer Betrachtung kann man in der hochfrequenten Flanke dieser mit $E_1(C_{1,2})$ gekennzeichneten, Struktur eine leichte Beule ($E_2(U,M)$) erkennen, die auf eine weitere Absorption hindeutet. Ursprung der $E_1(C_{1,2})$ und $E_2(U,M)$ Strukturen ist eine Superposition mehrerer Übergänge, wodurch sich auch die wesentlich höhere Linienbreite im Vergleich zu GaN erklären lässt. Im einzelnen handelt es sich um die im GaN beschriebenen $E_1(C_1)$ - und $E_1(C_2)$ - Absorptionen am M - Punkt sowie auf der R - Linie. Da die Bandstrukturen, wie in Kapitel 3.2.1 und 3.2.2 gezeigt, im Rahmen dieser Arbeit mittels DFT selbst berechnet wurden, war es

4.2 Hexagonale Nitride - Interbandübergänge

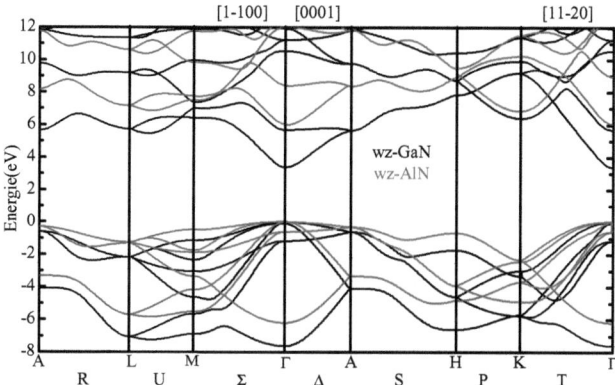

Abbildung 4.29: Vergleich der mittels DFT - LDA berechneten Bandstrukturen für wz-GaN und wz-AlN.

möglich, die Bandunterschiede zwischen den einzelnen Valenz - und Leitungsbändern in der BZ zu bestimmen. Die errechneten Differenzen der obersten drei Valenzbänder zu den untersten beiden Leitungsbändern sind in Abbildung 4.30 dargestellt. Aus dem Vergleich der Bandstrukturen sowie der Verschiebung der Bandabstände in Abbildung 4.30 zeigt sich, dass der Abstand zwischen dem ersten Leitungs - und ersten Valenzband in R - Richtung größer wird. Infolgedessen ist der $E_1(C_1)$ - Peak im AlN bei höheren Frequenzen zu finden. Im Gegensatz dazu ist der Abstand vom obersten Valenz - zum zweiten Leitungsband am M - Punkt nur sehr gering, was auf eine nahezu konstante Energielage des $E_1(C_2)$ Übergang schließen lässt. Diese Interpretation erklärt zudem die steigende Linienbreite der $E_1(C_{1,2})$ Struktur um AlN. Frühere Messungen an c - orientierten AlGaN Schichten zeigen eine klare Verlagerung der $E_1(C)$-Struktur zu höheren Energien während der E_2 - Peak des GaN energetisch ins Rote verschiebt. In dieser Arbeit wurde ab einem Aluminiumanteil von 45 % eine einzelne Struktur in der DF beobachtet, während oberhalb von 80 % eine Schulter in der hochenergetischen Flanke zu erkennen ist. Dies deutet auf einen erneuten Wechsel in den Energiepositionen der Interbandübergänge hin, wie er bereits bei kubischem AlGaN in Kapitel 4.1.3 gezeigt wurde. Der Vergleich mit den Bandstrukturen kann diese Aussage bestätigen, da die Bandabstände für die an E_2 beteiligten $E_2(U)$, $E_2(M)$ und $E_2(K)$ Strukturen kleiner werden. Wie in den Diagrammen 4.29 und 4.30 zu erkennen ist, verlagern sich die Übergänge aus dem dritten Valenz - ins erste bzw. zweite Valenzband am M - Punkt ($E_2(M)$) sowie auf der U - Linie ($E_2(U)$) im AlN zu kleineren Energien. Des Weiteren schiebt auch der mit kleiner Oszillatorstärke an dieser Struktur beteiligte Übergang in der Nähe des K - Punktes ($E_2(K)$) ebenfalls ins Rote. Exakte Werte für diese Verschiebungen können nicht angegeben werden. Dennoch ist der grundlegende Trend klar zu erkennen. Abbildung 4.31 dient zur Verdeutlichung der beschriebenen Verschiebungen der

4 Messergebnisse und Auswertung

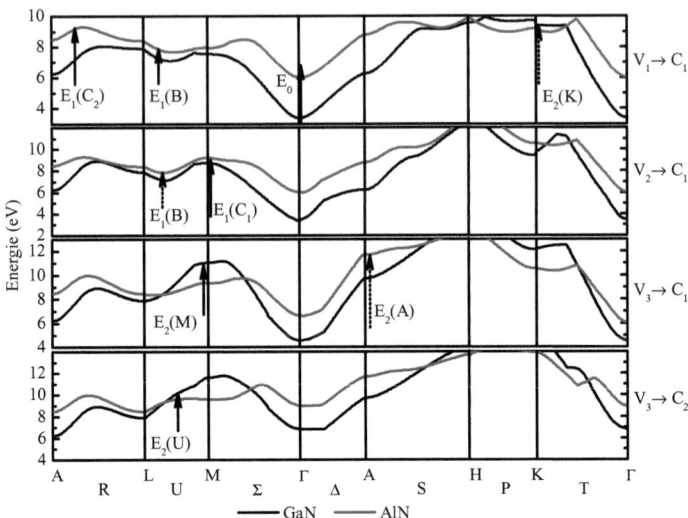

Abbildung 4.30: Aus DFT-LDA-Rechnungen bestimmte Bandunterschiede zwischen den obersten drei Valenz- und den niedrigsten beiden Leitungsbänder für wz-GaN und wz-AlN. Die im Text beschriebenen Interbandübergang an kritischen Punkten der Bandstruktur sind mit Pfeilen gekennzeichnet. Durchgezogene (gestrichelte) Pfeile stehen für die senkrechte (parallele) Komponente.

einzelnen Übergänge zwischen GaN und AlN. Die gezeigten Oszillatoren haben dabei nichts mit tatsächlichen Absorptionen gemein. Sie dienen lediglich der Veranschaulichung. Vergleicht man den Verlauf der ordentlichen DF von AlN mit der des kubischen Polytyps in Abbildung 4.9, so fällt die sehr starke Ähnlichkeit im Bereich bis 10 eV auf. Schaut man in die Bandstruktur von wz-AlN, so ist offensichtlich, dass auch hier das Leitungsband am Γ-Punkt stark nach oben gezogen wird, während es an anderen Punkten nahezu konstant ist. Auf Grund der stark erhöhten Lage am Γ-Punkt ergibt sich für hexagonales AlN fast eine indirekte Bandlücke, welche für kubisches Material nachgewiesen wurde. Im Vergleich zu GaN zeigt AlN drei weitere deutliche Strukturen in $\varepsilon_\perp$ oberhalb von 10 eV. Hierbei liegt die Vermutung nahe, dass es sich bei E_5 um die gleiche Absorption wie in GaN handelt, welche jedoch nun zu höheren Energien verschoben ist. Zu dieser Superposition von vielen einzelnen Übergängen zählt wohl auch der in Phosphiden und Arseniden sehr ausgeprägte E_0' Übergang. Da die beiden anderen mit A gekennzeichneten Banden im GaN nicht auftreten, kann ohne weitere theoretische Arbeiten keinerlei Aussage über eventuelle Ursprungsort dieser gemacht werden. Es wurde jedoch bereits für das kubische System gezeigt, dass in diesem Energiebereich beim Übergang von GaN zu AlN aus einem Peak zwei hervorgehen

4.2 Hexagonale Nitride - Interbandübergänge

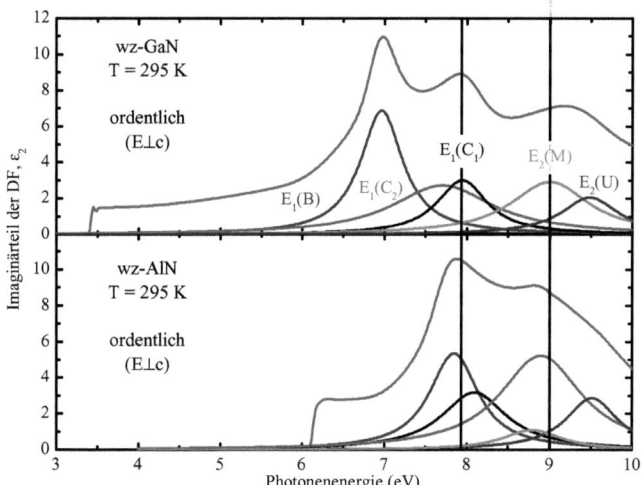

Abbildung 4.31: Imaginärteil der ordentlichen DF von wz-GaN und wz-AlN im Bereich zwischen 3 eV und 10 eV. Die dargestellten Oszillatoren illustrieen die im Text beschriebenen Hauptabsorptionen. Zwischen wz-GaN und wz-AlN treten klare Verschiebungen auf. Der Kurvenverlauf der gezeigten Oszillatoren hat dabei nichts mit realen Absorptionenstrukturen zu tun.

können. Möglicherweise ist dies hier auch der Fall. Im Gegensatz zur ordentlichen Komponente ist der Verlauf von $\varepsilon_\parallel$ im Bereich bis 10 eV fast identisch. Hierbei zeigt sich sowohl bei GaN als auch bei AlN eine ausgeprägten $E_1(B)$ - Absorptionsbande. Diese verschiebt für AlN in Übereinstimmung mit den Abständen aus den Bandstrukturen zu leicht höheren Energien. Es sei noch erwähnt, dass auch die DF für InN in Abbildung 4.22 nur eine einzelne starke Bande in diesem Bereich zeigt. Durch Messungen bei $T = 10$ K konnte, wie in Abbildung 4.23 gezeigt, für GaN eine Doppelstruktur oberhalb dieser Hauptabsorption in $\varepsilon_\parallel$ nachgewiesen werden. Im Gegensatz dazu findet man bei AlN auch bei Helium - Temperatur nur einen einzelnen Peak in der Nähe von 9 eV. Auffällig ist hingegen die extrem ausgeprägte Bande bei 11 eV. Infolge des Vergleichs mit den Bandstrukturen kann man diese $E_2(A)$-Struktur einem starken Übergang am A - Punkt vom zweiten Valenzband ($A_{1,3}^V$) ins unterste Leitungsband ($A_{1,3}^C$) zuordnen. Im AlN wird das Leitungsband am A - Punkt im Vergleich zu GaN stark nach oben gezogen, während der Bandabstand am K - Punkt ($E_2(K)$ - Übergang) nahezu identisch bleibt. Angesichts dieser Verschiebung gibt es eine eindeutige Trennung dieser beiden Übergänge. Diese Entwicklung müsste schon in nicht-polaren AlGaN Kristallen mit geringem Aluminiumanteil zu beobachten sein. An diese signifikante Struktur schließen sich ähnlich wie im GaN zwei weitere Peaks (E_3, E_4) in $\varepsilon_\parallel$ an, über deren Ursprung nur Vermutungen angestellt werden können.

4 Messergebnisse und Auswertung

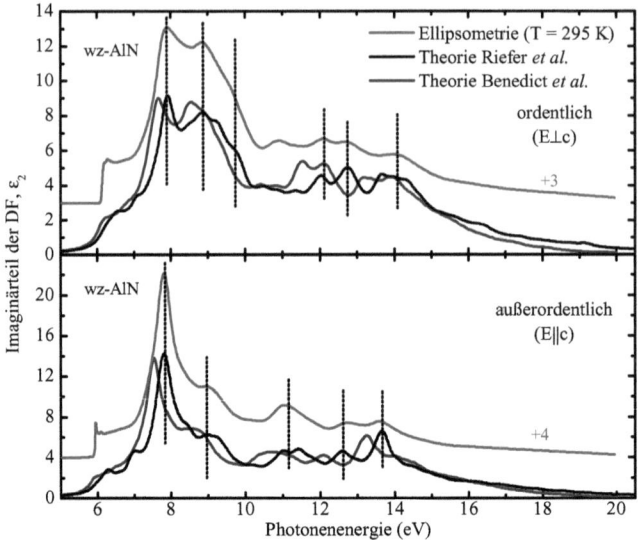

Abbildung 4.32: Vergleich des gemessenen Imaginärteil der anisotropen DF von wz-AlN mit zwei theoretischen Arbeiten von Riefer [156] und Benedict [136] basierend auf DFT-LDA-Rechnungen. In den Rechnungen sind Elektron-Loch-Wechselwirkungen berücksichtigt.

Grafik 4.32 zeigt den Vergleich der ermittelten anisotropen DF von hexagonalem AlN mit zwei theoretischen Arbeiten von Riefer et al. [156] und Benedict et al. [18]. Wiederum ist eine sehr gute Übereinstimmung zwischen der Messung und der Theorie beider Gruppen zu erkennen. Alle experimentell ermittelten Strukturen sind auch in den Rechnungen klar sichtbar. Die durch Linien gekennzeichneten Absorptionsstrukturen liegen energetisch im Experiment und der Rechnungen von Riefer [156] exakt an der selben Position. In der anderen theoretischen Abhandlung ist das gesamte Spektrum ein wenig in der Energie verschoben. Da diese Rechnungen wesentlich älter sind, kann durch die im Rahmen dieser Arbeit erstmals präsentierte experimentelle anisotrope DF von wz-AlN eine deutlicher Fortschritt in der Theorie belegt werden. Des Weiteren sind die Oszillatorstärken in beiden theoretischen Arbeiten im Vergleich zum Experiment zu Gunsten der Übergänge bei höheren Energien verschoben. Dies deutet darauf hin, dass der Exzitonen-Einfluss ein wenig unterschätzt wurde, was aber die durchweg exzellente Übereinstimmung nicht schmälert.

4.2.3 AlGaN

Um die Interpretationen der einzelnen Strukturen in den dielektrischen Funktionen von GaN und AlN zu untermauern, sowie deren Kompositionsabhängigkeit zu untersuchen wurden Messungen

4.2 Hexagonale Nitride - Interbandübergänge

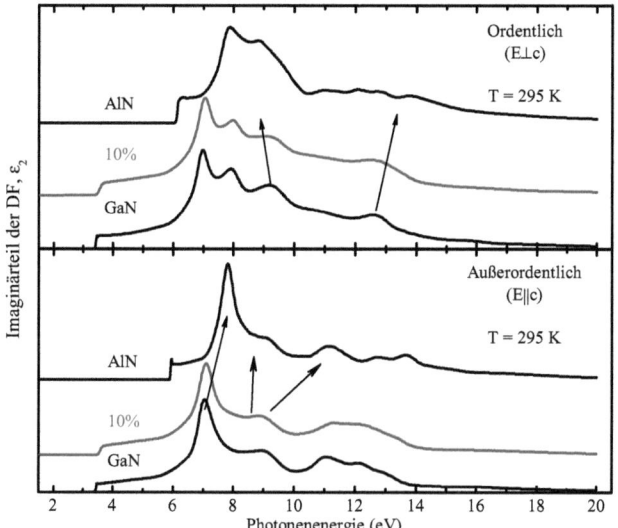

Abbildung 4.33: Imaginärteil der ordentlichen (oben) und außerordentlichen (unten) DF für wz-GaN, wz-AlN und wz-Al$_{0.1}$Ga$_{0.9}$N im Spektralbereich von 1 eV bis 20 eV bei Raumtemperatur. Die Verschiebungen der Hauptabsorptionen sind mit Pfeilen angedeutet.

an hexagonalen AlGaN - Schichten durchgeführt. Zur vollständigen Analyse der anisotropen DF beim Übergang von GaN zu AlN benötigt man AlGaN - Proben mit der optischen Achse in der Probenoberfläche. Da das Wachstum solcher Strukturen sehr kompliziert ist, gibt es momentan nur Kristalle mit niedrigen Aluminium Konzentrationen. Somit stand zur Analyse lediglich eine heteroepitaktische AlGaN Schicht mit ca. 10 % Al zur Verfügung. Diese Probe wurde von U. Rossow an der TU Braunschweig mittels Metallorganische Gasphasenepitaxie (MOVPE) auf einem m - plane GaN Substrat gewachsen.

In Abbildung 4.33 ist der Imaginärteil der anisotropen DF für diese Probe im Vergleich zu GaN und AlN gezeigt. Auf Grund des niedrigen Al - Anteils sehen sich die Verläufe von $\varepsilon_\perp$ und $\varepsilon_\parallel$ für GaN und Al$_{0.1}$Ga$_{0.9}$N sehr ähnlich. Deutlich erkennbar ist die Blauverschiebung der fundamentalen Absorptionskanten sowohl für die ordentliche als auch die außerordentliche Komponente. Weiterhin sind im Verlauf der ordentlichen DF drei klare Absorptionsstrukturen bis 10 eV zu erkennen, wobei der oberste zu niedrigeren Energien verschoben ist während seine Breite zunimmt. Dieses Verhalten belegt einen abnehmenden Bandabstand am M - Punkt sowie auf der U - Linie beim Einbau von Al in das GaN Gitter. Eine auffallende Verschiebung der beiden niederenergetischen Peaks zu höheren Frequenzen ist für solch kleine Al - Anteile noch nicht zu beobachten.

4 Messergebnisse und Auswertung

Oberhalb dieser drei signifikanten Strukturen ist in beiden Spektren ein plateauartigen Verlauf zu erkennen, an den sich eine weitere klare Absorption bei ca. $12.5\,\text{eV}$ anschließt. Hierbei ist diese Bande im $Al_{0.1}Ga_{0.9}N$ wesentlich breiter, was vermutlich an minderer Kristallqualität der ternären Verbindung liegt. Die Gestalt von $\varepsilon_\parallel$ für GaN, AlN und $Al_{0.1}Ga_{0.9}N$ ist bis $10\,\text{eV}$ fast identisch. Wie im vorigen Kapitel gezeigt ist der Verlauf für InN in diesem Bereich ebenfalls fast identisch. Alle vier Kristalle zeigen eine sehr starke Absorptionsstruktur mit einer hochenergetischen Schulter. Dieses Verhalten deutet darauf hin, dass für parallel polarisiertes Licht nur wenige Übergänge erlaubt sind. Infolge dessen kommt es beim Einbau von Al oder In in den GaN - Kristall lediglich zu einer energetischen Verschiebung dieser wenigen Übergänge, wodurch sich die grundsätzliche Gestalt nicht ändert. Der Unterschied liegt hierbei nur in der Energieposition sowie in der durch Exzitoneneinfluss bedingten Höhe der Strukturen. Demgegenüber verhält sich die ordentliche Komponente etwas anders da hier auf Grund der Polarisation des eingestrahlten Lichts viele Absorptionen erlaubt sind. Diese erfahren in ternären Proben alle eine unterschiedliche Verschiebung, woraus eine stark unterschiedlichen Form der DF resultiert. Aus Diagramm 4.33 ist zu erkennen, dass im Spektrum des $Al_{0.1}Ga_{0.9}N$-Kristall das Plateau auf der hochenergetischen Seite der starken E_1 Absorption mehr einem Peak ähnelt als in den binären Schichten. Dies ist ein Indiz dafür, dass einer der beiden im GaN eng beieinander liegenden Übergänge, welche im $T=10\,\text{K}$ Spektrum (Diagramm 4.23) getrennt aufgelöst wurden, zu höheren Energien verschiebt. Durch den stetigen Einbau von Aluminium sollte sich dieser Übergang, auf Grund des nach oben verschiebenden Leitungsbands am A - Punkt, immer weiter ins blaue verlagern. Im Endeffekt führt dies zur bereits beschriebenen markanten Absorptionsstruktur im AlN bei circa $11\,\text{eV}$. Oberhalb dieser Schulter werden im GaN noch mehrere Banden getrennt aufgelöst, während im AlGaN nur eine breite Struktur zu erkennen ist. Dies liegt an eventuellen Energieverschiebungen und den daraus resultierenden Überlagerungen sowie der geringeren Kristallqualität, wodurch die Übergänge stark verbreitert sind.

Da nichtpolare AlGaN Kristalle oder epitaktische Schichten mit höheren Al - Gehalten ($<10\,\%$) noch nicht mit ausreichender Qualität zur Verfügung stehen, wurde zur weitern Analyse auf c - orientierte Proben zurückgegriffen. Diese wurden in der Arbeitsgruppe von F. Scholz an der Universität Ulm per MOCVD auf Saphir Substrat aufgewachsen. Dabei wurde zur Verbesserung der Kristallqualität zunächst eine ca. $20\,\text{nm}$ dicke mit Sauerstoff dotierte AlN Nukleationsschicht auf das Substrat aufgebracht. Durch Änderung der Wachstumstemperatur konnte der, anschließend mittels XRD bestimmte, Al - Anteil gesteuert werden. Die Modellierung der gemessenen pseudo-DF erfolgte erneut nach der in Kapitel 2.3 gezeigten Prozedur. Auf Grund der c - Orientierung der untersuchten Proben wurde eine isotrope DF angenommen. Die somit ermittelten dielektrischen Funktionen für verschiedene Zusammensetzungen sind in Abbildung 4.34 im Bereich bis $20\,\text{eV}$ gezeigt. Eine Verschiebung der fundamentalen Absorptionskante zu höheren Energien mit steigendem Aluminium Gehalt ist aus den Spektren klar erkennbar. Da im folgenden Kapitel ausführlich auf den Bereich der Bandkante in GaN, AlN und AlGaN eingegangen wird, wird dies hier nicht weiter betrachtet. Ebenso wie die Bandkante erfährt die Hauptabsorption $E_1(B)$ eine klare Blau-

4.2 Hexagonale Nitride - Interbandübergänge

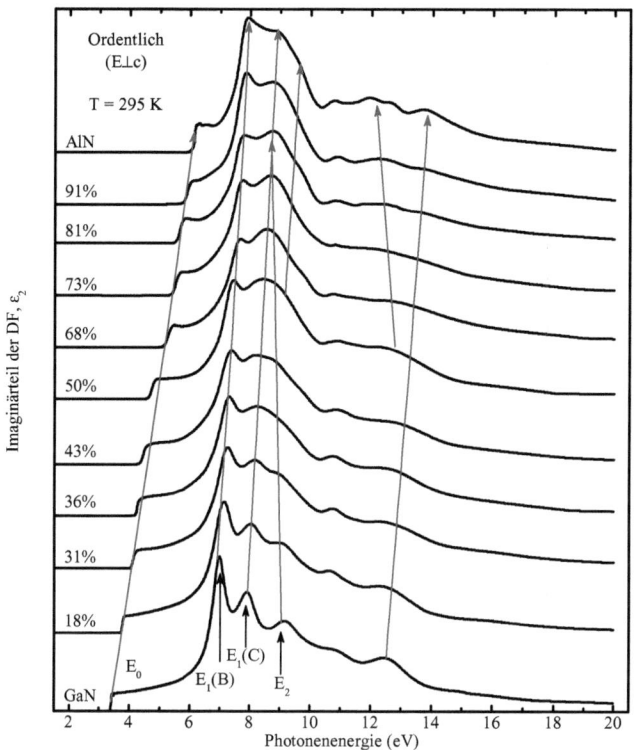

Abbildung 4.34: Verlauf des Imaginärteil der ordentlichen DF für hexagonale AlGaN - Schichten mit unterschiedlichen Zusammensetzungen.

verschiebung mit steigendem Al Anteil, wobei die Verschiebung wesentlich kleiner ausfällt. Wie dem Diagramm 4.30 entnommen werden kann, ist die Zunahme des Bandabstandes beim Übergang von GaN zu AlN am Γ-Punkt (E_0) bedeutend größer als auf der U - Linie ($E_1(B)$ - Übergang). Auch die nächste markante Struktur im GaN Spektrum ($E_1(C)$) verschiebt mit steigendem Al Gehalt zu höheren Energien. Da der Ursprung dieses Peaks, wie vorab beschrieben, an zwei verschiedenen Regionen in der BZ liegt (R - Linie, M - Punkt), müssen die Abstände von Leitungs - und Valenzband hier ebenfalls ansteigen. Infolge des nur leichten Anstiegs der Verbreiterung dieser Struktur mit zunehmendem Aluminium Einbau kann davon ausgegangen werden, dass die Bänder an diesen beiden Punkten nahezu gleich verschieben. Diese Interpretation wird durch die Diagramme 4.29 und 4.30 bekräftigt. Im Gegensatz zu diesen beiden Banden zeigt der $E_2(U,M)$ Peak eine Verlagerung zu größeren Wellenlängen, welche auch schon im Spektrum der nichtpolaren

$Al_{0.1}Ga_{0.9}N$ beobachtet wurde. Ab circa 40 % überlagert sich die $E_2(U,M)$ Absorption vollständig mit der $E_1(C_{1,2})$, woraus eine sehr breite Einzelstruktur resultiert. Da hier mehrere Übergänge an der Struktur beteiligt sind, kann nicht eindeutig bestimmt werden, welche Absorption wie stark ins Rote verschiebt oder gegebenenfalls gar keine Veränderung erfährt. Aus den Bandstrukturen der beiden binären Kristalle lässt sich abschätzen, dass der Beitrag entlang der U-Linie eine kleine Verschiebung erfährt, während die Absorption am M - Punkt stärker zu kleineren Frequenzen wandert. Bei höheren Aluminium Anteilen von ungefähr 80 % zeigt sich eine Schulter auf der hochenergetischen Seite dieser nun sehr breiten Struktur. Dies deutet darauf hin, dass die beide zur E_2 - Bande beitragenden Anteile nun stark voneinander getrennt sind und beide aufgelöst werden können oder einer der beiden $E_1(C_{1,2})$ Absorptionen sehr stark blau verschiebt. Um genauere Aussagen über das Verhalten der einzelnen Absorptionen zu bekommen, sind ausführliche Rechnungen des Mischkristallsystem mittels DFT oder anderen Methoden nötig. Die Ermittlung der DF oberhalb von 10 eV aus Messungen an c - orientierten Schichten gestaltet sich sehr schwierig, da hier durch den kleinen Brechungsindex der Einfluss der außerordentlichen Komponente auf die Messung wieder zunimmt. Hinsichtlich dieser Tatsache müsste man zur korrekten Auswertung ein anisotropes Modell ansetzen. Da jedoch keine Informationen über die außerordentliche Komponente vorliegen, ist diese Modellierung sehr schwierig oder gar nicht möglich. Auf Grund dessen wurde, wie bereits erwähnt, auf ein isotropes Modell zurückgegriffen, wodurch jedoch Strukturen im Verlauf der DF entstehen können, deren Ursprung eigentlich in $\varepsilon_\parallel$ liegen. Ein Beispiel hierfür ist die auffällig peakartige Struktur im Bereich um 11 eV in den Spektren aller Mischkristalle. Vergleicht man diesen Bereich mit der ordentlichen DF von GaN aus Kapitel 4.2.1, so ist zu erkennen, dass sich dort nur eine sehr flache Struktur zeigt. Deshalb kann angenommen werden, dass die Anhebung dieses Peaks im AlGaN durch den Einfluss der außerordentlichen DF entsteht. Im Gegensatz dazu ist eine klare Verschiebung der E_5 - Absorption von ungefähr 13 eV im GaN zu höheren Energien mit steigendem Al - Gehalt auszumachen. Ferner ist eine Aufspaltung dieser Struktur, ähnlich wie im kubischen System, in mehrere Banden zu beobachten. Die Abhängigkeit der Interband - Übergangsenergien von der Zusammensetzung ist in Diagramm 4.35 gezeigt. Die beschriebene Blauverschiebung der $E_1(B)$ und $E_1(C_{1,2})$ Peaks spiegelt sich auch in dieser Darstellung wider. Dabei erfolgt die Verlagerung dieser beiden Strukturen mit zunehmendem Al - Einbau nahezu parallel. Der Abstand zwischen beiden bewegt sich stets im Bereich um 1 eV. Im Gegensatz zu diesen beiden ergibt sich für E_2 eine negative Verschiebung. Diese Verlagerung zu kleineren Energien führt bei mittleren Al - Anteilen zu einer Superposition mit der $E_1(C)$ - Absorption. Infolge dieser entgegengesetzten Überlagerung können beide nicht mehr getrennt aufgelöst werden. Im hochenergetischen ist die Verschiebung der E_5 - Struktur zu höheren Energien zu erkennen, wobei diese zunächst immer breiter wird und ab circa 80 % in zwei getrennte Strukturen übergeht. Hierbei wurde für die niederfrequente Struktur in erster Näherung ebenfalls eine lineare Abhängigkeit gefunden. Bei sehr hohen Al - Anteilen sollten sich genau wie im binären AlN sogar drei Banden in diesem Energiebereich ergeben. Auf Grund niedrigerer Kristallqualität der ternären Schichten ist dies in den hier betrachteten Schichten noch nicht der Fall.

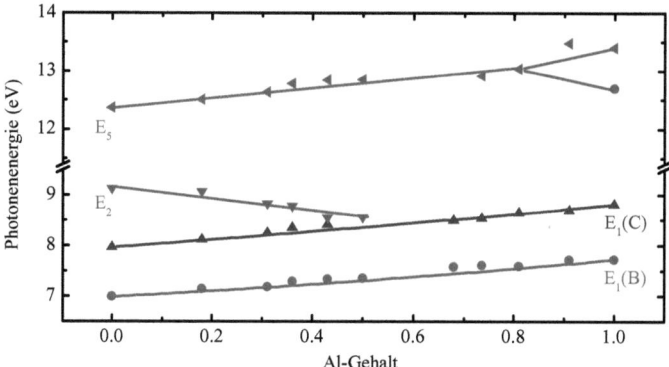

Abbildung 4.35: Abhängigkeit der energetischen Lage von Interbandübergängen vom Al-Gehalt.

Die in Diagramm 4.35 eingezeichneten Abhängigkeiten der Energien von der Zusammensetzung sind alle linearer Natur. Eine Anpassung mittels höheren Ordnungen war auf Grund der geringen Abweichung vom linearen Verhalten nicht möglich.

4.3 Hexagonale Nitride - Bandkante und Verspannung

4.3.1 GaN

Zur Untersuchung des Spektralbereichs um die fundamentale Bandlücke wurden die drei in Tabelle 4.3 aufgeführten Proben unter zwei Orientierungen ($E \perp c$, $E \parallel c$) sowie drei verschiedenen Einfallswinkeln vermessen. Beispielhaft sind die gemessenen pseudo-DFs für senkrecht und parallel polarisiertes Licht für Probe GaN_a1 in Abbildung 4.36 dargestellt. Oberhalb der Absorptionskante sind diese von der ordentlichen beziehungsweise außerordentlichen dielektrischen Funktion dominiert, weshalb der Verlauf für verschiedene Einfallswinkel nahezu identisch ist. Geringe Unterschiede in den pseudo-DFs sind durch die Oberflächenrauhigkeit bedingt, wodurch sich bei unterschiedlichen Einfallswinkeln verschiedene optische Wege ergeben. Im Gegensatz dazu sind die Verläufe im, durch Interferenzoszillationen dominierten, Transparenzbereich stark unterschiedlich. Der Grund hierfür liegt darin, dass die oben genannte Approximation infolge des kleinen Brechungsindex nicht mehr uneingeschränkt gilt. Dadurch haben beide Komponenten des dielektrischen Tensors starken Einfluss auf die pseudo-DF in diesem Bereich. Um beide Anteile voneinander zu trennen ist eine Analyse mit einem anisotropen Modell zwingend erforderlich. Die Anisotropie der DF, im Transparenzbereich ist durch eine leichte Verkippung der Oszillationen auf Grund unterschiedlicher Brechungsindizes für $\varepsilon_\perp$ und $\varepsilon_\parallel$ gekennzeichnet. Ferner ändert sich bei unterschiedlichen Einfallswinkeln das Verhältnis zwischen ordentlicher und außerordentlicher DF

4 Messergebnisse und Auswertung

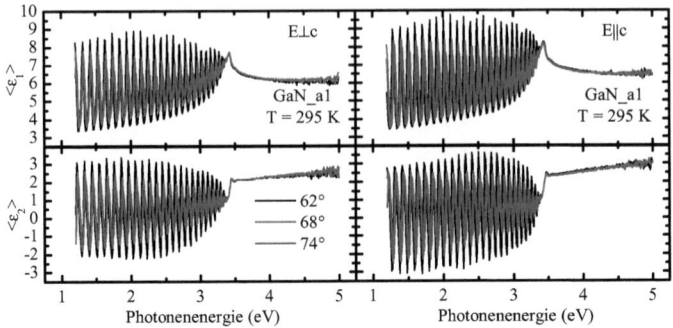

Abbildung 4.36: Real - (oben) und Imaginärteil (unten) der pseudo dielektrische Funktionen senkrecht und parallel zur optischen Achse im Spektralbereich der fundamentalen Bandlücke für Probe GaN_a1. Die Messung bei Raumtemperatur erfolgte unter drei verschiedenen Einfallswinkeln.

wodurch die Amplitude der Oszillationen beeinflusst wird. Dieser Effekt ist in Abbildung 4.36 für beide Polarisationsrichtungen klar ersichtlich. Eine genauere Beschreibung der beschriebenen Effekte ist in früheren Arbeiten zu finden [164]. Oberhalb der fundamentalen Absorptionskante spielt auf Grund der geringen Eindringtiefe des Lichts die Grenzfläche zwischen Substrat und Schicht keine Rolle. Im Gegensatz dazu muss im Transparenzbereich die Anisotropie des r - orientierten Saphir - Substrat einfließen, um eine eindeutige Trennung der Tensorkomponenten für die wz - GaN Schicht zu erhalten. Der Verlauf von $\varepsilon_\perp$ und $\varepsilon_\parallel$ des transparenten Saphir wurde hierfür in vorangehenden Messungen bestimmt.

Die aus der Modellierung ermittelten dielektrischen Funktionen $\varepsilon_\perp$ und $\varepsilon_\parallel$ der a - plane GaN - Schichten sind in Abbildung 4.37 für die Probe GaN_a1 dargestellt. Gemäß der optischen Auswahlregeln, welche ausführlich im Kapitel 3.2.3 über k·p - Theorie beschrieben wurden, sollte es eine Verschiebung zwischen ordentlicher und außerordentlicher Komponente geben. Die ordentliche Komponente wird hierbei vom FX^A-Exzitonenübergang aus dem Γ_9^V - Valenzband dominiert während dieser Übergang für parallel polarisiertes Licht symmetrieverboten ist. Daraus folgt, dass in $\varepsilon_\parallel$ die Absorption vom energetisch tiefer liegenden Γ_{7+}^V - Valenzband (FX^B) zu sehen ist. Die damit einhergehende scheinbare Verschiebung der Absorptionskante zwischen den beiden Polarisationen ist in Abbildung 4.37 gut erkennbar. Des Weiteren ist ein kleiner Unterschied in der Höhe des anschließenden Plateaus sichtbar, welcher zum Teil auf Unterschiede in den Übergangsmatrixelementen der beiden Richtungen zurückzuführen ist. Ferner hat die zuvor beschriebene Anisotropie der höheren Übergänge einen Einfluss auf die Amplitude dieses Plateaus. Zusätzlich hat die unterschiedliche Gestalt von $\varepsilon_\perp$ und $\varepsilon_\parallel$ im Bereich der Interbandübergänge Auswirkungen auf den Bereich unterhalb der Bandkante. Dies wird aus dem Verlauf des Realteils der DF in

4.3 Hexagonale Nitride - Bandkante und Verspannung

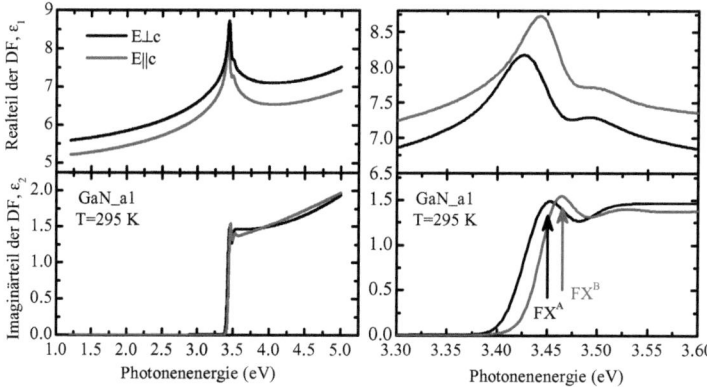

Abbildung 4.37: Real - und Imaginärteil der anisotropen DF für GaN im Bereich der Bandkante.

Abbildung 4.37 deutlich. Hier offenbart die außerordentliche Tensorkomponente einen klar niedrigeren Verlauf als die ordentliche. Somit zeigt sich, dass zur korrekten Analyse des Bandkanten - sowie Transparenzbereich der Verlauf der DF im Bereich der hochenergetischen Übergänge bekannt sein muss. Wie in Abschnitt 3.2.3 beschrieben sind die optischen Eigenschaften im Bereich der fundamentalen Absorption am Γ - Punkt der BZ sehr stark von internen Verspannungen des Kristalls abhängig. Dabei kann es zu Änderungen in Übergangsenergien und den optischen Auswahlregeln kommen. Infolgedessen muss mit der Bestimmung der Übergangsenergien auch eine Analyse des Verspannungszustandes einher gehen. Daraus lassen sich dann die Übergangsenergien der Exzitonen für unverspanntes Material abschätzen. Mit Hilfe der gemessenen Gitterkonstanten, welche in Tabelle 4.3 zusammengefasst sind, und den Werten $c_0 = 5.18523$ Å und $a_0 = 3.18926$ Å für unverspanntes Material [184], kann man die anisotrope Verspannung in den einzelnen Proben nach Formel 3.55 berechnen. Die sich ergebenden Verzerrungen in der Ebene (ϵ_{yy}, ϵ_{zz}) sowie senkrecht (ϵ_{xx}) dazu sind für die einzelnen Proben Tabelle in 4.4 aufgelistet. Auffällig ist, dass

Tabelle 4.4: Verzerrung der a - plane GaN-Schichten in verschiedenen Richtungen. Übergangsenergien der freien A - und B - Exzitonen für alle a - plane GaN Proben.

Probe	$\epsilon_{xx} \cdot 10^{-3}$	$\epsilon_{yy} \cdot 10^{-3}$	$\epsilon_{zz} \cdot 10^{-3}$	FX^A(eV)	FX^B(eV)	FX^B-FX^A (meV)
GaN_a1	1.3608	-2.1652	-2.0886	3.452	3.465	13
GaN_a2	1.1110	-1.9117	-1.7801	3.447	3.459	12
GaN_a3	0.9218	-1.7307	-1.4715	3.442	3.454	12

4 Messergebnisse und Auswertung

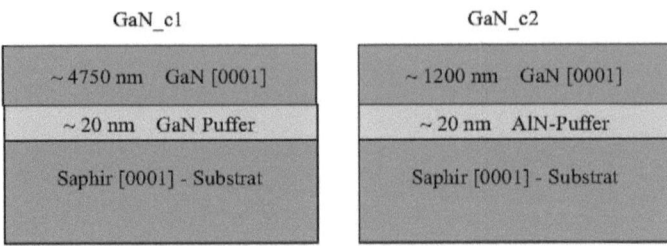

Abbildung 4.38: Schichtaufbau der c - orientierten GaN Proben GaN_c1 und GaN_c2.

die Verspannung von Probe GaN_a1 nach GaN_a3 abnimmt, was auf die verschiedene Wachstumstemperaturen zurückzuführen ist. Probe GaN_a1 hat hierbei die höchste Wachstumstemperatur, was dazu führt, dass durch unterschiedliche thermische Ausdehnungskoeffizienten von Saphir ($\alpha_\perp = 8.5 \cdot 10^{-6} K^{-1}$, $\alpha_\parallel = 7.5 \cdot 10^{-6} K^{-1}$) [185] und GaN ($\alpha_\perp = 5.59 \cdot 10^{-6} K^{-1}$, $\alpha_\parallel = 3.17 \cdot 10^{-6} K^{-1}$) [186] beim Abkühlen stärkere Verzerrungen auf Grund größerer Temperaturunterschiede entstehen. Die aus dem Experiment gewonnenen Übergangsenergien der freien A - und B - Exzitonen sind ebenfalls in Tabelle 4.4 zusammengefasst. Die Übergangsenergien wurden durch eine, in Kapitel 2.3 beschriebene, Anpassung des Imaginärteil der DF gewonnen. Durch die unterschiedlichen Verzerrungen in den Kristallen haben die Übergänge der freien Exzitonen verschiedene Übergangsenergien. Hierbei zeigt sich, dass die Übergänge von Probe GaN_a1 am stärksten ins blaue verschoben sind, da hier die größte Verspannung vorliegt. Die beiden anderen zeigen entsprechend ihren ε_{zz} und ε_{yy} Werten eine kleinere Verschiebung. Des Weiteren ist aus Tabelle 4.4 eine ebenfalls verspannungsinduzierte Änderung des Abstandes zwischen beiden Übergänge zu erkennen. Diese entsteht durch den veränderten anisotropen der Verspannungszustand. Da die Werte der Übergangsenergien nur auf 1 meV genau bestimmt werden konnten zeigt sich zwischen Probe GaN_a2 und GaN_a3 keine Änderung. Die mittels k·p - Theorie ermittelten Abhängigkeiten der Oszillatorstärken von der Verspannung in Diagramm 3.22 zeigen, dass die ordentliche Komponente des dielektrischen Tensors weiterhin sehr stark vom FX^A-Übergang dominiert wird, während für parallel polarisiertes Licht die Absorption aus dem zweiten Band (FX^B) überwiegt. Die in unseren Schichten vorliegende Verspannung hat somit kaum Auswirkungen auf die optischen Auswahlregeln. Dennoch zeigt sich aus dem Diagramm 3.22, dass die Oszillatorstärke des FX^A Exzitons, auf Grund der Symmetriebrechung durch anisotrope Verspannung, in der außerordentlichen Komponente nicht mehr symmetrieverboten ist. Hierdurch ist die Exzitonen - Struktur in den Spektren 4.37, im Vergleich zu $\varepsilon_\perp$, ein wenig verbreitert, was die Bestimmung der exakten Übergangsenergien erschwert. Wie Diagram 4.23 zeigt wurden an wz - GaN auch Messungen bei tiefen Temperaturen durchgeführt. Infolge der Kristallqualität konnten dabei jedoch keine merklichen Änderungen der Bandkanten - Exzitonen - Struktur beobachtet werden.

4.3 Hexagonale Nitride - Bandkante und Verspannung

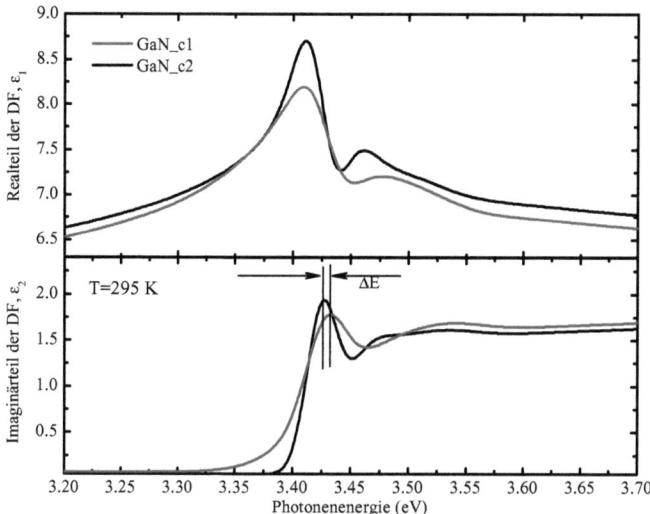

Abbildung 4.39: Verlauf des Real- und Imaginärteil der ordentlichen DF im Bereich der Bandkante für zwei c-orientierte GaN Schichten bei Raumtemperatur. Der durch Verspannung hervorgerufene energetische Unterschied in den Exzitonenübergängen ist gekennzeichnet.

Es zeigt sich lediglich eine zu erwartenden Blauverschiebung mit sinkender Temperatur während die Breite der Exzitonenabsorptionen identisch bleibt. Die zusätzliche Untersuchung mittels PR kann hier, auf Grund der höheren Sensitivität, mehr Informationen liefern [187, 188]. Da der Einfluss der Exziton-Phonon-Komplexe, wie aus Abbildung 2.10 ersichtlich, in GaN kleiner ist als als in anderen Materialien war eine Auswertung dieser Strukturen für diese a-plane Schichten nicht möglich.

Um den Einfluss der Verspannung noch genauer zu betrachten, wurden zwei c-orientierte Proben (GaN_c1, GaN_c2) untersucht, deren prinzipieller Aufbau in Abbildung 4.38 gezeigt ist. Es handelt sich hierbei um epitaktische Schichten die bei OSRAM (GaN_c1) sowie an der TU Ilmenau (GaN_c2) mittels MOCVD auf Saphir abgeschieden wurden. Dabei unterscheiden sich beide Proben in der Schichtdicke sowie dem verwendeten Puffer-Material. Diese Puffer- oder Nukleationsschicht, die meist bei niedriger Temperatur abgeschieden wird, hat die Aufgabe, Nukleationszentren zur Verfügung zu stellen, um das laterale Wachstum der eigentlichen Schicht zu fördern [189, 190]. Des Weiteren sollen hierdurch Verspannungen vermindert werden, sodass es nicht zur Ausbildung von Rissen in der überwachsenen Schicht kommt. Die Analyse der Gitterkonstanten ergab c = 5.1872 Å (GaN_c1) beziehungsweise c = 5.188 Å für Probe GaN_c2. Diese

4 Messergebnisse und Auswertung

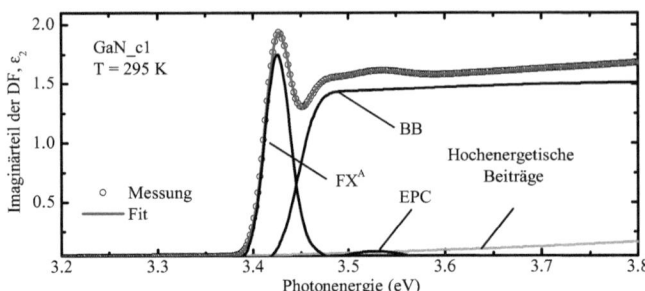

Abbildung 4.40: Anpassung des Imaginärteil der ordentlichen DF im Bereich der Bandkante bei Raumtemperatur für Probe GaN_c1. Die Modellierung mittels des im Text beschrieben Modells enthält Absorptionen infolge von Bandkanten (BB)-, Exzitonen (FX)- und Elektron-Phonon-Übergängen (EPC).

Werte zeigen im Vergleich zu relaxiertem Material (c = 5.185 23 Å [127]) einen größeren Gitterabstand in Wachstumsrichtung, was einer kompressiven Verspannung gleichkommt. Unterschiede in den Gitterverzerrungen zwischen beiden Proben können durch verschiedene Wachstumstemperaturen, Puffermaterialien aber auch Schichtdicken hervorgerufen werden. Wie bereits beschrieben liegt in GaN eine positive Kristallfeld-Energie vor, weshalb die Absorptionskante für senkrecht polarisiertes Licht energetisch tiefer liegt als für die parallele Polarisation. Daraus ergibt sich ein geringer Einfluss der außerordentlichen Komponente auf das Signal von c-orientierten Schichten. Ferner konnte zur Modellierung dieser Schichten ein isotroper Schichtaufbau angenommen werden. Beim unterliegenden Saphir-Substrat handelt es sich ebenfalls um c-orientiertes Material, weshalb auch hier von der Anisotropie abgesehen wird. Der Verlauf des ermittelten Imaginärteils der DF beider Proben im Bereich der Bandkante ist in Diagramm 4.39 dargestellt. Eine durch unterschiedliche Verspannung hervorgerufene Verschiebung der Exzitonen-Struktur zwischen beiden Proben ist klar zu sehen. Des Weiteren ist zu erkennen, dass die Verbreiterung des Übergangs für beide Proben unterschiedlich ist. Beide Messungen wurden bei Raumtemperatur durchgeführt weshalb die Ursache hierfür nur eine veränderte Kristallqualität sein kann. Unterschiedliche Wachstumsbedingungen sowie verschiedene Puffer beeinflussen das Kristallwachstum. Auch die größere Schichtdicke von Probe GaN_c1 kann sich vorteilhaft auf die Güte dieser epitaktischen Schichten auswirken. Die Analyse der Bandkanten-Region mit dem bereits beschriebenen Modell ist in Abbildung 4.40 beispielhaft für Probe GaN_c1 gezeigt. Werden kleinere Beiträge von hochenergetischen Interbandübergängen im Modell berücksichtigt so ergibt sich eine perfekte Übereinstimmung zwischen Messungen und Modell. Aus der Anpassung resultieren Übergangsenergien von 3.425 eV und 3.432 eV für Probe GaN_c1 bzw. GaN_c2. Der bereits im Diagramm 4.39 festgestellte Unterschied in den Übergangsenergien beider Proben wird somit bestätigt. Des Weiteren ergab die Modellierung eine Exzitonenbindungsenergie von 23 meV sowie einen Abstand zwi-

4.3 Hexagonale Nitride - Bandkante und Verspannung

Tabelle 4.5: Parameter für Spin - Bahn - und Kristallfeld - Aufspaltung sowie Deformationspotentiale.

Referenz	$\Delta_1 = \Delta_{cr}$ (meV)	Δ_2 (meV)	Δ_3 (meV)	$a_{cz} - D_1$ (eV)	$a_{ct} - D_2$ (eV)	D_3 (eV)	D_4 (eV)	D_5 (eV)
Diese Arbeit	-	-	-	-12.5	-15.5	3.0	-1.5	-1.8
Chuang [43]	16	4	4	-4.78	-6.18	1.4	-0.7	-
Gil [194]	10	6.2	5.5	-8.16	-8.16	3.71	3.71	-
Dingle [195]	22	3.7	3.7	-	-	-	-	-
Shikanai[98]	22	5	5	-	-	-	-	-
Tchounkeu[196]	10	6.2	5.5	-8.16	-8.16	1.44	-0.72	-
Fischer[197]	-	-	-	-6.5	-11.8	5.3	-2.7	-
Ando[193]	22	5	5	-2.9	-10.9	8.0	-4.0	-
Peng[44]	8.4	5.9	5.9	-9.6	-8.2	1.9	-1.0	-

schen Exziton und EPC von 90.5 meV. Wie bereits für die a - orientierten Schichten beschrieben, ist der Einfluss dieser Exziton - Phonon - Komplexe in GaN kleiner als in anderen ionischen Materialien wodurch die genaue Bestimmung der Position erschwert wird. Davon abgesehen stimmt der ermittelte Wert sehr gut mit früheren VIS/UV - Ellipsometrie-Messungen (91.5 meV [62]) und LO-Frequenzen aus Raman - Untersuchungen (92.6 meV [191]) sowie Infrarot - Ellipsometrie (93 meV [192]) überein.

Berücksichtigt man nun sowohl die anisotrop verspannten Schichten auf r - plane Saphir Substrat als auch die c - orientierten Proben, so können die Deformationspotentiale für GaN abgeschätzt werden. Zur Vereinfachung wurde hierfür die kubischen Näherung,

$$D_3 = D_2 - D_1 \qquad D_4 = -\frac{D_3}{2} \qquad \Delta_2 = \Delta_3 = \Delta_{so}/3 \qquad (4.4)$$

verwendet. Für die Kristallfeld - sowie Spin - Bahn - Aufspaltung wurden Werte von $\Delta_{cr} = 22$ meV und $\Delta_{so} = 15$ meV angenommen [98, 193]. Zudem wurden die Deformationspotentiale für das Leitungsband (α_z, α_t) konstant bei -44.5 eV gehalten. Die Ergebnisse sind in Tabelle 4.5 im Vergleich mit Literaturwerten zusammengefasst. Der Vergleich der einzelnen Werte in der Tabelle zeigt, das die hier ermittelten Deformationspotentiale ein wenig höher liegen als die Literaturwerte. Der Grund hierfür könnte sein, das in der Literatur nur c-orientierte Schichten untersucht wurden und somit Fehler entstehen. Ferner sind die bestimmten Verspannungszustände sowie die der Literatur entnommenen unverspannten Gitterabstände mit Fehlern behaftet die sich auf die ermittelten Deformationspotentiale auswirken.

4 Messergebnisse und Auswertung

4.3.2 AlN

Schon in den 1960er Jahren gab es erste Veröffentlichungen über die Herstellung und Charakterisierung von hexagonalem AlN. Hierbei wurde das AlN durch Gasphasenabscheidung [198] oder Verdampfen von Aluminium unter Stickstoffatmosphäre [199, 200] gewonnen. Erste optische Untersuchungen wurden von Yim *et al.* mittels Absorptionsmessungen an c-orientierten AlN Schichten durchgeführt [20]. An dieser Stelle ergab sich eine direkte Bandlücke von 6.2 eV. Wie in Abschnitt 3.2.3 beschrieben ist, wird von der Theorie eine negative Kristallfeld-Aufspaltung für hexagonales AlN vorausgesagt. Folglich kommt es, im Vergleich zu GaN, zu veränderten optischen Auswahlregeln. Dementsprechend wird die ordentliche Komponente der DF von den Exzitonenübergängen aus dem Γ_9 - (FX^A) sowie Γ_{7-} (FX^C) - Valenzband dominiert, während der energetisch niedrigste Übergang (FX^B), auf Grund der geänderten Bänderreihenfolge, nun in der außerordentlichen Komponente zu finden ist. Somit handelt es sich bei der von Yim *et al.* bestimmten Bandlücke nicht um den kleinsten Bandabstand am Γ-Punkt. Durch ihre Messverfahren sowie der Probenorientierung war es ihnen nicht möglich den niedrigsten Bandübergang zu detektieren. Die ermittelte Absorptionskante entspricht den Übergängen der freien A- und C-Exzitonen. Erste Tieftemperatur-Absorptionsmessungen an AlN Proben von Perry und Rutz ergaben eine Bandlücke von 6.28 eV bei $T = 5$ K [21]. Bei einer Verschiebung der Übergangsenergie von 80 meV zwischen $T = 5$ K und Raumtemperatur wurden somit die Ergebnisse von Yim bestätigt. Infolge neuer Wachstumsverfahren wie MOCVD war es mit Beginn der neunziger Jahre möglich AlN Schichten mit wesentlich höherer Kristallqualität auf Siliziumkarbid abzuscheiden [190, 201]. Erste Kathodolumineszenzmessungen an epitaktischen Schichten zeigten Emissionsstrukturen unterhalb von 6 eV bei $T = 4.2$ K, was zunächst im Widerspruch zu den Absorptionsmessungen stand. Da jedoch im gleichen Zeitraum erste Bandstrukturrechnungen eine negative Kristallfeldenergie (-58.5 meV [16], -217 meV [101], -176 meV [17], -215 meV [202], -104 meV [203], -244 meV [19]) ergaben konnten beide Messergebnisse in Einklang gebracht werden. Da mit Lumineszenz jeweils der energetisch tiefste Zustand detektiert wird, dominiert hier der B-Übergang das Spektrum. Im Gegensatz dazu ist dieser in Absorptions- oder Reflexionsuntersuchungen verboten, wodurch nur der circa 200 meV höher liegenden A/C-Übergang gefunden werden kann. Erste Messungen an Einkristallen mit unterschiedlichen Oberflächenorientierungen wurden von Silveira *et al.* [23] und Chen *et al.* [22] durchgeführt. Beide erhielten in ihren Reflexionsmessungen Strukturen für das freie B-Exziton bei 6.025 eV sowie eine breitere Struktur bei 6.243 eV. Bei dieser breiteren Struktur handelt es sich um eine Superposition der beiden andern freien Exzitonen. Auf Grund der kleinen Spin-Bahn-Aufspaltung liegen diese beiden Übergänge nur wenige meV auseinander und können noch nicht getrennt aufgelöst werden. Beide Gruppen erhalten somit aus ihren Messungen eine Kristallfeld-Aufspaltung von -225 meV. Sedhain *et al.* [26] erhielt aus PL Messungen an epitaktisch überwachsenen Einkristallen ebenfalls eine Übergangsenergie von 6.025 eV für das freie B-Exziton bei $T = 5$ K. In der gleichen Arbeit wird die Exzitonenbindungsenergie mit 74 meV angegeben, was ein wenig über den 55 meV bzw. 57 meV

4.3 Hexagonale Nitride - Bandkante und Verspannung

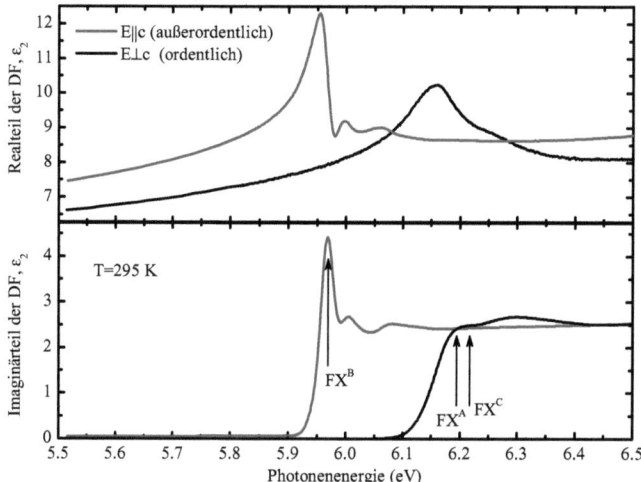

Abbildung 4.41: Real (oben) - und Imaginärteil (unten) der anisotropen DF von wz - AlN im Bereich der Bandkanten bei $T = 295$ K. Die im Text beschriebenen Strukturen von freien Exzitonen sind mit Pfeilen gekennzeichnet.

aus späteren Arbeiten von Feneberg et al. [28] und Yamada et al. [25] liegt. Allerdings deuten diese Messungen auf eine wesentlich höhere Bindungsenergie als für GaN hin. Diese Tendenz konnte schon durch den Vergleich der Amplituden der Interbandübergänge in beiden Materialien bekräftigt werden. Erste Untersuchungen von Schichten auf Saphir-Substrat zeigen eine Blauverschiebung der Übergangsenergien infolge kompressiver Verspannung [179, 204]. Angesichts mangelnder nicht - polarer Proben sowie Einkristallen mit verschiedenen Oberflächenorientierungen waren ellipsometrische Messungen der anisotropen DF von AlN bisher nicht möglich. Wie im vorigen Kapitel 4.2.2 gezeigt, konnten im Rahmen dieser Arbeit erstmals solche Messungen über einen großen Spektralbereich realisiert werden. Während die starke Anisotropie zwischen beiden Tensorkomponenten im Bereich der Interbandübergänge bereits ausführlich diskutiert wurde, liegt nun das Augenmerk auf den Bereich der fundamentalen Bandlücke. Die ermittelten DF in diesem Bereich sind in Abbildung 4.41 dargestellt wobei die deutliche Verschiebung der Absorptionskante zwischen beiden Polarisationsrichtungen unverkennbar ist. Die von der Theorie vorhergesagten und in früheren Reflexionsmessungen gezeigten Änderung der Bänderreihenfolge am Γ - Punkt ist deutlich zu erkennen. Somit wird in $\varepsilon_\parallel$ eine energetisch wesentlich tiefer liegende, vom Übergang aus dem Γ_{7+} dominierte, Exzitonenabsorption gefunden. Für senkrecht polarisiertes Licht wird die Bandkanten - DF von Absorptionen der beiden anderen freien Exzitonen bestimmt. Hierbei ist auffällig, dass für die außerordentliche Komponente eine klare exzitonische Überhöhung, auf

4 Messergebnisse und Auswertung

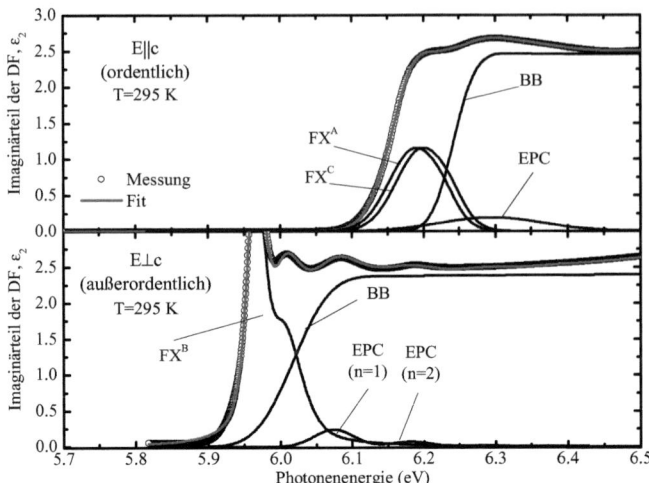

Abbildung 4.42: Anpassung der ordentlichen (oben) und außerordentlichen (unten) DF im Bereich der Bandkante bei Raumtemperatur. Die Modellierung mittels des im Text beschrieben Modells enthält Absorptionen infolge von Bandkanten (BB) -, Exzitonen (FX) - und Elektron - Phonon - Übergängen (EPC).

Grund der Coulomb - Wechselwirkung, zu sehen ist, während in $\varepsilon_\perp$ eine sehr verbreiterte Struktur auftritt. Die Gründe hierfür liegen zum einen im energetisch sehr kleinen Abstand ($\sim 10\,\mathrm{meV}$) zwischen den Γ_9^V und Γ_{7-}^V Valenzbändern sowie in der für unverspanntes Material identische Oszillatorstärke (Grafik 3.17) beider Übergänge. Im Gegensatz dazu besitzt in unverspanntem Material lediglich der Übergang aus dem Γ_{7-}^V (B - Übergang) eine von null verschiedene Oszillatorstärke. Infolgedessen ist hier eine wesentlich schärfere Struktur zu erwarten. Bei der Betrachtung des Transparenzbereichs unterhalb der fundamentalen Bandlücke in Abbildung 4.41 ist eine eindeutige Differenz in der Höhe des Realteils auszumachen. Bedingt durch die starke Verschiebung der Absorptionskante befindet sich der Verlauf der außerordentlichen Komponente oberhalb der ordentlichen.

Zur Analyse der Energieposition von freien Exzitonen, Bandkante und EPC wurden beide Spektren mit dem in Abschnitt 2.3 beschriebenen analytischen Modell angepasst. Der Vergleich zwischen Theorie und Experiment ist in Abbildung 4.42 für Raumtemperatur gezeigt. Im Modell wurden für die ordentliche DF zwei Exzitonen mit gleicher Amplitude und Verbreiterung angenommen. Der Abstand beider, durch eine Mischung aus Lorentz - und Gaussoszillator beschriebenen, Übergänge wurde im Bereich weniger meV variiert. Für die Modellierung der außerordentlichen Komponente wurde hingegen nur ein Oszillator verwendet. Der in Abbildung 4.42 dargestellte Vergleich zwischen Experiment und Modell liefert für beide Tensorkomponenten eine sehr gute

4.3 Hexagonale Nitride - Bandkante und Verspannung

Übereinstimmung. Die wesentlich kleineren Amplituden der Exzitonenübergänge FX^A und FX^C in $\varepsilon_\perp$ im Vergleich zu FX^B ist ebenso deutlich wie deren höhere Verbreiterung. Durch die Kopplung der EPC - Strukturen an die Übergänge der freien Exzitonen ist dort ebenfalls eine erhöhte Verbreiterung zu beobachten. Weiterhin auffällig ist der zweite Peak auf der hochenergetischen Seite des freien B - Exzitons in der außerordentlichen Komponente. Die Anpassung zeigt, dass dieser vom ersten angeregten Zustand herrühren könnte, wobei die Amplitude ein bisschen zu hoch ist. Da jedoch die Energieposition sehr gut übereinstimmt wird der n = 2-Zustand als Ursprung der Struktur gedeutet. Neben den Absorptionen von freien Exzitonen sind auch Bandkantenübergänge in den Diagrammen dargestellt. Mit Hilfe der Anpassung wurden die Übergangsenergien der freien Exzitonen sowie deren Bindungsenergie und der Abstand zur EPC Struktur (E_{LO}) ermittelt. Für das freie B - Exziton ergibt sich eine Energie von 5.966 eV während FX^A und FX^C bei 6.187 eV bzw. 6.1965 eV liegen. Unter Anwendung der Gleichungen 3.40 kann aus den Abständen zwischen den Exzitonenübergängen ($E_{AB} = E_{\text{FX}^A} - E_{\text{FX}^B}$ und $E_{CB} = E_{\text{FX}^C} - E_{\text{FX}^B}$) die Kristallfeld - sowie Spin - Bahn - Aufspaltung berechnet werden.

$$\Delta_{\text{so}} = \frac{1}{2}\left(E_{BA} + E_{CB} + \sqrt{-2E_{BA}^2 - 2E_{BA}E_{CB} + E_{CB}^2}\right) \quad (4.5\text{a})$$

$$\Delta_{\text{cr}} = \frac{1}{2}\left(E_{BA} + E_{CB} - \sqrt{-2E_{BA}^2 - 2E_{BA}E_{CB} + E_{CB}^2}\right) \quad (4.5\text{b})$$

Mit den ermittelten Energiepositionen für die Übergänge der freien Exzitonen bei Raumtemperatur erhält man eine Kristallfeld - Aufspaltung von -225.5 meV während die Spin - Bahn - Aufspaltung ca. 14 meV beträgt. Der Wert für Δ_{so} liegt ein wenig unter den 19 meV aus der Theorie [101] sowie früheren Messungen [22]. In den hier gezeigten Messungen war keine eindeutige Trennung der beiden Exzitonen in der ordentlichen Komponente möglich, wodurch der Wert ein wenig abweichen kann. Da es sich bei der untersuchten Probe um eine homoepitaktische Schicht auf einem m-plane AlN-Substrat handelt, wird davon ausgegangen, dass diese Schicht nahezu unverspannt ist und somit die Übergangsenergien und die Kristallfeld - sowie Spin - Bahn - Aufspaltung als Referenzwerte angesehen werden können. Der sich aus dem Modell ergebende Abstand zwischen freien Exzitonen und Bandabsorption, welcher der Exzitonenbindungsenergie entspricht, liegt für die ordentliche Komponente bei 52 meV, während er für parallel polarisiertes Licht mit 50 meV ein wenig niedriger ist. Damit befinden sich diese Bindungsenergien nur wenige meV unter denen früherer experimenteller Arbeiten [25, 28]. Eine unterschiedliche Bindungsenergie für beide Komponenten ist auf Grund unterschiedlicher Bandkrümmungen bzw. effektiver Massen am Γ durchaus denkbar und wurde für andere Materialien z.B. ZnO nachgewiesen [205]. Da hier jedoch keine eineindeutige Bestimmung der Bindungsenergie über mehrere angeregte Zustände möglich war, wird diese Abweichung als Messfehler und Auswertefehler betrachtet. Einen genauen Wert für diese Abweichung anzugeben ist schwierig da mehrere Faktoren eine Rolle spielen. Für die an Exzitonen gekoppelten EPC - Absorptionen wurden Übergangsenergien von $E_{LO} = 108$ meV und 109 meV für parallel bzw. senkrecht polarisiertes Licht festgestellt. In der

4 Messergebnisse und Auswertung

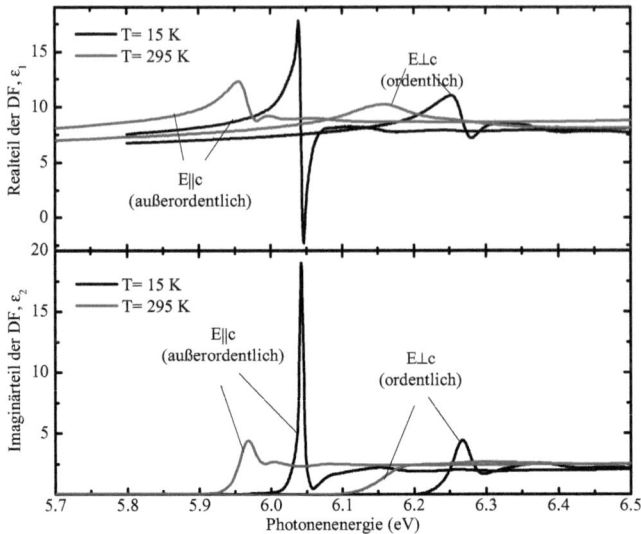

Abbildung 4.43: Real- und Imaginärteil der anisotropen DF von wz-AlN im Bereich der Bandkante für Raumtemperatur und $T = 15\,\mathrm{K}$.

außerordentlichen Komponente können mehrere solcher Strukturen mit abnehmender Amplitude aufgelöst werden, während sich im Verlauf der ordentlichen DF, auf Grund der Verknüpfung zu den Exzitonen, zwei Banden überlagern und dadurch eine sehr breite Struktur bilden. Die ermittelten Abstände zwischen Exziton und EPC liegen hierbei in sehr guter Übereinstimmung mit den longitudinalen optischen Phononenfrequenzen (111 meV) aus Raman-Messungen [206]. Auf Grund vieler Einflüsse, wie die eventuell nicht hundertprozentig exakte Monochromatorposition bei der Messung oder die Auswerte-Prozedur, ist das Ergebnis mit Fehlern behaftet. Wie bereits erwähnt ist die Abschätzung der Abweichung infolge der vielen Faktoren nicht einfach. Eine grobe Beurteilung ergibt einen Fehler von $\pm 1 - 2\,\mathrm{meV}$ für die Raumtemperaturmessungen.

Um die gewonnenen Ergebnisse zu erweitern wurden Tieftemperatur-Messungen im Bereich der Bandkante an dieser m-plane AlN-Probe durchgeführt. Die ermittelten dielektrischen Funktionen für $T = 15\,\mathrm{K}$ sind in Abbildung 4.43 im Vergleich zu den Raumtemperatur-Spektren dargestellt. Besonders die starke Zunahme der Amplitude des B-Exzitons in der außerordentlichen Komponente fällt dabei ins Auge. Des Weiteren ist eine klare Verschiebung der Absorptionskanten zu höheren Frequenzen für beide Polarisationsrichtungen zu beobachten. Da nicht nur die Amplitude der Exzitonenübergänge mit sinkender Temperatur zunimmt sondern im Gegenzug ihre Verbreiterung enorm zurückgeht ist nun auch in der ordentlichen Komponente eine klare Überhöhung auf Grund der Exzitonen-Einflüsse an der Bandkante zu beobachten. Da die Verbreiterung

4.3 Hexagonale Nitride - Bandkante und Verspannung

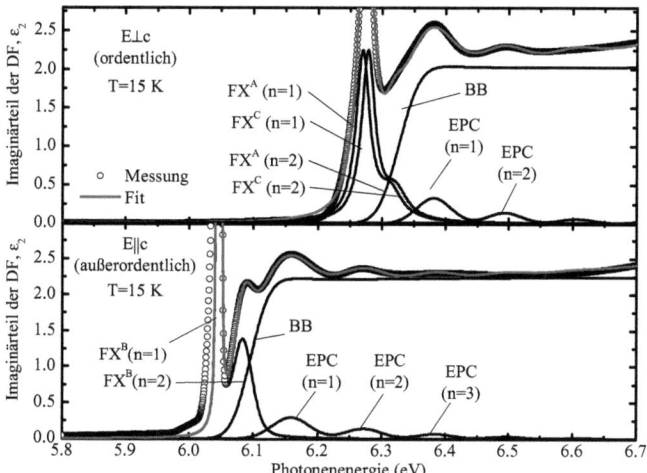

Abbildung 4.44: Anpassung der ordentlichen (oben) und außerordentlichen (unten) DF im Bereich der Bandkante bei $T = 15$ K. Die Modellierung mittels des im Text beschrieben Modells enthält Absorptionen infolge von Bandkanten (BB)-, Exzitonen (FX)- und Elektron-Phonon-Übergängen (EPC).

eines Bandkanten-Exzitonenübergangs im wesentlichen von zwei Effekten, der Streuung an Gitterfehlstellen und Phononen, bestimmt wird, liegt die Annahme eines Kristalls hoher Qualität auf Grund stark sinkender Verbreiterung nahe. Obendrein zeigt das B-Exziton infolge der Abkühlung eine sehr asymmetrische Form, die einem Dreieck nahe kommt. Der Ursprung dieses, auch schon in anderen Verbindungshalbleitern wie ZnO gefunden [207], Effekts ist bis jetzt nicht entgültig geklärt. Die Analyse der Energielagen der einzelnen Strukturen wurde in gleicher Weise wie bei Raumtemperatur durchgeführt. Die Anpassung des Bandkantenbereichs für beide Tensorkomponenten ist in Abbildung 4.44 dargestellt. Hierbei zeigt sich wiederum eine sehr gute Übereinstimmung zwischen Messung und Modell. Auffällig ist der steigende Beitrag der angeregten Exzitonen-Zustände, die in der außerordentlichen DF nun als klare Peaks ermittelt werden. Die Verbreiterung dieser höheren Anregungen ist dabei größer als die des Grundzustandes. Da es für n = 2 neben dem s-artigen auch noch p-artige Exzitonen-Zustände gibt, kann es durch Streuung in diese sonst symmetrieverbotenen Niveaus zu einer Verbreiterung kommen. Die aus dem Modell gewonnenen Übergangsenergien für das freie A- und C-Exziton in der ordentlichen Komponente betragen 6.2694 eV und 6.2775 eV. Diese Werte liegen ungefähr 25 meV über den mittels Reflexion ermittelten von Chen [22] sowie Silveira [23]. Da es sich bei der untersuchten Probe um eine homoepitaktische Schicht handelt die laut XRD-Messungen nahezu unverspannt ist können die hier ermittelten Werte als Referenzwerte angesehen werden. Möglicherweise waren die untersuchten Proben in den genannten Arbeiten durch eventuelle Verunreinigungen leicht tensil verspannt, wodurch sich eine Verlagerung zu niedrigeren Energien erklären lässt. Mit den hier ermittelten Energiepositionen ergibt sich eine Temperaturverschiebung zwischen Raumtemperatur und $T = 15$ K von circa 82 meV für die ordentliche Komponente. Mit einer festgestellten Energielage von 6.0465 eV für tiefe Temperatur liegt die Verschiebung der außerordentlichen DF mit 80.5 meV ein wenig niedriger. Eine unterschiedliche Temperaturverschiebung einzelner Bänder bzw. Exzitonen wurde bereits in ZnO nachgewiesen [208]. Dieser kleine Unterschied in den hier gezeigten Messungen wird auf die nicht hundertprozentig exakte Energiebestimmung der $FX^{A,C}$-Struktur zurückgeführt. Ungeachtet dessen stimmt der ermittelte Werte perfekt mit den von Perry et al. aus Absorptionsmessungen gefundenen 80 meV [21] überein. Für tiefe Temperaturen fanden Chen und Silveira mittels Reflexion eine Übergangsenergie von 6.025 eV für das freie B - Exziton was wiederum circa 25 meV unter den hier gefundenen Werten liegt. Die möglichen Gründe für diese Abweichung wurden bereits genannt. Aus den Energiedifferenzen zwischen den drei Übergängen kann nun abermals die Kristallfeld- und Spin - Bahn - Aufspaltung, unter Verwendung der Formeln 4.5, berechnet werden. Für $T = 15$ K ergibt sich somit $\Delta_{cr} = -227$ meV und $\Delta_{so} = 15$ meV, was nahezu identisch mit den Werten für Raumtemperatur ist. Aus den Abständen zur Bandkante offenbaren sich Bindungsenergien von 55 meV und 53 meV für die ordentliche bzw. außerordentliche dielektrische Funktion. Hierbei zeigt sich erneut die bereits bei Raumtemperatur gefundene Differenz in den Bindungsenergien der verschiedenen Bänder. Des Weiteren ist der Einfluss der Exziton-Phonon Kopplung in den Tieftemperatur-Spektren wesentlich stärker ausgebildet als bei Raumtemperatur. Der Grund hierfür liegt an der wesentlich kleineren Verbreiterung, sodass selbst in der ordentlichen DF mehrere Anregungen dieser Absorption aufgelöst

Tabelle 4.6: Energielagen der Übergänge in wz - AlN bei Raumtemperatur und $T = 15$ K

	Temperatur (K)	295	15
Außerordentlich ($E \parallel c$)	E_{FX^B} (eV)	5.966	6.0465
	ΔE	80.5	
	$E_{bind,B}$ (meV)	50	53
	E_{LO} (meV)	108.3	110.4
Ordentlich ($E \perp c$)	E_{FX^A} (eV)	6.187	6.2694
	E_{FX^C} (eV)	6.1965	6.2775
	ΔE	82	
	$E_{bind,AC}$ (meV)	52	55
	E_{LO} (meV)	109	111.2
Allgemein	Δ_{cr} (meV)	-226	-227
	Δ_{so} (meV)	14	14

4.3 Hexagonale Nitride - Bandkante und Verspannung

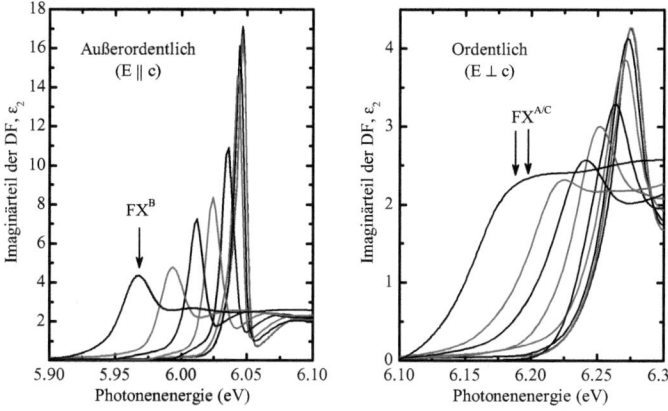

Abbildung 4.45: Temperaturabhängiger Verlauf des Imaginärteil der außerordentlichen (links) und ordentlichen (rechts) DF im Spektralbereich der fundamentalen Bandlücke. Die entsprechenden Übergänge der freien Exzitonen sind für die Raumtemperatur-Spektren mit Pfeilen markiert.

werden können. Die Auswertung ergibt Phononen-Energien von 111.2 meV und 110.4 meV für die ordentlich bzw. außerordentliche Komponente, was nur wenig von den Raumtemperaturdaten abweicht. Ebenso die Messungen bei Raumtemperatur sind die ermittelten Werte bei tiefen Temperaturen auch mit Fehlern behaftet. An dieser Stelle sei noch einmal darauf hingewiesen das eine Aussage über absolute Fehlerbalken sehr schwer ist. Auf Grund der tieferen Temperatur und den damit verbundenen schärferen Strukturen wird der Fehler durch die Modellanpassung verringert. Daraus ergibt sich ein Fehler von ± 1 meV für alle ermittelten Werte. Diese ermittelten Energien für beide gemessenen Temperaturen sind in Tabelle 4.6 noch einmal zusammengefasst.

Neben Raumtemperatur und $T = 15$ K wurden der Bandkantenbereich der m-plane AlN Probe noch bei weiteren Temperaturen vermessen, wobei die Auswertung auf die gleiche Weise erfolgte. Der Verlauf beider DF ist für die einzelnen Temperaturen in Abbildung 4.45 dargestellt. Die beiden Endpunkte dieser Serie entsprechen den bereits ausführlich diskutierten Spektren bei 15 K sowie 295 K. Ausgehend von Raumtemperatur nimmt die Exzitonen-Übergangsenergie zunächst linear zu während die Verbreiterung kleiner wird. Auf Grund sinkender Phononenbesetzung durch die Abkühlung vermindert sich der mittlere Abstand der Atome im Gitter, wodurch die Wechselwirkung der Valenzelektronen verstärkt wird. Daraus resultiert eine stärkere Aufspaltung von bindenden und anti-bindenden Zuständen bzw. Valenz- und Leitungsband. Des Weiteren verringert sich durch Verminderung der Temperatur die Streuung an thermisch aktivierten Phononen, was zu schmaler Absorptionsstrukturen führt. Da davon ausgegangen werden kann, dass die Ex-

4 Messergebnisse und Auswertung

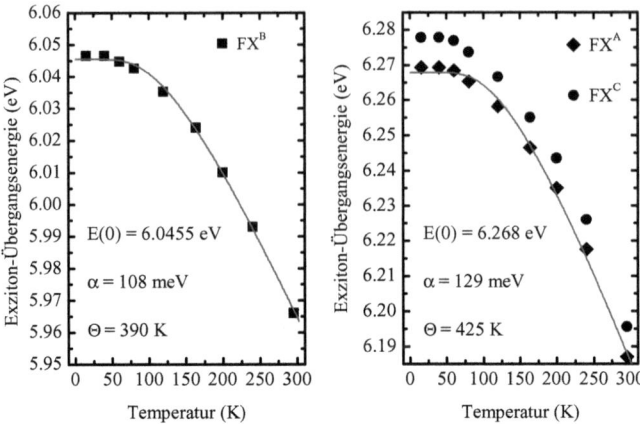

Abbildung 4.46: Temperaturverschiebung der Übergangsenergien der freien B - (links), A - und C - Exzitonen (rechts). Die aus der Anpassung (rote Linie) mit der Formel von Viña [209] ermittelten Parameter sind im Diagramm vermerkt.

zitonenbindungsenergie sowie die Phononenfrequenz mit der Temperatur konstant sind schieben sowohl die Bandkante als auch die EPC - Struktur im gleichen Maße wie das Exziton selbst. Unterhalb einer bestimmten Temperatur sind alle Phononen bis auf die Nullpunkt - Schwingung thermisch nicht angeregt. Dadurch kann sich der Gitterabstand nicht weiter verringern weshalb die Übergangsenergien der Exzitonen unterhalb dieser kritischen Temperatur konstant sind. Dieses Verhalten ist im Diagramm 4.46 bei ca. $T < 50\,\text{K}$ durch einen waagerechten Verlauf zu beobachten. Ferner sind die ermittelten Übergangsenergien der drei Exzitonen in Abhängigkeit der gemessenen Temperaturen im Diagramm dargestellt. Hierbei spiegelt sich der beschriebene Verlauf sowohl in der ordentlichen als auch außerordentlichen Komponente wieder. Eine Anpassung der temperaturabhängigen Verschiebung erfolgt mittels der von Viña *et al.* entwickelten, auf der Bose-Einstein-Statistik basierenden, Formel [209]:

$$E(T) = E(0) - \frac{2\alpha}{\exp(\Theta/T) - 1}. \tag{4.6}$$

Hierbei gibt $E(0)$ die extrapolierte Übergangsenergie für den Nullpunkt an. Die gemittelten Phononenfrequenzen sowie die Stärke der Wechselwirkung mit dem Exziton wird durch Θ und α beschrieben. Tabelle 4.7 zeigt die aus der Anpassung ermittelten Werte im Vergleich zu bisherigen Veröffentlichungen.

Wie schon für hexagonales GaN gezeigt, haben Verspannungen in Kristallen und epitaktischen Schichten einen starken Einfluss auf die optische Eigenschaften. Um die Auswirkungen auf die optische Anisotropie im Bandkanten-Bereich von wz - AlN zu untersuchen wurden c - orientierte

4.3 Hexagonale Nitride - Bandkante und Verspannung

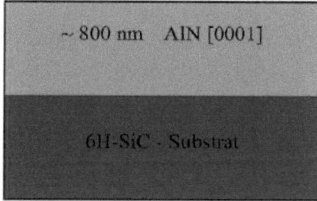

Abbildung 4.47: Genereller Aufbau der c - orientierten wz - AlN-Schichten auf Saphir, Silizium und Siliziumkabrid.

Schichten auf Saphir-, Silizium- und SiC - Substrat analysiert. Die dünnen Filme auf Saphir und Silizium wurden an der Otto - von - Guericke - Universität Magdeburg mittels Metall - organischer Gasphasenepitaxy (MOVPE) gewachsen. Auf das Substratmaterial wurde zunächst eine circa 10 nm dicke Nukleationsschicht bei niedriger Temperatur ($\sim 720\,°C$) abgeschieden. Diese soll Verspannungen aufnehmen sowie als Wachstumskeim fungieren. Anschließend wurde die eigentliche AlN Schicht unter verschiedenen Wachstumsbedingungen, welche in Tabelle 4.8 zusammengefasst sind, aufgebracht. Weitere Details zum Wachstum sind in der Literatur zu finden [211]. Bei der am Paul - Drude - Institut in Berlin mittels Plasma - unterstützter Molekularstrahlepitaxie (*plasma-assisted molecular beam epitaxy* -PAMBE) gewachsenen Probe auf 6H-SiC wurde hingegen auf eine Puffer-Schicht verzichtet. Die Schichtdicke der nominell undotierten Probe beträgt ungefähr 800 nm. Der generelle Aufbau aller Proben ist in Abbildung 4.47 dargestellt. Da es sich bei diesen Proben um ausschließlich c - orientierte Schichten mit der c - Achse senkrecht zur Wachstumsebene handelt ist der Einfluss der außerordentlichen Komponente auf die gemessene pseudo - DF sehr gering. Eine Untersuchung des anisotropen Brechungsindizes im Transparenzbereich ist für GaN und AlN trotzdem möglich [164]. Durch Verschiebung des parallelen

Tabelle 4.7: Temperaturabhängigkeit der AlN - Bandlücke gemäß dem Zusammenhang aus Gleichung 4.6.

α (meV)	Θ (K)	Methode	Schicht / Substrat	Referenz
129	425	Ellipsometrie ($\varepsilon_\perp$)	m-plane AlN Kristall	diese Arbeit
108	390	Ellipsometrie ($\varepsilon_\parallel$)	m-plane AlN Kristall	diese Arbeit
144	447	Ellipsometrie	c-AlN / 6H-SiC	[210]
200	558	Lumineszenz	AlN Kristall	[28]
72	345	Lumineszenz	c-AlN / SiC	[204]
138	455	Reflexion	a-plane AlN / r-plane Saphir	[27]

4 Messergebnisse und Auswertung

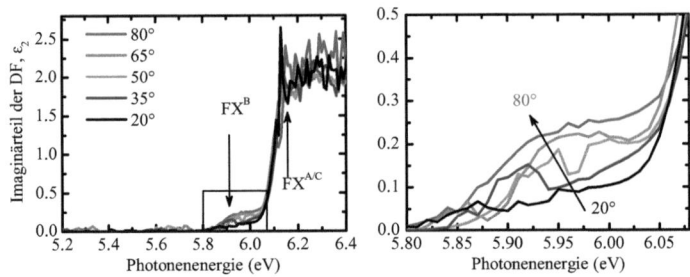

Abbildung 4.48: Winkelabhängiger Einfluss des Imaginärteil der außerordentlichen Tensorkomponente auf die pseudo-DF einer c-orientierten wz-AlN-Schicht auf Silizium-Substrat.

Polarisationsspektrum bei gleichbleibender senkrechter Komponente kommt es im Spektrum zu charakteristischen Asymmetrien der Schichtdickeninterferenzen. Da diese Asymmetrien winkelabhängig sind kann durch Messung unter verschiedenen Einfallswinkeln die Anisotropie zwischen beiden Tensorkomponenten extrahiert werden. Oberhalb der fundamentalen Absorptionskante ist die Eindringtiefe des Lichtes wesentlich geringer wodurch bei ausreichender Schichtdicke keine Fabry-Pérot-Oszillationen mehr auftreten. Die Empfindlichkeit auf die außerordentliche Komponente ist hierbei, wie von Aspnes [66] gezeigt, sehr gering. Somit ist zur Untersuchung der Anisotropie in diesem Bereich eine nicht- oder semi-polare Probenorientierung nötig.
Hexagonales AlN zeigt jedoch bedingt durch die große negative Kristallfeld-Aufspaltung eine beträchtliche Anisotropie im Bereich der Bandkante [212]. Hierbei gibt es nicht mehr nur einen beachtlichen Unterschied im Realteil sondern auch im Imaginärteil. Da der Anteil der außerordentlichen dielektrischen Funktion im gemessenen Signal abhängig vom Einfallswinkel des Lichtes ist, wird auch von Dichroismus gesprochen. Diese Abhängigkeit ist in Abbildung 4.48 für die Probe AlN_Si2 veranschaulicht. In dieser Grafik wurde die unter verschiedenen Winkeln

Tabelle 4.8: Wachstumsparameter der heteroepitaktischen AlN-Schichten.

Probe	Substrat	Wachstumstemperatur (°C)	NH$_3$-Fluss (sccm)	TMAl-Fluss (sccm)
AlN_Sc	Siliziumkarbid	830	-	-
AlN_Si1	Silizium	1300	500	180
AlN_Si2	Silizium	1150	500	60
AlN_Sa1	Saphir	1300	250	180
AlN_Sa2	Saphir	1300	500	180
AlN_Sa3	Saphir	1300	1000	180

4.3 Hexagonale Nitride - Bandkante und Verspannung

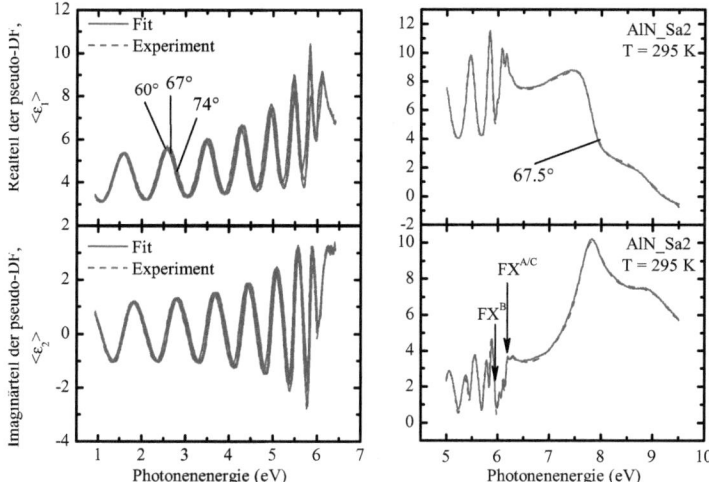

Abbildung 4.49: Vergleich zwischen Messung und anisotrop modellierter pseudo-DF für eine AlN-Schicht auf Saphir (Probe AlN_Sa2). Die verschiedenen Einfallswinkel in den unterschiedlichen Energiebereichen sind eingezeichnet.

gemessene pseudo-DF zunächst mit einem isotropen Schichtmodell angepasst. Hierbei wurden die Werte für die zu ermittelnde dielektrische Funktion innerhalb einer Punkt-für-Punkt Fit-Prozedur für jeden Energiewert einzeln angepasst. Auf Grund der geringen Intensität der Xenon-Lampe am Woollam-Ellipsometer oberhalb von 6 eV ist das Signal um die ordentliche Bandlücke sehr verrauscht. Dennoch ist eine klare Absorptionskante, verursacht durch die freien A- und C-Exzitonen ($FX^{A/C}$), bei circa 6.15 eV zu beobachten. Wesentlich interessanter ist jedoch der, auf der rechten Seite in Abbildung 4.48 nochmals vergrößert dargestellte, Energiebereich unterhalb dieser Absorptionsstruktur. Es ist klar ersichtlich, dass der Imaginärteil der DF in diesem Abschnitt von null verschieden ist und mit zunehmendem Einfallswinkel ansteigt. Diese Beobachtung spiegelt den winkelabhängigen Einfluss der außerordentlichen DF in der pseudo-DF einer c-orientierten Schicht wieder. Um beide dielektrischen Komponenten voneinander zu trennen, bedarf es einer anisotropen Modellierung der AlN Schicht. Zusätzlich sind bei ungefähr 5.3 eV und 5.7 eV kleinere Reststrukturen in der ermittelten isotropen DF in Abbildung 4.48 zu erkennen. Diese regelmäßigen Formationen deuten auf die asymmetrischen Schichtdickeninterferenzen hin die innerhalb der verwendeten isotropen Anpassung nicht beschrieben werden können. Aus dieser Betrachtung lässt sich abschließend sagen, dass eine geeignete Modellierung von c-orientierten AlN Schichten nur mittels eines anisotropen Modells zufriedenstellende Ergebnisse liefert. Darüber hinaus lassen sich durch diese Tatsache auch Aussagen über den Verlauf der au-

4 Messergebnisse und Auswertung

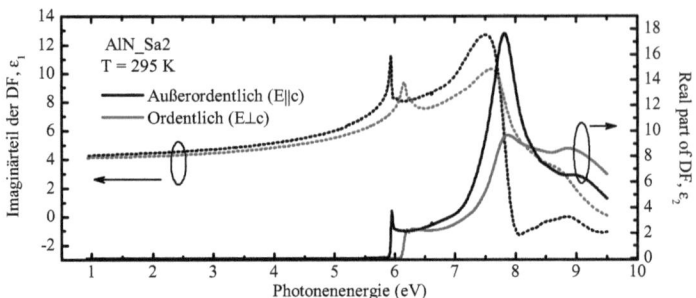

Abbildung 4.50: Real - und Imaginärteil der ordentlichen und außerordentlichen DF für eine c - orientierte wz - AlN Schicht auf Saphir (Probe AlN_Sa2) bei Raumtemperatur.

ßerordentlichen Komponente im Bereich der Bandkante machen. In Abbildung 4.49 ist beispielhaft der Vergleich von gemessenen Daten der Probe AlN_Sa2 zum anisotropen Modell gezeigt. Die charakteristischen Oszillationen unterhalb der Bandkante werden durch Vielfachreflexionen an der Grenzfläche zwischen Substrat und Schicht hervorgerufen. Abstand und Amplituden dieser Schwingungen werden durch den Brechungsindex sowie die Schichtdicke bestimmt. Über den gesamten Spektralbereich ist eine sehr gute Übereinstimmung der experimentellen Daten mit den modellierten zu erkennen. Bereits aus den Messungen ist der Einfluss der außerordentlichen Tensorkomponente auf die gemessene pseudo - DF zu sehen. Im rechten unteren Bild ist eine klare Dämpfung der Schichtdickeninterferenzen ab circa 6 eV wahrnehmbar, die durch die einsetzende Absorption für parallel polarisiertes Licht hervorgerufen wird. Oberhalb schließt sich dann die klar ausgeprägte Absorptionskante der ordentlichen Komponente ($FX^{A/C}$) an. Da wie bereits erwähnt die Sensitivität auf $\varepsilon_\parallel$ oberhalb der Bandlücke nahezu null ist, wurde zur Modellierung die im vorigen Kapitel ermittelte außerordentliche Komponente benutzt. Dieser Teil wurde für alle weiteren c - plane AlN - Proben konstant gehalten und nur der Bandkantenbereich sowie der hochenergetische Teil von $\varepsilon_\perp$ variiert. Die somit ermittelte anisotrope DF ist in Grafik 4.50 stellvertretend für die Probe AlN_Sa2 abgebildet. Die ordentliche Komponente wurde frei modelliert und enthält wiederum die beiden charakteristischen Strukturen bei circa 7.8 eV und 8.8 eV, die mit Interbandübergängen verknüpft werden können. Des Weiteren ist auch die Anisotropie im Realteil der DF unterhalb der Absorptionskante ersichtlich. Dieser Brechungsindexunterschied führt zu den bereits beschriebenen typischen Verformungen der Interferenzstrukturen.

Im Folgenden soll die Aufmerksamkeit auf dem Spektralbereich der Bandkante liegen welcher in Abbildung 4.51 für die Probe AlN_Sa1, AlN_Si1 und AlN_Sc vergrößert dargestellt ist. Da die Wachstumsparameter für die beiden Schichten auf Saphir und Silizium gleich sind, sollte auch die Kristallqualität und somit die optischen Eigenschaften vergleichbar sein. Der Unterschied beider circa 300 nm dicker Schichten liegt lediglich im Substrat. In Diagramm 4.51 sind sowohl die ordentliche als auch die außerordentliche dielektrische Funktion der drei Proben für Raumtem-

4.3 Hexagonale Nitride - Bandkante und Verspannung

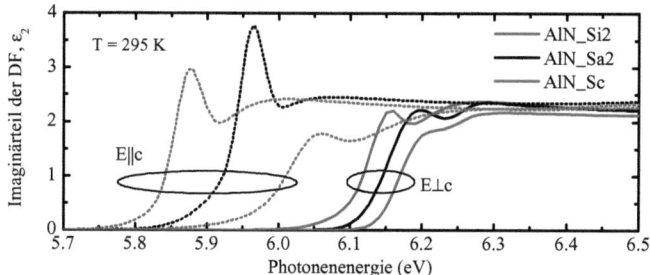

Abbildung 4.51: Imaginärteil der anisotropen Bandkanten - DF für c - orientierte Proben auf Saphir, Silizium und SiC bei Raumtemperatur.

peratur dargestellt. Auffällig sind die probenabhängigen energetischen Verschiebungen der Exzitonenstrukturen. Dieser Unterschied in den Energiepositionen wird auf unterschiedliche interne Verspannungen, auf Grund verschiedener Substrate, zurückgeführt. Augenfällig ist dabei der wesentlich größere Einfluss auf die außerordentliche Komponente was sich in einer stärkeren Verschiebung äußert. Dieses Verhalten der einzelnen Exzitonenübergänge wurde bereits im Kapitel 3.2.3 über k·p - Theorie vorausgesagt. Wiederum ist die höhere Amplitude der Exzitonenbanden in der außerordentlichen Komponente zu beobachten, was bereits bei m - plane AlN gezeigt wurde. Auch die wesentlich größere Verbreiterung des Exzitonenübergangs in $\varepsilon_\perp$, infolge der Superposition zweier Übergänge, ist abermals zu sehen. Des Weiteren zeigt die Probe auf SiC eine weniger ausgeprägte exzitonische Überhöhung als die beiden anderen. Der Grund hierfür liegt in eventuellen Hintergrunddotierungen oder minderer Kristallqualität. Um den Verspannungszustand zu berechnen wurden für alle Proben die Gitterparameter mittels Röntgenbeugung (XRD) bestimmt. Die Gitterabstände in der Probenoberfläche und senkrecht dazu sind in Tabelle 4.9 zusammengefasst. Die Modellierung der ellipsometrischen Daten erfolgte in gleicher Weise wie für die nichtpolare m - plane AlN - Probe innerhalb des analytischen Modells. Die aus der Anpassung ermittelten Exzitonen - Übergangsenergien der einzelnen Proben sind ebenfalls in Tabelle 4.9 zu finden. Da AlN einen kleineren thermischen Ausdehnungskoeffizienten ($4.15 \cdot 10^{-6} K^{-1}$) im Vergleich zu Saphir ($7.5 \cdot 10^{-6} K^{-1}$) besitzt, sollten diese Proben nach dem Abkühlen von Wachstumstemperatur kompressiv verspannt sein. Der Vergleich mit den unverspannten Gitterkonstanten (c=4.980 89 Å, a=3.111 97 Å) [81] zeigt jedoch das alle drei untersuchten Proben auf Saphir nahezu verspannungsfrei sind. SiC hat einen etwa identischen Ausdehnungskoeffizient ($4.68 \cdot 10^{-6} K^{-1}$ [213]) wie AlN, wodurch sich streng genommen eine verspannungsfreie Schicht ergeben müsste. Die Röntgendaten in Tabelle 4.9 zeigen indes einen kompressiv verspannten Kristall. Diese Unterschiede sind eventuell auf die fehlende Puffer - Schicht im Vergleich zu den Filmen auf Saphir zurückzuführen. Silizium hat im Gegensatz zu Saphir und SiC einen sehr kleinen thermischen Ausdehnungskoeffizienten ($2.6 \cdot 10^{-6} K^{-1}$ [214]) wodurch sich die Gitterkonstante beim Abküh-

4 Messergebnisse und Auswertung

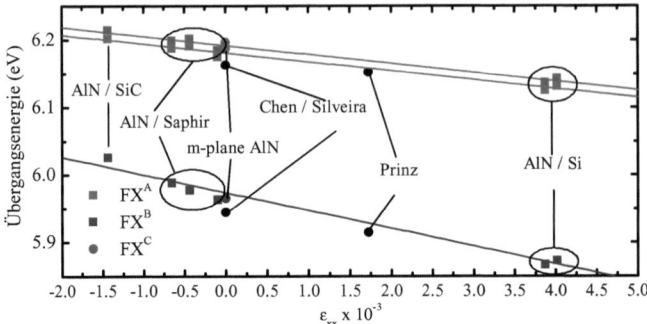

Abbildung 4.52: Abhängigkeit der Übergangsenergien der freien Exzitonen von der biaxial isotropen Verspannung. Die aus den Messung an m-plane AlN bestimmten Übergangsenergien sowie Literaturwerte von Chen [22], Silveria [23] und Prinz [204] sind zum Vergleich eingezeichnet.

len nur leicht ändert. Da sich die aufgewachsenen Schichten erheblich stärker zusammenziehen, kommt es zu interner tensiler Verspannung, was auch die gemessenen Gitterkonstanten belegen. Die, mit Hilfe der Gleichgewichtsgitterkonstanten, über Gleichung 3.49 berechneten Verzerrungen der Kristalle sind ebenfalls in Tabelle 4.9 erfasst. Aus den Übergangsenergien und den dazugehörigen Verzerrungen lässt sich nun die Verspannungsabhängigkeit von hexagonalem AlN berechnen. Die Abhängigkeit der freien Exzitonen - Energien ist in Abbildung 4.52 gezeigt. Mit Hilfe der Energiepositionen der Exzitonenübergänge und den zugehörigen Verspannungen konnten nun die Deformationspotentiale angepasst werden. Eine detaillierte Beschreibung dieser Anpassung ist in der Diplomarbeit von G. Rossbach zu finden [215]. Die unter Verwendung der kubischen Näherung an die Messdaten angepassten Verläufe der Übergangsenergien sind durch die Linien in der Abbildung 4.52 gekennzeichnet. Wie die Grafik zeigt liegen sowohl die Werte für Schichten auf

Tabelle 4.9: Gitterkonstanten, Verzerrungen und Übergangsenergien der epitaktischen c - plane AlN Schichten auf Saphir, Silizium und Siliziumkarbid.

Probe	c (Å)	a (Å)	FX^B (eV)	FX^A (eV)	FX^C (eV)	$\varepsilon_{xx} \cdot 10^{-3}$	$\varepsilon_{zz} \cdot 10^{-3}$
AlN_Sc	4.985	-	6.026	6.202	6.215	-1.433	0.83
AlN_Si1	4.9692	3.12448	5.873	6.131	6.143	4.020	-2.347
AlN_Si2	4.9694	3.12402	5.867	6.125	6.136	3.872	-2.307
AlN_Sa1	4.9810	3.11166	5.964	6.175	6.185	-0.100	0.022
AlN_Sa2	4.9820	3.11062	5.978	6.191	6.202	-0.434	0.233
AlN_Sa3	4.9826	3.10993	5.989	6.188	6.199	-0.656	0.343

4.3 Hexagonale Nitride - Bandkante und Verspannung

Saphir als auch auf Silizium ziemlich gut auf den neu berechneten Kurven. Erneut zeigt sich der größere Einfluss der Verspannung auf die Verschiebung des freien B - Exzitons in der außerordentlichen DF. Die Übergangsenergie des frei B - Exziton der Probe auf SiC liegt ein wenig über der ermittelten Kurve, was eventuell durch hohe Hintergrunddotierung erklärt werden kann. Die Anpassung ergab folgende Werte für die Deformationspotentiale:

$$\alpha_z^c - D_1 = -6.9\,\text{eV}$$
$$\alpha_t^c - D_2 = -15.2\,\text{eV}$$
$$D_3 = 8.3\,\text{eV}$$
$$D_4 = -4.15\,\text{eV}.$$

Auf Grundlage dieser neu gewonnenen Deformationspotentiale und der Lage der gemessenen Übergangsenergien der heteroepitaktischen Schichten kann man eine Interpolation zu unverspanntem Material durchführen. Dies ergibt eine Kristallfeld - Aufspaltung von $\Delta_{\text{cr}} = -212\,\text{meV}$ sowie eine Spin - Bahn - Energie von $\Delta_{\text{so}} = 16\,\text{meV}$. Da die gemessenen Gitterkonstanten der hier untersuchten c - orientierten Schichten mit einem kleinen Fehler behaftet sein können weichen diese Werte ein wenig von denen für den unverspannten m - plane Kristall ab. Ferner können auch die der Literatur entnommenen unverspannten Gitterparameter nicht als hundertprozentig exakt angesehen werden. Die Interpolation in Diagramm 4.52 ergibt Übergangsenergien für unverspanntes Material von $5.974\,\text{eV}$ für das freie B - Exziton der außerordentlichen Komponente sowie $6.181\,\text{eV}$ und $6.192\,\text{eV}$ für A - bzw. C - Exziton. Diese Werte liegen ein wenig über den Literaturwerten von Chen [22] und Silveira [23]. Die Energien für die zuvor dargestellte m - plane AlN Probe sind ebenfalls in Diagramm 4.52 eingezeichnet, woraus ersichtlich wird, dass dies Probe nahezu unverspannt sein muss, was im Einklang mit den gemessenen Gitterkonstanten steht. Die Übergangsenergie des freien B - Exziton liegt hierbei nur wenige meV unter dem aus dem Fit ermittelten Wert für unverspanntes Material. Des Weiteren sind die Werte der beiden anderen Exzitonen etwas höher, wodurch von einer minimalen anisotropen Verspannung in der m - plane Probe ausgegangen

Tabelle 4.10: Kristallfeld -, Spin - Bahn - Aufspaltung und Deformationspotentiale von wz - AlN.

Referenz	Δ_{cr}(meV)	Δ_{so}(meV)	$\alpha_z^c - D_1$	$\alpha_t^c - D_2$	D_3	D_4
diese Arbeit (m-plane)	-226	14	-	-	-	-
diese Arbeit (c-plane)	-212	16	-6.9	-15.2	8.3	-4.15
Shimada [109]	-176	-	-	-	8.84	-3.92
Ikeda [24]	-152.4	-	-8.4	-15.6	8.19	-4.10
Chen [22]	-230	-	-	-	-	-
Wagner [19]	-244	-	-3.39	-11.81	9.42	-4.02

4 Messergebnisse und Auswertung

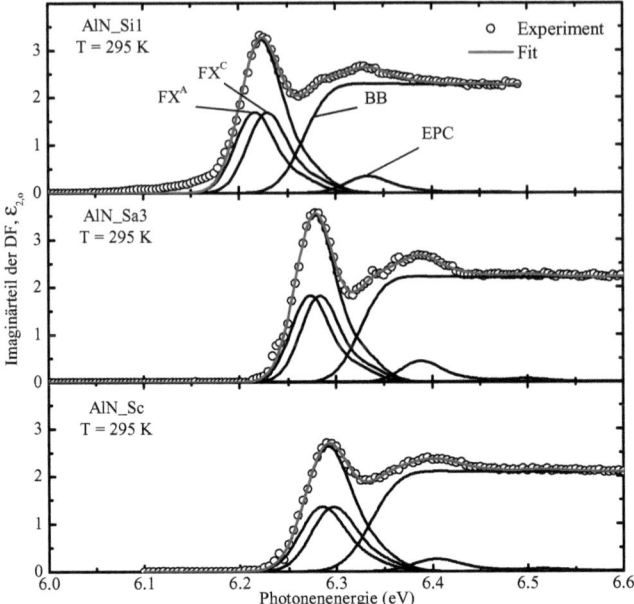

Abbildung 4.53: Imaginärteil der ordentlichen DF im Bereich der Bandkante der bei $T = 10\,\text{K}$ untersuchten c-plane AlN Schichten auf Silizium (oben), Saphir (Mitte) und Siliziumkarbid (unten). Die Modellierung mittels Bandkanten-, Exzitonen- und Elektron-Phonon-Absorption ist beispielhaft für die Probe auf Silizium gezeigt.

wird. Von Prinz et al. gefundene Werte in leicht tensil verspannten Proben [204] zeigen eine sehr gute Übereinstimmung mit den bestimmten Verläufen in Abbildung 4.52. In Tabelle 4.10 sind die berechneten Deformationspotentiale sowie die Kristallfeld- und Spin-Bahn-Aufspaltung im Vergleich zu Literaturdaten zusammengefasst. Dabei fällt auf das Δ_{cr} sehr stark schwankt aber sich die Tendenz zu einem Wert zwischen $-210\,\text{meV}$ und $-240\,\text{meV}$ abzeichnet. Demgegenüber zeigen die ermittelten Deformationspotentiale eine gute Übereinstimmung sowohl mit theoretischen als auch mit experimentellen Arbeiten.

Wie in Diagramm 4.51 zu sehen sind die Elektron-Phonon-Komplex für alle drei Proben bei Raumtemperatur nur sehr schlecht zu erkennen. Um diesen Anteil am Spektrum besser aufzulösen sowie die Temperaturverschiebung aller Strukturen zu untersuchen, wurden die Proben AlN_Si1, AlN_Sa2 und AlN_Sc bei tiefen Temperatur vermessen. Die experimentellen Daten sowie die Anpassung mittels Modell sind beispielhaft für die ordentliche DF in Abbildung 4.53 gezeigt. Für alle Proben ist die erwartete Verschiebung zu höheren Energien durch die abnehmende Temperatur zu

4.3 Hexagonale Nitride - Bandkante und Verspannung

Tabelle 4.11: Energielagen der Übergänge in wz-AlN bei Raumtemperatur und $T = 10\,\text{K}$

Probe	295 K		10 K	
	E_{bind} (meV)	E_{LO} (meV)	E_{bind} (meV)	E_{LO} (meV)
AlN_Si1	59	110	57	110
AlN_Si2	58	108	-	-
AlN_Sa1	59	102	-	-
AlN_Sa2	56	113	-	-
AlN_Sa3	59	110	58	110
AlN_Sc	57	112	57	112

erkennen. Des Weiteren nimmt die Verbreiterung aller Strukturen ab sowie deren Amplitude zu. Die Übergangsenergien der freien Exzitonen bei Heliumtemperatur betragen für die Probe auf 6H-SiC 6.109 eV, 6.285 eV und 6.295 eV. In Verbindung mit den Energielagen bei Raumtemperatur aus Tabelle 4.9 ergibt sich im Schnitt eine Temperaturverschiebung von 82 meV. Für die Probe auf Saphir (Silizium) liefert das Modell Energien von 6.074 eV (5.958 eV), 6.273 eV (6.216 eV) und 6.283 eV (6.229 eV), was einer Verschiebung von 85.7 meV nach Raumtemperatur gleichkommt. Dieser Unterschied zwischen den Proben ist auf Änderung der internen Verspannungszustände infolge verschiedener thermischer Ausdehnungskoeffizienten zurückzuführen. Im Mittel liegen die Werte in sehr guter Übereinstimmung mit Literaturwerten sowie den Daten für den untersuchten m-plane Kristall. Infolge der niedrigeren Temperatur in den Spektren von Diagramm 4.51 sind die EPC-Strukturen nun in beiden Komponenten wieder klar zu sehen. Die aus den Anpassungen der ordentlichen Spektren der einzelnen Proben ermittelten Exzitonen-Bindungsenergien und LO-Phononen-Energien sind in Tabelle 4.11 zusammengefasst. Hierbei ist erkennbar, dass die Werte für die Bindungsenergie der c-orientierten Schichten ein wenig über denen für den m-plane Kristall liegen. Diese Differenz kann wiederum auf kleine Unterschiede in den Verspannungszuständen zurückgeführt werden. Im Gegensatz dazu stimmten die Phononen-Energien sowohl für die polaren Proben als auch für die nicht-polare Probe sehr gut miteinander und den Literaturwerten überein.

4.3.3 AlGaN

Während im Kapitel 4.2.3 auf die Interbandübergänge im AlGaN System eingegangen wurde, liegt hier der Fokus auf dem Verhalten an der Bandkante. In Abbildung 4.54 ist die Verschiebung der ordentlichen Absorptionskante in Abhängigkeit von der Zusammensetzung zu sehen. Mit steigendem Al-Anteil erfährt die Absorption an der fundamentalen Bandkante eine deutliche Blauverschiebung. Hierbei sind die Bandkanten für alle untersuchten Proben relativ schmal, was auf eine gute Kristallqualität hinweist. Des Weiteren ist eine klare Anhebung des Plateaus ober-

4 Messergebnisse und Auswertung

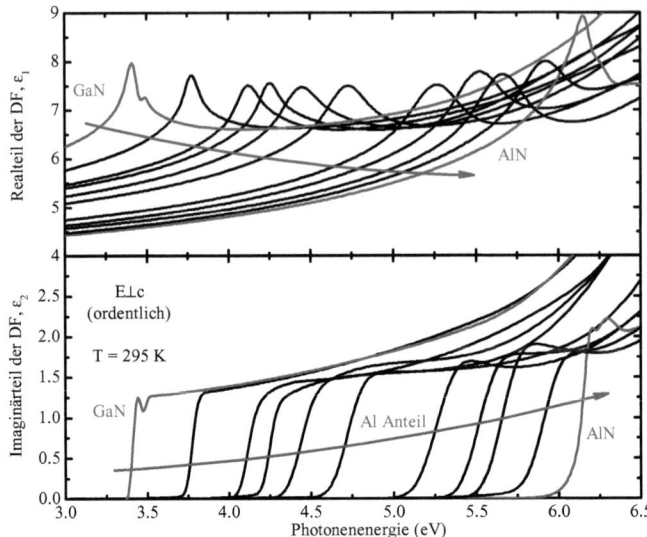

Abbildung 4.54: Real- (oben) und Imaginärteil (unten) der ordentlichen DF von wz-AlGaN Schichten auf Saphir-Substrat bei Raumtemperatur. Die Verschiebung der Absorptionskante mit der steigendem Al-Gehalt ist durch Pfeile gekennzeichnet.

halb der Bandlücke erkennbar. Die genaue Ursache dieses Verhaltens kann nicht endgültig geklärt werden, da mehrere Faktoren einen Einfluss auf den Verlauf der DF in diesem Bereich haben. Zum einen steigt laut Gleichung 2.6 die Höhe dieses Plateaus mit der Rydberg-Energie und damit der Exzitonenbindungsenergie an. Da AlN eine höhere Bindungsenergie als GaN besitzt, könnte dieses Verhalten erklärt werden. Wie im Kapitel über Interbandübergänge beschrieben kann durch eine Erhöhung der Dotierung der Exzitonen-Einfluss in Halbleitermaterialien abgeschirmt werden. Ferner sollte sich die Höhe dieser Struktur mit dem Einbau von Dotanden ändern. Da jedoch die Verbreiterung der Bandkantenabsorption neben der Kristallqualität auch von der Dotierung abhängt, wird auf Grund vergleichbarer Steigungen eine ähnliche Dotierung angenommen, so dass dieser Effekt vernachlässigt werden kann. Im Gegensatz dazu ist aus Gleichung 2.6 ebenfalls ersichtlich, dass der Verlauf der DF im Bandkantenbereich mit $1/E_g^2$ skaliert wird und somit beim AlN eine wesentlich stärkere Dämpfung auftritt. Welcher dieser beiden erwähnten Effekte überwiegt kann nicht abschließend geklärt werden. Es ist jedoch ein genereller Trend aus den Messungen klar zu erkennen.

Die typische Verschiebung der Absorptionskante beim Einbau von Aluminium ins GaN-Gitter ist auch im Realteil der DF zu erkennen. Obendrein ist eine Absenkung des niederenergetischen Ausläufers offensichtlich. Dieser Effekt wurde bereits bei kubischem Material beobachtet und kann

4.3 Hexagonale Nitride - Bandkante und Verspannung

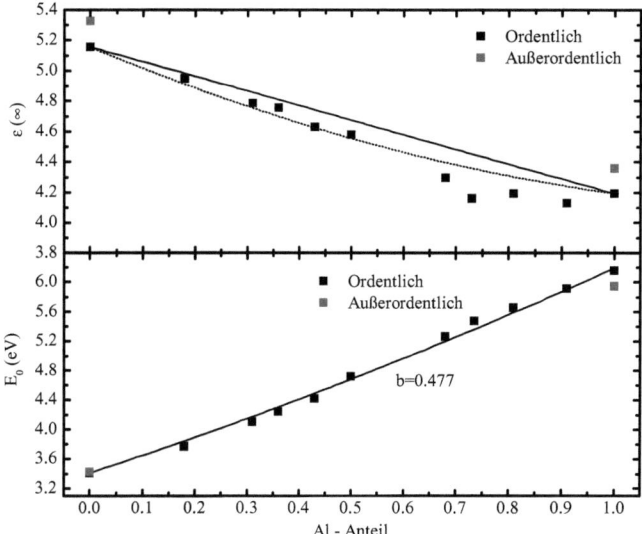

Abbildung 4.55: Verschiebung der Absorptionskante sowie der Hochfrequenz-Dielektirzitätszahl in hexagonalen AlGaN - Schichten mit der Zusammensetzung.

auf die Änderung der Packungsdichte zurückgeführt werden. Da die in der Abbildung gezeigten dielektrischen Funktionen mit einem isotropen Modell ausgewertet wurden können die Verläufe ein wenig von der ordentlichen Tensorkomponente abweichen. Infolge der geringen Schichtdicken war es nicht möglich eine Trennung der beiden Komponenten, wie für wz-AlN in Abschnitt 4.3.2 gezeigt, vorzunehmen. In Abbildung 4.55 sind die ermittelten Bandgap-Übergangsenergien sowie $\varepsilon(\infty)$ in Abhängigkeit des Al-Gehalts dargestellt. Für die Energien ergibt sich ein nahezu linearer Zusammenhang, so dass der festgestellte Bowing-Parameter mit -0.477 eV relativ klein ist. Es ist auffällig, dass die Energiepositionen für niedrige Al-Anteile unterhalb der Kurve liegen, während sie für Al-reiche erhöht sind. Ein Grund für diese Abweichungen könnten interne Verspannungen der AlGaN-Schichten auf Saphir-Substrat sein. Wie in den vorigen Abschnitten dargelegt wurde, haben solche Verzerrungen im Kristall erheblichen Einfluss auf die optischen Eigenschaften. Zur Berücksichtigung dieser Effekte müssten die Gitterkonstanten der untersuchten Schicht sowie die unverspannten Referenzwerte bekannt sein. Da die Gleichgewichts-Gitterparameter für ternäre Systeme bis jetzt nur aus den binären interpoliert werden können, sind diese Angaben mit einem relativ großen Fehler behaftet. Des Weiteren müssen zur Bestimmung des Verspannugseinflusses die Deformationspotentiale der AlGaN-Kristalle für alle Zusammensetzungen bekannt sein. Da alle diese Parameter durch reine Interpolation mit Fehlern behaftet sind, kann keine exakte Aussage über die Verspannung in den einzelnen Schichten gemacht werden. Auch die große Diskrepanz in

4 Messergebnisse und Auswertung

Tabelle 4.12: Statische Dielektrizitätszahl der ordentlichen und außerordentlichen DF für GaN und AlN

GaN			AlN		
$\varepsilon_o(\infty)$	$\varepsilon_{eo}(\infty)$	Referenz	$\varepsilon_o(\infty)$	$\varepsilon_{eo}(\infty)$	Referenz
5.16	5.33	diese Arbeit	4.19	4.36	diese Arbeit
5.14	5.31	[164]	4.13	4.27	[164]
5.14	5.13	[217, 218]	4.14	4.32	[219]
5.21	5.41	[220]	4.05	4.19	[221]

den Literaturwerten [216] für den Bowing-Parameter ($-0.8\,\text{eV}$ - $2.6\,\text{eV}$) an der Bandkante zeigt, dass ohne Berücksichtigung solcher Effekte keine konkrete Aussage getroffen werden kann. Des Weiteren haben Dotierung, Kristallqualität sowie interne elektrische Felder großen Einfluss auf die Energieposition der Bandkante.

Im oberen Teil von Abbildung 4.55 ist die Verschiebung der Hochfrequenz Dielektrizitätszahl mit steigendem Al-Anteil dargestellt. Hierbei wurden die DF im Transparenzbereich mit dem bereits im Kapitel über kubische Nitride verwendeten Modell angepasst. Auffällig ist, dass die Werte für niedrige Al-Anteile gut in den berechneten Verlauf passen, während die Al - reichen Proben relativ stark streuen und tendenziell unterhalb der Kurve liegen. Wie jedoch für kubische Nitride gezeigt wurde kann es durchaus zu einem solchen nichtlinearen Verlauf kommen. Eine Modellierung, wie für Zinkblende Material gezeigt, für AlGaN Schichten mit beliebiger Zusammensetzung ist im hexagonalem System auf Grund der Anisotropie schwierig. Für die binären Verbindungen sind die Ergebnisse sowohl für ordentliche als auch außerordentliche DF im Vergleich mit Literaturwerten in Tabelle 4.12 zusammengefasst. Der Vergleich zeigt, dass die hier mittels spektroskopischer Ellipsometrie ermittelten Werte im Bereich früherer Messungen sowie der Theorie liegen.

5 Zusammenfassung und Ausblick

Im Rahmen dieser Arbeit wurden die optischen - bzw. dielektrischen Eigenschaften von GaN und AlN über einen sehr großen Spektralbereich ermittelt und dargestellt. Das Hauptaugenmerk lag dabei auf der Bestimmung einer lückenlosen dielektrischen Funktion im Energiebereich der elektronischen Anregungen. Durch die Analyse der gemessenen Spektren innerhalb eines geeigneten Modells wurden Referenzspektren sowohl für kubisches als auch hexagonales GaN und AlN im genannten Bereich gewonnen. Eine ausführlich Interpretation der spektralen Abhängigkeiten aller Spektren war der Hauptteil dieser Arbeit. Hierbei wurden die verschiedenen Absorptionsstrukturen bestimmten kritischen Punkten der Bandstruktur zugeordnet. Energieverschiebungen der einzelnen Resonanzen beim Übergang von GaN zu AlN wurden dabei ebenso diskutiert wie der steigende Einfluss der Coulomb - Wechselwirkung. Durch die detaillierte Auswertung des Bandkantenbereichs von wz - AlN konnten Übergangsenergien für unverspanntes Material sowie deren Abhängigkeiten von Verzerrungen bestimmt werden.

Auf Grund der in letzter Zeit enorm gesteigerten Kristallqualität sind die zu Beginn der Auswertung gezeigten kubischen Nitride von besonders großem Interesse. Zum ersten Mal war es möglich die DF von zb - GaN und zb - AlN im gesamten Bereich der Interbandübergänge zu bestimmen. Dabei zeigen sich einige sehr interessante Unterschiede. Auf Grund fehlender d - Elektronen im Aluminium sowie geänderter Gitterabstände kommt es zu einer spezifischen Änderung der elektronischen Bandstruktur zwischen GaN und AlN. Diese Veränderungen spiegeln sich direkt in den dielektrischen Funktionen wider. Während der Bandabstand am X - Punkt nahezu identisch ist gehen die Bänder an Γ - und L - Punkt auseinander. Die Folge davon ist eine indirekte Bandlücke im zb - AlN im Gegensatz zu zb - GaN. Dieser von der Theorie schon lange vorhergesagte indirekter Übergang konnte in den hier gezeigten Messungen bestätigt werden. Die unterschiedliche Verschiebung der Bänder äußert sich zudem in einer energetischen Vertauschung der beiden Interbandübergänge E_1 und E_2 am X - und L - Punkt der BZ. Für zb - GaN erscheint E_1 als niederenergetische Schulter nahe E_2 während für zb - AlN eine Verlagerung zu wesentlich höheren Energien zu beobachten ist. Die anschließende Analyse von kubischen AlGaN Schichten konnte diesen Trend eindeutig bestätigen. Mit steigendem Al - Gehalt zeigt sich eine leichte Rotverschiebung der E_1 - Absorption, gleichzeitig schiebt E_2 stark ins Blaue. Im Bereich oberhalb von $10\,eV$ konnten erstmals zwei klare Strukturen für zb - GaN detektiert werden. Demgegenüber zeigt zb - AlN in diesem Spektralbereich drei Absorptionsbanden. Durch einen Vergleich mit den eigens berechneten Bandstrukturen sowie den Messungen an AlGaN - Schichten konnten diesen Strukturen Übergänge am L -, X -, und Γ - Punkt zugeordnet werden. Hierbei erfolgt die Absorption

5 Zusammenfassung und Ausblick

nun in weiter oben liegende Leitungsbänder. Ein abschließender Vergleich der hier ermittelten dielektrischen Funktionen mit theoretischen Arbeiten aus der Literatur zeigt eine exzellente Übereinstimmung. Darüber hinaus konnte aus diesem Vergleich der zuvor vermutete klare Anstieg des Exzitonen-Einfluss im AlN gegenüber GaN nachgewiesen werden.

Infolge des Mangels an hexagonalen AlN Proben mit nichtpolaren Oberflächen war es bisher nicht möglich die anisotrope DF dieses Materials zu bestimmen. Innerhalb der hier präsentierten Untersuchungen an einer m-plane AlN Probe konnten beide Tensorkomponenten der DF für Wurtzit AlN im Spektralbereich zwischen 1 eV und 20 eV bestimmt werden. Darüber hinaus wurde erstmalig eine geschlossene anisotrope DF von wz-GaN im erwähnten Bereich vorgestellt. Infolgedessen war es möglich frühere Messungen zu bestätigen und auch teilweise zu korrigieren. Ferner dienten diese Ergebnisse der Interpretation der DF von wz-AlN. Die bereits im kubischen System gefunden unterschiedlichen dielektrischen Eigenschaften von GaN und AlN, welche mit Änderungen der Bandstruktur verknüpft sind, konnten erneut gezeigt werden. Im Gegensatz zu zb-AlN reicht im hexagonalen System die Verschiebung der Bänder am X-Punkt jedoch nicht aus um eine indirekte Absorption hervorzurufen. Diesbezüglich offenbaren sowohl die ordentliche als auch die außerordentliche DF starke direkte Absorptionskanten. Alle detektierten Interbandabsorptionen zeigen ebenso wie in kubischen Kristallen eine charakteristische Verschiebung die durch Messungen an wz-AlGaN bestätigt wurde. Eine Zuordnung der einzelnen Banden zu Übergängen an kritischen Punkten der Bandstruktur ist nur bis 10 eV möglich. Oberhalb zeigt sich eine Superposition sehr vieler Übergänge, sodass eine Interpretation fast unmöglich ist.

Ein weiterer Schwerpunkt dieser Arbeit ist die optische Charakterisierung des Bandkantenbereichs in wz-AlN und ihr Vergleich mit wz-GaN. Die optischen Eigenschaften von hexagonalen Halbleitern am Γ-Punkt der BZ sind im wesentlichen abhängig von der Spin-Bahn- und Kristallfeld-Aufspaltung. Zu Beginn wird der Einfluss dieser Parameter auf die Bandordnung sowie die Auswahlregeln innerhalb der kp-Methode theoretische betrachtet. Hierbei geht man davon aus, dass wz-AlN eine große "negative Kristallfeld-Aufspaltung" besitzt, während sie für wz-GaN leicht positiv ist. Infolge der unterschiedlichen Vorzeichen erfolgt eine Vertauschung der beiden obersten Valenzbänder in der BZ Mitte. Da nicht nur die Bandlagen sondern auch die Oszillatorstärken von diesen Parametern abhängig sind, kommt es zu einer Änderung der optischen Auswahlregeln. Hinsichtlich dieses Effekts kann der kleinste Bandabstand für wz-AlN nur mit Licht welches parallel zu optischen Achse polarisiert ist, angeregt werden. Im wz-GaN hingegen muss die Polarisation senkrecht zur c-Achse stehen. Dieses theoretisch bestimmte Verhalten wurde in den hier ermittelten DF für wz-AlN nun gezeigt. In der außerordentlichen ($E \parallel c$) Komponente der DF liegt die Absorptionskante energetisch wesentlich tiefer als in der ordentlichen ($E \perp c$). Für die Übergangsenergien der freien Exzitonen bei Raumtemperatur ergaben sich somit $5.966\,\text{eV}$ für FX^B sowie $6.187\,\text{eV}$ und $6.1965\,\text{eV}$ für FX^A und FX^C. Eine Analyse der Gitterkonstanten der untersuchten Probe mittels Röntgenbeugung zeigte einen nahezu verspannungsfreien wz-AlN Kristall. Bezüglich dieser Information können die ermittelten Exzitonen-Übergangsenergien als Referenzwerte für unverspanntes hexagonales AlN bei Raumtemperatur angesehen werden. Aus den bestimmten Energiepositionen lassen sich nun die materialspezifischen Parameter der Spin-Bahn- und Kristallfeld-Aufspaltung berechnen. Dabei ergibt sich $\Delta_{cr} = -226$ meV und $\Delta_{so} = 14$ meV, was in guter Übereinstimmung mit Literaturwerten ist. Auf Grund der Wechselwirkung von Exzitonen mit Phononen in ionischen Materialien zeigen beide Komponenten der dielektrische Funktion oberhalb der Bandkante ein zusätzliche Struktur. Dieser Elektron-Phonon-Komplex kann hierbei auch mehrfach auftreten, wobei der Abstand zwischen den einzelnen konstant ist. Eine Analyse der Energieposition dieser Banden ergab einen energetischen Abstand zum Exziton von ungefähr 110 meV, was in exzellenter Übereinstimmung mit Phononen-Frequenzen aus Raman-Messungen ist. Um diese Ergebnisse zu untermauern und besser mit früheren Untersuchungen vergleichen zu können, wurden temperaturabhängige Messungen der anisotropen Bandkanten-DF von wz-AlN durchgeführt. Aus den Übergangsenergien der freien Exzitonen bei $T = 15$ K von 6.0465 eV, 6.2694 eV und 6.2775 eV für B-, A- und C-Übergang ergeben sich Temperaturverschiebungen von etwa 80 meV. Alle anderen Parameter wie Spin-Bahn- und Kristallfeld-Aufspaltung ändern sich mit sinkender Temperatur nur minimal, was eine weitere Bestätigung für einen unverspannten Kristall ist.

Der Einfluss von Verspannungen auf die optischen Eigenschaften von GaN und AlN nimmt einen weiteren großen Teil dieser Arbeit ein. Im Rahmen der k·p-Störungsrechnung wurden die Auswirkungen von Verzerrungen auf Bandpositionen sowie optische Auswahlregeln zunächst theoretisch bestimmt und anschließend diskutiert. Der anschließende Vergleich mit experimentell ermittelten Gitterkonstanten sowie Energiepositionen von a- und c-orientierten Proben ermöglichte die Berechnung der Deformationspotentiale von wz-GaN und wz-AlN. Ferner wurden mit Hilfe dieser materialspezifischen Parameter die Übergangsenergien und damit Δ_{cr} und Δ_{so} für unverspanntes Material abgeschätzt. Für wz-AlN ergibt sich hierbei eine gute Übereinstimmung mit den Messungen an der m-plane Probe.

Ein weiterer Abschnitt dieser Arbeit beschäftigt sich mit der Frage nach der Dispersion von GaN und AlN im Transparenzbereich unterhalb der fundamentalen Absorptionskante. Aus der Analyse dieses Spektralbereichs ist es gelungen die (anisotrope) Hochfrequenz-Dielektirzitätszahlen für zb-AlN, zb-GaN, wz-GaN und wz-AlN zu bestimmen. Außerdem war es möglich ein Modell zur Berechnung des Verlaufs des Realteil der DF in diesem Bereich für kubische AlGaN-Kristalle beliebiger Zusammensetzung zu entwickeln. Die gemessene DF verschiedener Proben decken sich mit diesem Modell. Für hexagonale Kristalle ist die Entwicklung eines solchen Modells auf Grund der Anisotropie jedoch wesentlich schwieriger.

Da die Kristallqualität von nichtpolaren wz-AlN Proben in letzter Zeit stark verbessert werden konnte, sollte die Untersuchung der Bandkanten-Exzitonen bei tiefen Temperaturen in zukünftigen Messungen weitergeführt werden. Auf Grund der hohen Exzitonenbindungsenergie sowie den speziellen Auswahlregeln ist es möglich, einen einzelnen unabhängigen Exzitonenübergang zu beobachten. Der Vorteil hierbei ist, dass es zu keinerlei Überlagerung oder Wechselwirkung dieser Absorption mit anderen kommt. Hinsichtlich dieser günstigen Umstände können grundlegende Exzitoneneffekte sehr gut beobachtet und später auf komplexere Systeme wie GaN oder

5 Zusammenfassung und Ausblick

ZnO angewendet werden. Gelingt es in der nächsten Zeit die Kristallqualität von kubischen Al-GaN - Schichte mit mittleren Zusammensetzungen zu erhöhen, ist eine genaue Bestimmung des Übergangs vom direkten zum indirekten Halbleiter möglich. Durch eine Analyse der Kernübergänge in solchen Mischkristallen könnte man die Verschiebung von Leitungs - und Valenzbändern voneinander trennen, was zusätzliche Informationen über Bandlagen an bestimmten Punkten der BZ bringt.

Abschließend lässt sich sagen, dass sowohl mit den hier gezeigten Untersuchungen als auch den genannten Vorarbeiten die dielektrischen Eigenschaften des AlGaN - Materialsystem weitestgehend bekannt sind.

A Ionen- und Orientierungspolarisation

Ionische Polarisation

In ionischen Kristallen gibt es neben der elektrischen eine weitere, als Anregung optischer Phononen des Gitters bezeichnete, Art der Polarisation, die durch die Schwingung der verschiedenen Ionen gegeneinander hervorgerufen wird. Im Weiteren wird von einer zweiatomigen Basis mit Ionen der Massen M_1 und M_2 an den Koordinaten x_1 und x_2 ausgegangen. Hierbei sind die Abstände zwischen Ionen gleicher Ladung q stets konstant. Durch die Gitterschwingungen wird ein zeitabhängiges lokales elektrisches Feld E_{lokal} erzeugt. Dies hat eine zusätzliche rücktreibende Kraft, beschrieben durch die Kraftkonstante f, zur Folge. Im einfachsten Fall einer eindimensionalen Bewegung für $\vec{k} = 0$ ergeben sich folgende Bewegungsgleichungen:

$$M_1 \frac{d^2 x_1}{dt^2} = -2f(x_1 - x_2) + qE_{lokal} \tag{A.1a}$$

$$M_2 \frac{d^2 x_2}{dt^2} = +2f(x_1 - x_2) - qE_{lokal}. \tag{A.1b}$$

Hierbei beschreibt $\pm qE$ die zusätzliche Rückstellkraft. Durch die Einführung der relativen Koordinate $x = x_1 - x_2$, der reduzierten Masse $\mu = M_1 M_2/(M_1 + M_2)$ sowie der Resonanzfrequenz neutraler Gitteratome $\omega_0^2 = f/\mu$ folgt für die Relativbewegung des Zweikörperproblems:

$$\mu \frac{d^2 x}{dt^2} + \mu \omega_0^2 x = qE_{lokal}. \tag{A.2}$$

Diese Differentialgleichung beschreibt einen getriebenen harmonischen Oszillator ohne Dämpfung dessen Lösungen die gleichen sind wie beim oben gezeigten Lorentz Oszillator-Modell (el. Polarisation). Nun setzt sich die Gesamtpolarisation P aus der elektronischen sowie der ionischen Polarisation zusammen:

$$P = P_{el} + P_{ion} \tag{A.3}$$

$$= N\varepsilon_0 \alpha_{el} E_{lokal} + Nqx. \tag{A.4}$$

Es wird zwischen longitudinal- (LO) und transversal optischen (TO) Wellen unterschieden. Dabei sind die Entelektrisierungsfelder unterschiedlich, was zu einem unterschiedlichen Resonanzverhalten führt. Bei longitudinalen optischen Wellen stehen die polarisierten Netzebenen senkrecht zur Polarisation $\vec{P}$, womit sich für das lokale Feld

$$E_{lokal} = -\frac{2}{3\varepsilon_0} P = \frac{-\frac{2}{3\varepsilon_0} Nqx}{1 + \frac{2}{3} N\alpha_{el}} \tag{A.5}$$

A Ionen- und Orientierungspolarisation

ergibt. Für die ionische Polarisierbarkeit gilt dann

$$\alpha_{ion} = \frac{qx}{\epsilon_0 E_{lokal}}. \tag{A.6}$$

Mit $\omega = 0$ und $\dot{x} = \ddot{x} = 0$ ergibt sich für die statische Auslenkung bzw. ionische Polarisierbarkeit

$$x_{stat} = \frac{qE_{lokal}}{\mu\omega_0^2} \tag{A.7}$$

$$\alpha_{ion}(0) = \frac{qx_{stat}}{\epsilon_0 E_{lokal}} = \frac{q^2}{\epsilon_0\mu\omega_0^2}. \tag{A.8}$$

Daraus folgt für das lokale Feld:

$$E_{lokal}(0) = -\frac{\mu\omega_0^2}{q}\frac{2/3N\alpha_{ion}(0)}{1 + 2/3N\alpha_{el}}x. \tag{A.9}$$

Durch einsetzen in die Bewegungsgleichung lässt sich für die Resonanzfrequenz der longitudinale optischen Schwingungen nachstehende Beziehung finden:

$$\omega_L = \omega_0\sqrt{1 + \frac{2/3N\alpha_{ion}(0)}{1 + 2/3N\alpha_{el}}}. \tag{A.10}$$

Bei transversal optischen Wellen liegt die Polarisation parallel zu den Netzebenen, wodurch der Entelektrisierungsfaktor N aus Gleichung 2.6 gleich null wird und sich für das lokale Feld $E_{lokal} = P/(3\epsilon_0)$ ergibt. Analog zur Berechnung für LO Wellen folgt für die transversale Resonanzfrequenz

$$\omega_T = \omega_0\sqrt{1 - \frac{1/3N\alpha_{ion}(0)}{1 - 1/3N\alpha_{el}}}. \tag{A.11}$$

Aus der Bildung des Quotienten ω_L^2/ω_T^2 resultiert die Lyddane-Sachs-Teller-Relation:

$$\frac{\omega_L^2}{\omega_T^2} = \frac{\epsilon(0)}{\epsilon(\omega_s)}. \tag{A.12}$$

Reale DF zeigen, dass Absorptionsstrukturen im Infraroten, denen Schwingungen des Kristalls zugeordnet werden, sehr gut durch einen Harmonischen Oszillator wiedergegeben werden. Im Gegensatz dazu sehen die elektronischen Übergänge, die im allgemeinen im sichtbaren bis UV Bereich liegen, nur annähernd wie Oszillatoren aus. Der Grund hierfür ist, dass die Dispersion $E(\vec{k})$, und damit die Zustandsdichte, einen großen Einfluss auf die Gestalt der Absorptionsstruktur hat. Da Schwingungszustände nur eine kleine Dispersion zeigen, kann man hier von nahezu diskreten Zustände sprechen während die Dispersion bei optischen Übergängen wesentlich größer ist und somit die DF stark beeinflusst. Dieser Sachverhalt wird im Weiteren (Abschnitt 2.1.2) noch näher erläutert.

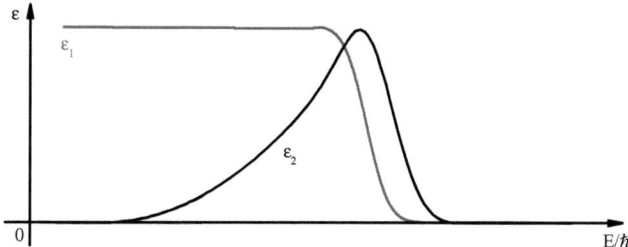

Abbildung A.1: Frequenzverlauf der dielektrischen Funktion im Absorptionsbereich der Permanentdipole.

Orientierungspolarisation

Besitzt der Kristall zusätzlich permanente elektrische Dipole so richten sich diese im äußeren elektrischen Feld aus. Diese Ausrichtung geschieht gegen die internen Gitterkräfte. Ist die zur Ausrichtung der N_v Dipole nötige Energie klein gegen die thermische Energie (i.a. bei hohen Temperaturen), so folgt die Suszeptibilität einem Curie-Gesetz

$$\chi_{dip}(0) = N_v \frac{p_{pid}^2}{3\varepsilon_0 k_B T} = \frac{C}{T} \qquad (A.13)$$

mit der Curie-Konstante C und dem permanenten Dipolmoment p_{dip}. In einem elektrischen Wechselfeld nimmt χ_{dip} mit wachsender Frequenz ω ab. Dies liegt daran das zur Umorientierung der Permanentdipole eine bestimmte Zeit, die sog. Relaxationszeit τ benötigt wird. Da zur Neuorientierung der Dipole, aus thermischer Energie aufgebrachte, Arbeit gegen die Gitterkräfte geleistet werden muss sinkt die Relaxationszeit mit steigender Temperatur. Zur Beschreibung diese Relaxationsprozess kann folgende Gleichung verwendet werden:

$$\frac{d\vec{P}_{dip}(\omega)}{dt} = \frac{\vec{P}_{dip}(0)e^{-i\omega t} - \vec{P}_{dip}(\omega)}{\tau} \qquad (A.14)$$

Hierbei beschreibt $\vec{P}_{dip}(0)$ die statische Dipolpolarisation (DP) und $\vec{P}_{dip}(0)e^{-i\omega t}$ der Wert der DP in einem Wechselfeld der Frequenz ω mit einer verschwindenden Relaxationszeit. Auf Grund der Verzögerung durch die Relaxationszeit haben $\vec{P}_{dip}(0)$ und $\vec{P}_{dip}(\omega)$ eine Phasenverschiebung die durch die Einführung einer komplexen Suszeptibilität $\chi_{dip}(\omega)$ beachtet wird. Den Ausführungen in Ref. [222] folgend erhält man schließlich für den Real- und Imaginärteil von $\chi_{dip}(\omega)$ die *Debyeschen Formeln*

$$\text{Re}(\chi_{dip}(\omega)) = \frac{1}{1+\omega^2\tau^2}\chi_{dip}(0) \qquad (A.15a)$$

$$\text{Im}(\chi_{dip}(\omega)) = \frac{\omega\tau}{1+\omega^2\tau^2}\chi_{dip}(0) \qquad (A.15b)$$

A Ionen - und Orientierungspolarisation

Über Gleichung 2.2 besteht nun ein direkter Zusammenhang zur DF. Ein typischer Verlauf der DF im Absorptionsbereich der Permanentdipole (Megahertz-Bereich) ist Abbildung A.1 dargestellt. Für sehr niedrige Frequenzen ($\omega \ll 1/\tau$) geht $\text{Re}(\chi_{dip}(\omega)/\chi_{dip}(0))$ gegen eins was bedeuten, dass die permanenten Dipole dem elektrischen Wechselfeld folgen könne und es zu keiner Phasenverschiebung kommt. Der Imaginärteil wird in diesem Fall null, wodurch keinerlei dielektrische Verluste auftreten. Mit steigender Frequenz nimmt $\text{Re}(\chi_{dip}(\omega)/\chi_{dip}(0))$ immer weiter ab während $\text{Im}(\chi_{dip}(\omega)/\chi_{dip}(0))$ zunimmt. Bei $\omega = 1/\tau$ sind die Verluste maximal. Steigt die Frequenz weit über $1/\tau$ werden sowohl Real- als auch Imaginärteil null. Hier können die Dipole dem sehr schnell wechselnde Feld nicht mehr folgen wodurch keine Verluste entstehen.

B Kalibrierung des Bessy-Ellipsometers

Auf Grund der Vorpolarisation durch die Beamline ist die Lage der Polarisationsebene festgelegt. Bei normalen Labor-Ellipsometern wird die Polarisation in Bezug auf die Einfallsebene durch eine einfache Drehung des Eingangspolarisator geändert. Für ellipsometrische Messungen bietet sich ein Winkel von $\chi = 45°$ zwischen beiden Ebenen an, während zum Kalibrieren der Geräte Winkel nahe null benötigt werden. Da durch die festgelegte Polarisation beim Bessy-Ellipsometer eine Rotation des Polarisators ausscheidet, muss die gesamte Kammer um Achse des einfallenden Lichts gedreht werden. Dabei ist es nötig beim Justieren der Apparatur die Ausbreitungsrichtung des Lichts mit der Drehachse der Anlage in Einklang zu bringen. Der Mechanische Aufbau des Ellipsometers ermöglicht einen maximalen Rotationswinkel von $\chi = 20°$, was im Nachhinein bei den Berechnungen der ellipsometrischen Parameter berücksichtigt werden muss. Zur Bestimmung dieser Parameter aus den gemessenen Fourier-Koeffizienten ist eine Kalibrierung des Systems vor der Messung einer Probe notwendig. Dabei wird für jede neue Justage der Azimut χ_0 der Polarisationsebene sowie der Azimut des Analysators α_0 bestimmt. α_0 ist hierbei der Winkel zwischen Einfalls- und Polarisationsebene des Analysators im Moment des Referenzpulses und χ_0 der Winkel zwischen Polarisationsebene des Lichtes und der Nullposition des Ellipsometers ($\chi_T = 0$). Da für jede Probe eine neue Justage durchgeführt wird, ändert sich die Richtung der normalen auf der Probenoberfläche und somit diese beiden Winkel. Der Momentane Schwenkwinkel des Ellipsometers χ_T wird mit Hilfe eines elektronischen Winkelmessers bestimmt. Da außerhalb der Analysatorkammer eine Elektronik zur Verarbeitung der Signale angebracht ist, muss die dadurch hervorgerufene Dämpfung η zur Rückrechnung bekannt sein. Ist χ_0 bekannt, so kann aus einem beliebigen Schwenkwinkel χ_T über die Beziehung $\chi = \chi_T - \chi_0$ die tatsächliche Verkippung zwischen Einfalls- und Polarisationsebene berechnet werden. Der Nullpunkt des Analysator-Azimut liegt in der Einfallsebene. Im allgemeinen ist $\alpha_0 \neq 0$, wodurch der Referenzpuls nicht mit dem Moment zusammenfällt, wenn die Einfallsebene und die Polarisationsebene des Analysators parallel sind. Somit ergibt sich für die gemessenen Fourierkoeffizienten

$$c_2 = \eta(c'_2 \cos 2\alpha + s'_2 \sin 2\alpha)$$
$$s_2 = \eta(s'_2 \cos 2\alpha - c'_2 \sin 2\alpha).$$

(B.1)

Liegt die Polarisation des einfallenden Lichtes parallel oder senkrecht zur Einfallsebene einer nicht depolarisierenden Oberfläche so bleibt die lineare Polarisation nach der Reflexion erhalten. Den Grad der linearen Polarisierung beschreibt das Residuum

$$R(\chi_T) = 1 - (c'^2_2(\chi_T) + s'^2_2(\chi_T)).$$

(B.2)

B Kalibrierung des Bessy-Ellipsometers

Geht man von einer idealen linearen Polarisation des einfallenden Lichtes aus, ist das reflektierte Licht für $\chi_T = \chi_0$ wieder linear polarisiert, da hier Einfalls- und Polarisationsebene zusammenfallen. In der Umgebung dieses Punktes kann das Residuum als eine Parabel angenähert werden. Zur Kalibrierung werden nun für verschiedene Winkel zwischen Einfalls- und Polarisationsebene die Fourierkoeffizienten c'_2 und s'_2 und somit das Residuum bei einer konstanten Photonenenergie gemessen. Im Anschluss wird aus der ermittelten Parabel analytisch das Minimum und somit χ_T bestimmt. Der Azimut des Analysators (α_0) ist bei $\chi_T = \chi_0$ gegeben durch:

$$\alpha_0 = \frac{1}{2} \arctan \frac{s'_2}{c'_2}. \tag{B.3}$$

Im Minimum der Parabel ($\chi_T = \chi_0$) ist das reflektierte Licht linear in der Einfallsebene polarisiert, woraus $s_2 = 0$, $c_2 = 1$ folgt. Generell ist jedoch das modulierte Signal gedämpft, woraus $c_2 < 1$ folgt und man den Dämpfungsfaktor berechnen kann.

$$\eta = \frac{1}{c_2} = \frac{1}{\sqrt{1 - R(\chi_0)}} \tag{B.4}$$

Ist, wie im Bereich oberhalb von $10\,\text{eV}$, keine ideale lineare Polarisation gegeben, muss bei der Kalibrierung der Polarisationsgrad, die Elliptizität des einfallenden Lichtes sowie das Polarisationsvermögen des Analysators berücksichtigt werden.

C Dichtefunktionaltheorie

Austausch-Korrelation-Potential

I. Lokale-Dichte-Näherung (LDA)

Die einfachste Näherung des Austausch-Korrelation-Funktional sind nur Funktionale der Elektronendichte.

$$E_{XC}^{LDA}[\rho]$$

Diese Funktionale verwenden eine lokale Dichtenäherung, die auf der Austausch-Korrelations-Energie pro Teilchen und Volumen eines homogenen Elektronengases beruht, und werden deshalb LDA (Local density approximation) genannt. Das Austausch-Korrelation-Funktional ist somit ein lokales Funktional und ergibt sich zu:

$$E_{XC}^{LDA} = \int \rho(\mathbf{r})\epsilon_{XC}(\rho(\mathbf{r}))d^3\mathbf{r} \tag{C.1}$$

$$v_{XC}^{LDA}(\mathbf{r}) = \frac{\partial E_{XC}^{LDA}}{\partial \rho(\mathbf{r})} = \epsilon_{XC}(\rho(\mathbf{r})) + \rho(\mathbf{r})\frac{\partial \epsilon_{XC}(\rho(\mathbf{r}))}{\partial \rho(\mathbf{r})}). \tag{C.2}$$

$\epsilon_{XC}(\rho(\mathbf{r}))$ ist hierbei der Austausch-Korrelationsterm des homogenen Elektronengas. Während die Austausch-Energie über die Thomas-Fermi-Dirac-Theorie (TDF) für homogene Dichten berechnet werden kann gibt es für den Korrelationsterm keine einfache analytische Form. Aus diesem Grund ist man hier auf Quanten-Monte-Carlo-Rechnungen oder ähnliches angewiesen. Für homogene Elektronendichten wird das Austausch-Korrelation-Funktional innerhalb der LDA exakt behandelt. Darüber hinaus werden für Systeme mit langsam veränderlichen Elektronendichten, wie Metallen der ersten Hauptgruppe, sehr gute Ergebnisse erzielt. Für andere Systeme kann sie trotzdem sehr gute Resultate liefern da bei hohen Elektronendichten die kinetische Energie des Systems groß im Vergleich zur Austausch-Korrelation-Energie ist. Der daraus resultierende Fehler wird somit sehr klein [86]. Bindungslängen und -winkel werden innerhalb der LDA sehr genau bestimmt, hingegen liegt ein deutlicher Schwachpunkt in der Überschätzung der Korrelationsenergie, die zu einer größeren Bindungsenergie und z.B. kleineren Bandlücken führt [223].

II. Lokale-Spindichte-Näherung (LSDA)

Da die Kohn-Sham-Gleichungen den Spin nicht als Parameter enthalten muss man die gesamte Elektronendichte aus den Anteilen für beide Spins berechnen:

$$\rho(\mathbf{r}) = \rho_\downarrow(\mathbf{r}) + \rho_\uparrow(\mathbf{r}). \tag{C.3}$$

C Dichtefunktionaltheorie

Insbesondere für offenschalige (open-shell) Systeme erhält man unter Berücksichtigung des Spins besser Ergebnisse. Die Energiedichte hängt somit explizit von der spin-klassifizierten Elektronendichte ab:

$$E_{XC}^{LDA}[\rho_\downarrow, \rho_\uparrow] = \int \rho(\mathbf{r}) \epsilon_{XC}(\rho_\downarrow(\mathbf{r}), \rho_\uparrow(\mathbf{r})) d^3\mathbf{r}. \tag{C.4}$$

III. Gradientenkorrektur (GGA)

Diese Funktionale berücksichtigen neben der Dichte eines inhomogenen Elektronengases auch den Gradienten am Ort **r** [224–227]

$$E_{XC}^{GGA}[\rho, \nabla \rho].$$

Bindungsenergien werden in dieser Näherung mit deutlich höherer Genauigkeit berechnet als in der LDA. Ein weithin anerkanntes gradientenkorrigiertes Funktional entsteht aus der Kombination des Austausch-Funktional nach Becke [225] und dem Korrelations-Funktional nach Lee, Yang und Parr [226]. Es wird in der Literatur nach den Anfangsbuchstaben der Autoren als BLYP bezeichnet und behebt viele Schwächen der LDA-Näherung. Ferner gibt es noch weitere Funktionale wie PBE (Perdew, Burke, Ernzerhof) [228] die eine parameterfreie Beschreibung von Austausch und Korrelation darstellen.

Im Laufe der Zeit wurden eine ganze Reihe von Ansätze benutzt um das Austausch-Korrelations-Potential besser anzunähern. Hierzu zählt der Ansatz der Hybridfunktionale, welche eine Mischung aus Hartree-Fock-Austausch (HF) und DFT-Korrelation darstellen. So hat beispielsweise das Hybridfunktional B3LYP etwa 20% HF-Anteil. Der Erfolg dieser Hybridmethode beruht oft auf einer Fehlerkompensation. Innerhalb der DFT-Methode werden bestimmte Effekte überschätzt während sie in der HF-Methode zu klein ausfallen. Die Mischung beider Methoden liefert deshalb oft bessere Ergebnisse.

Eine weitere Methode zur Verbesserung der Ergebnisse stellt die Selbstwechselwirkungskorrektur dar, auf die hier aber nicht weiter eingegangen wird.

Pseudopotentiale

Die Anwendbarkeit der Pseudopotentialmethode beruht darauf das fast ausschließlich Valenzelektronen für chemische Bindungen und den damit verbundenen elektrooptischen Eigenschaften verantwortlich sind. Dagegen ist der Beitrag von Rumpfelektronen sehr klein und kann vernachlässigt werden. Für Metalle und Halbleiter ist diese Tatsache besonders ausgeprägt wodurch der numerische Aufwand einer DFT-Rechnung deutlich reduziert werden kann. Da die Rumpfelektronen in der Nähe der Atomkerne stark lokalisiert sind werden sie durch Änderung der Konfiguration der Valenzelektronen kaum beeinflusst. Hierdurch können Atomkerne und Rumpfelektronen zu einem Ion, mit bestimmtem Pseudopotential, zusammengefasst werden. Bereits 1934 wurden von Enrico Fermi solche Pseudopotentiale vorgeschlagen. Die Wellenfunktionen der Valenzelektronen weisen in der Nähe der Atomkerne sehr viele Oszillationen auf wodurch sich eine Orthogonalität zwischen beiden Wellenfunktion (Valenz, Kern) ergibt. In der Regel werden die Wellenfunktionen nach vollständigen Basisfunktionen, z.b. ebenen Wellen, entwickelt. Für die stark oszillierenden

Wellenfunktionen in Kernnähe werden nun sehr viele ebene Wellen benötigt was den Rechenaufwand erheblich erhöht. Um das Problem zu umgehen wird innerhalb eines bestimmten Radius ein Pseudopotential gewählt während man außerhalb das tatsächliche Potential ansetzt. Hierdurch werden die Pseudowellenfunktionen der Valenzelektronen glatter und zur Entwicklung werden weniger ebene Wellen benötigt was den Rechenaufwand verringert. Detaillierte Beschreibungen zur Konstruktion der Pseudopotentiale sind in der Literatur zu finden [229, 230].

Berechnungen im k - Raum

Da ein Festkörper aus ca. 10^{23} Atomen besteht ist die Ermittlung der zugehörigen Wellenfunktionen über den Kohn-Sham-Formalismus im Realraum nicht möglich. Wie in vielen anderen Theorien auch lässt sich jedoch die Berechnungen im $\vec{k}$-Raum durchführen wobei die Periodizität von Festkörpern ausgenutzt wird. Nach dem Blochschen Theorem kann man die Wellenfunktionen, in einem periodischen Potential, als Produkt einer gitterperiodischen Funktion f_i und einer ebenen Welle beschreiben

$$\psi_i = f_i(\vec{r})e^{i\vec{k}\vec{r}}.$$

Die gitterperiodische Funktion kann nun nach ebenen Wellen entwickelt werden

$$f_i(\vec{r}) = \sum_{\vec{G}} c_{i,\vec{G}} e^{i\vec{G}\vec{r}}. \tag{C.5}$$

Somit ergibt sich für die elektronische Wellenfunktion:

$$\psi_i = \sum_{\vec{G}} c_{i,\vec{k}+\vec{G}} e^{i(\vec{k}+\vec{G})\vec{r}}. \tag{C.6}$$

In Verbindung mit den Gleichungen 3.17 und 3.19 folgen die Kohn-Sham-Gleichungen im k-Raum

$$\sum_{\vec{G}'}[\frac{\hbar}{2m}|\vec{k}+\vec{G}|^2\partial_{\vec{G}\vec{G}'} + V_{ion}(\vec{G}-\vec{G}')+ \tag{C.7}$$

$$V_J(\vec{G}-\vec{G}')V_{XC}(\vec{G}-\vec{G}')]c_{i,\vec{k}+\vec{G}'} = \epsilon_i c_{i,\vec{k}+\vec{G}'}. \tag{C.8}$$

In der Praxis kann jedoch nicht über unendlich viele k-Punkte und Wellenfunktionen integriert werden. Da sich dicht benachbarte Zustände im k-Raum kaum unterscheiden kann man sich auf eine bestimmte Menge von k-Punkten beschränken. Die benötigte Anzahl hängt dabei vom System und der gewollten Genauigkeit ab. Um den k-Raum gut zu "sampeln" reichen für Isolatoren und Halbleiter wenige Punkte aus während man für Metalle auf wesentlich mehr angewiesen ist. Auch die Anzahl der ebenen Wellen, mit Wellenvektor $\vec{G}$, muss begrenzt werden. Ebene Wellen mit großen $\vec{G}$ tragen jedoch nur sehr wenig zum Ergebnis bei. Dadurch kann man die Anzahl der benötigten Wellenfunktionen stark reduzieren. Meist wird dies durch eine "cut-off" Energie beschrieben, so dass nur Wellen betrachtet werden, deren Energie kleiner ist als diese. Der Wert dieser Grenze muss zu Beginn durch Konvergenztests bestimmt werden.

C Dichtefunktionaltheorie

D Störungstheorie

D.1 Zeitunabhängige Störungstheorie

In den meisten praktischen Fällen gibt es für die Schrödinger-Gleichung keine analytische Lösung, sodass man auf Nährungsverfahren angewiesen ist. Wenn die Möglichkeit besteht ist es günstig das Problem in zwei Teile, einen ungestörten und ein gestörten, aufzuspalten. Dabei sind die Lösungen des ungestörten Problems bekannt. Für den Hamilton-Operator gilt dann:

$$H = H_0 + H' \tag{D.1}$$

Hierbei ist H_0 der Hamiltonian des ungestörten Systems und H' ein kleines Störpotential. Wie bereits erwähnt sind hierbei die Lösungen für die ungestörten Wellenfunktionen ϕ_{n0} und Eigenwerte E_{n0} bekannt.

$$H_0 \phi_{n0} = E_{n0} \phi_{n0} \tag{D.2}$$

Zur Lösung der Schrödinger-Gleichung 3.1 für den kompletten Hamiltonian ist es günstig ein Störparameter λ einzuführen, sodass gilt:

$$H = H_0 + \lambda H' \tag{D.3}$$

Im Ansatz der Störungsrechnung werden die Lösungen für die Wellenfunktion ψ_n und den zugehörigen Eigenwerten E_n von H in Potenzreihen entwickelt:

$$E = E_{n0} + \lambda E_{n1} + \lambda^2 E_{n2} + ... \tag{D.4}$$
$$\psi = \psi_{n0} + \lambda \psi_{n1} + \lambda^2 \psi_{n2} + ... \tag{D.5}$$

Setzt man nun diese Ausdrücke in die Schrödinger-Gleichung 3.1 ein und sortiert nach Potenzen von λ, erhält man die Beiträge der einzelnen Ordnungen der Störungstheorie:

0. Ordnung $\quad H_0 \phi_{n0} = E_{n0} \phi_{n0}$ $\hfill$ (D.6)

1. Ordnung $\quad H_0 \phi_{n1} + H' \phi_{n0} = E_{n0} \phi_{n1} + E_{n1} \phi_{n0}$ $\hfill$ (D.7)

2. Ordnung $\quad H_0 \phi_{n2} + H' \phi_{n1} = E_{n0} \phi_{n2} + E_{n1} \phi_{n1} + E_{n2} \phi_{n0}$ $\hfill$ (D.8)

D Störungstheorie

⋮

Wie man leicht sieht ist die Lösung der 0. Ordnung die ungestörte.

0. Ordnung

$$\boxed{\begin{aligned} \psi_{n0} &= \phi_{n0} \\ E_{n0} &= E_{n0} \end{aligned}}$$ (D.9)

Für die normalisierte 1. sowie 2. Ordnung erhält man folgende Ausdrücke.

1. Ordnung

$$\boxed{\begin{aligned} \psi_n &= \phi_{n0} + \sum_{n \neq m} \frac{H'_{mn}}{E_{n0} - E_{m0}} \phi_{m0} \\ E_n &= E_{n0} + H'_{nn} \end{aligned}}$$ (D.10)

2. Ordnung

$$\boxed{\begin{aligned} \psi_n &= \phi_{n0} + \sum_{n \neq m} \frac{H'_{mn}}{E_{n0} - E_{m0}} \phi_{m0} + \sum_{n \neq m} \left(\left[\sum_{\alpha \neq n} \frac{H'_{m\alpha} H'_{\alpha n}}{(E_{n0} - E_{m0})(E_{n0} - E_{\alpha 0})} - \frac{H'_{mn} H'_{nn}}{(E_{n0} - E_{m0})^2} \right] \phi_{m0} - \frac{|H'_{mn}|^2}{2(E_{n0} - E_{m0})} \phi_{n0} \right) \\ E_n &= E_{n0} + H'_{nn} + \sum_{m \neq n} \frac{|H'_{nm}|^2}{E_{n0} - E_{m0}} \end{aligned}}$$ (D.11)

D.2 Löwdin's Störungstheorie

Durch die vom schwedischen Physiker 1951 entwickelte und nach ihm benannte Partitionierung [231] kann man die Ordnung eines Matrix-Eigenwertproblems reduzieren. Man kann sich hierdurch auf einen endlichdimensionalen $\vec{p} \cdot \vec{k}$-Hamiltonian mit Termen höherer Ordnung in $\vec{k}$ beschränken und somit den Rechenaufwand als auch die Anzahl der zu bestimmenden Bandparameter reduzieren. Wir betrachten ein System orthonormierter Funktionen ψ_n die Eigenfunktionen des Hamiltonian $\hat{H}$ sind.

$$\psi = \sum_{n=1}^{N} \psi_n a_n, \qquad n = 1, 2, ... N$$ (D.12)

Gesucht sind nun die Lösungen des Eigenwertproblems:

$$\hat{H}\psi = E\psi$$ (D.13)

das sich mit:

$$h_{nm} = \int \psi_m^* \hat{H} \psi_n d^3\vec{r} \equiv \langle \psi_n | \hat{p} | \psi_m \rangle \equiv \langle n | \hat{p} | m \rangle \qquad (D.14)$$

als lineares Gleichungssystem schreiben lässt.

$$\sum_{n=1}^{N}(H_{mn} - E\delta_{mn})a_n = 0, \qquad m = 1, 2, ...N \qquad (D.15)$$

und N die Anzahl der Zustände. Löwdin schlug nun vor die Zustände in zwei Klassen, A und B, einzuteilen. Hierbei nimmt man nun an das die Zustände der Klasse A stark miteinander wechselwirken können. Die Wechselwirkung mit den Zuständen aus Klasse B ist hingegen klein. Mit Hilfe gewöhnlicher Störungsrechnung werden die Wechselwirkungen zwischen A und B behandelt. Die somit erhaltene "renormalisierte" Matrix A enthält dann effektive Parameter, die aus dem Einfluss der Fernbänder resultieren. Nun lässt sich die Gleichung D.15 in zwei Summen über die beiden Klassen aufteilen:

$$\underbrace{\sum_{n}^{A} H'_{mn} a_n}_{n \in A, n \neq m} + \underbrace{\sum_{n}^{B} H'_{mn} a_n}_{n \in B, n \neq m} + \underbrace{(H_{mm} - E)a_m}_{n = m} = 0 \qquad (D.16)$$

Der Ansatz dieser Störungstheorie liegt nun darin das gesagt wird alle Diagonalelemente von H_{nm} sind null ($H'_{mn} = H_{mn}(1 - \delta_{mn})$). Daraus folgt mit $h_{mn} = H_{mn}/(E - H_{mm})$:

$$a_m = \sum_{n}^{A} h'_{mn} a_n + \sum_{n}^{B} h'_{mn} a_n \qquad (D.17)$$

Nun will man die Zustände der Klasse B eliminieren indem man alle a für diese Klasse durch eine Iteration ersetzt.

$$a_m = \sum_{n}^{A} h'_{mn} a_n + \sum_{n}^{B} h'_{mn} a_n \qquad (D.18)$$

$$\xrightarrow{n \to \alpha} a_\alpha = \sum_{n}^{A} h'_{\alpha n} a_n + \sum_{\beta \neq \alpha}^{B} h'_{\alpha \beta} a_n \qquad (D.19)$$

$$a_m = \sum_{n}^{A} h'_{mn} a_n + \sum_{n}^{B} h'_{mn} \left(\sum_{n}^{A} h'_{\alpha n} a_n + \sum_{\beta \neq \alpha}^{B} h'_{\alpha \beta} a_\beta \right) \qquad (D.20)$$

D Störungstheorie

Aus dieser Iteration, die beliebig weit fortgesetzt werden kann, ergibt sich:

$$a_m = \sum_n^A \left(h'_{mn} + \sum_{\alpha \neq m}^B h_{m\alpha} h'_{\alpha n} + \sum_{\substack{\alpha \neq m, \\ n,\beta}}^B \sum_{\substack{\beta \neq m, \\ n,\alpha}}^B h'_{m\alpha} h'_{\alpha\beta} h'_{\beta n} + ... \right) a_n \qquad (D.21)$$

Daraus lässt sich nun die Gleichung, mit den bereits bekannten Beziehungen, umformen:

$$a_m = \sum_n^A \left(\frac{H'_{mn}}{(E - H_{mm})} + \sum_\alpha^B \frac{H'_{m\alpha}}{(E - H_{mm})} \frac{H'_{\alpha n}}{(E - H_{\alpha\alpha})} \right.$$
$$\left. + \sum_\alpha^B \sum_\beta^B \frac{H'_{m\alpha}}{(E - H_{mm})} \frac{H'_{\alpha\beta}}{(E - H'_{\alpha\alpha})} \frac{H'_{\beta n}}{(E - H'_{\beta\beta})} + ... \right) a_n$$

$$a_m = \sum_n^A \left(\frac{H_{mn}(1 - \delta_{mn})}{(E - H_{mm})} + \sum_\alpha^B \frac{H'_{m\alpha}}{(E - H_{mm})} \frac{H'_{\alpha n}}{(E - H_{\alpha\alpha})} \right.$$
$$\left. + \sum_\alpha^B \sum_\beta^B \frac{H'_{m\alpha}}{(E - H_{mm})} \frac{H'_{\alpha\beta}}{(E - H'_{\alpha\alpha})} \frac{H'_{\beta n}}{(E - H'_{\beta\beta})} + ... \right) a_n$$

$$a_m = \sum_n^A \frac{1}{E - H_{mm}} \left(-H_{mn}\delta_{mn} + H_{mn} + \sum_\alpha^B \frac{H'_{m\alpha} H'_{\alpha n}}{(E - H_{\alpha\alpha})} \right.$$
$$\left. + \sum_\alpha^B \sum_\beta^B \frac{H'_{m\alpha} H'_{\alpha\beta}}{(E - H'_{\alpha\alpha})} \frac{H'_{\beta n}}{(E - H'_{\beta\beta})} + ... \right) a_n$$

Nun wird eine neu Größe eingeführt:

$$U^A_{mn} = H_{mn} + \sum_\alpha^B \frac{H'_{m\alpha} H'_{\alpha n}}{(E - H_{\alpha\alpha})} + \sum_\alpha^B \sum_\beta^B \frac{H'_{m\alpha} H'_{\alpha\beta}}{(E - H'_{\alpha\alpha})} \frac{H'_{\beta n}}{(E - H_{\beta\beta})} + ... \qquad (D.22)$$

Somit ergibt sich für Gleichung D.16:

$$a_m = \sum_n^A \frac{U^A_{mn} - H_{mn}\delta_{mn}}{E - H_{mm}} a_n \qquad (D.23)$$

Nun gibt es zwei Fälle für die diese Gleichung betrachtet werden muss. Im ersten Fall befindet sich der betrachtete Zustand m in der Klasse A (d.h. $m = n$ möglich). Daraus resultiert für Gleichung D.23:

$$a_m = \sum_n^A \frac{a_n U^A_{mn}}{E - H_{mm}} - \frac{a_m H_{mm}}{E - H_{mm}}$$

D.2 Löwdin's Störungstheorie

$$a_m(E - H_{mm}) = a_m E - \cancel{a_m H_{mm}} = \sum_n^A a_n U_{mn}^A - \cancel{a_m H_{mm}}$$

$$\sum_n^A E a_n \delta_{nm} = \sum_n^A a_n U_{mn}^A$$

$$\sum_n^A (U_{nm}^A - E\delta_{nm}) a_n = 0 \qquad (D.24)$$

Für den Fall das m sich in Klasse B (d.h $m = n$ nicht möglich) befindet, erhält man:

$$a_m = \sum_n^A \frac{U_{mn}^A}{E - H_{mm}} a_n \qquad (D.25)$$

Somit führt man das volle Eigenwertproblem auf ein genähertes Eigenwertproblem für Klasse A zurück. Eine notwendige Bedingung für eine konvergente Reihenentwicklung (D.22) ist:

$$|H_{m\alpha}| \ll |E - H_{\alpha\alpha}| \qquad (D.26)$$

Im weiteren werden zwei einfache Beispiele zur Anwendung der Störungstheorie nach Löwdin gezeigt.

Beispiel 1:
Als erstes betrachten wir einen einzelnen nichtentarteten Zustand n der sich in Klasse A befindet. Alle anderen Zustände bilden die Klasse B. Die Gleichung D.24 ergibt dann:

$$\begin{aligned} E &= U_{nn}^A \\ &= H_{nn} + \sum_\alpha^B \frac{H'_{n\alpha} H'_{\alpha n}}{(E - H_{\alpha\alpha})} + \sum_\alpha^B \sum_\beta^B \frac{H'_{n\alpha} H'_{\alpha\beta}}{(E - H'_{\alpha\alpha})} \frac{H'_{\beta n}}{(E - H_{\beta\beta})} + \ldots \end{aligned} \qquad (D.27)$$

Im Allgemeinen kann der Hamilton-Operator $\hat{H}$ in zwei Teile aufgeteilt werden,

$$H = H_0 + H' \qquad (D.28)$$

wobei H_0 der Operator des ungestörten Systems und H' eine Störung darstellt. Durch diese Aufteilung lässt sich die Gleichung D.27 wie folgt umschreiben [232]:

$$E = \underbrace{H_{nn}}_{E_{n0}} + H'_{nn} + \sum_{\alpha \neq n} \frac{H'_{n\alpha} H'_{\alpha n}}{E_{n0} - E_{\alpha 0}} \qquad (D.29)$$

D Störungstheorie

Beispiel 2:
Nun werden entartete Zustände in der Klasse A betrachtet. Hierbei sind die Diagonalelemente nahezu gleich.

$$H_{nn} \cong E_A \tag{D.30}$$

Des weiteren gilt:

$$U_{mn}^A = H_{mn} + \sum_{\alpha}^{B} \frac{H'_{m\alpha} H_{\alpha n}}{E_A - H_{\alpha\alpha}} \tag{D.31}$$

E k·p Theorie

E.1 k·p für ein Band

Betrachtet wird ein einzelnes Band, wie das Leitungsband an der Bandkante, wobei die Wechselwirkung zu anderen Bändern vernachlässigt wird. Für diesen Fall ergeben sich aus der Störungstheorie (Anhang D.1) und Löwdin's Methode (Anhang D.2) die selben Ergebnisse. In Löwdin's-Theorie besteht die Klasse A aus dem betrachteten Band mit dem Index n und die Klasse B aus allen anderen Bändern ($n \neq m$). Für die Energie ergibt sich laut 2. Ordnung Störungstheorie (Gleichung D.11):

$$E_n(\vec{k}) = E_n(0) + \underbrace{\frac{\hbar^2 k^2}{2m_0} + \frac{\hbar}{m_0}\vec{k}\hat{p}_{nn}}_{H'_{nn}} + \frac{\hbar^2}{m_0^2}\sum_{m \neq n}\frac{\overbrace{\left|\vec{k}\hat{p}_{nm}\right|^2}^{|H'_{nm}|^2}}{E_n(0) - E_m(0)}. \tag{E.1}$$

Für die Wellenfunktion reicht die Störungstheorie 1. Ordnung D.10.

$$u_{n\vec{k}}(\vec{r}) = u_{n0}(\vec{r}) + \sum_{m \neq n}\left(\frac{\hbar}{m_0}\frac{\vec{k}\hat{p}_{nm}}{E_n(0) - E_m(0)}\right)u_{m0}(\vec{r}) \tag{E.2}$$

$$\psi_{n\vec{k}}(\vec{r}) = e^{i\vec{k}\vec{r}}u_{n\vec{k}}(\vec{r}) \tag{E.3}$$

Die Matrixelemente sind definiert als:

$$\hat{p}_{nm} = \int u_{n0}^*(\vec{r})\hat{p}\, u_{m0}(\vec{r})d^3\vec{r} \equiv \langle u_{n0}|\hat{p}|u_{m0}\rangle \equiv \langle n|\hat{p}|m\rangle. \tag{E.4}$$

Da das Skalarprodukt eines Vektors mit seinem Gradienten null ist ($\hat{p}_{nn} = \langle u_{n0}|\hat{p}|u_{n0}\rangle = 0$) lässt sich Gleichung E.1 umformulieren.

$$E_n(\vec{k}) - E_n(0) = \sum_{\alpha\beta}k_\alpha k_\beta\left(\frac{\hbar^2}{2m_0}\delta_{\alpha\beta} + \frac{\hbar^2}{2m_0^2}\sum_{m \neq n}\frac{\hat{p}_{nm}^\alpha \hat{p}_{mn}^\beta + \hat{p}_{nm}^\beta \hat{p}_{mn}^\alpha}{E_n(0) - E_m(0)}\right) \tag{E.5}$$

$$= \frac{\hbar^2}{2}\sum_{\alpha\beta}k_\alpha k_\beta \underbrace{\left(\frac{1}{m_0}\delta_{\alpha\beta} + \frac{1}{m_0^2}\sum_{m \neq n}\frac{\hat{p}_{nm}^\alpha \hat{p}_{mn}^\beta + \hat{p}_{nm}^\beta \hat{p}_{mn}^\alpha}{E_n(0) - E_m(0)}\right)}_{\left(\frac{1}{m^*}\right)_{\alpha\beta}}. \tag{E.6}$$

E k·p Theorie

Hierbei sind $\alpha, \beta = x, y$ und z die kartesischen Koordinaten und m^* die effektive Masse des Systems.

E.2 k·p für zwei Bänder

Nun betrachten wir zwei nicht-entartete Bänder, n und m, die stark miteinander wechselwirken. Für Gleichung 3.26 ergibt sich dann:

$$E_1(0)a_1 + \frac{\hbar^2 k^2}{2m_0}a_1 + \frac{\hbar}{m_0}\vec{k}\hat{p}_{12}a_2 = E_1(\vec{k})a_1$$

$$E_2(0)a_2 + \frac{\hbar^2 k^2}{2m_0}a_2 + \frac{\hbar}{m_0}\vec{k}\hat{p}_{21}a_1 = E_2(\vec{k})a_2.$$

Dieses Gleichungssystem lässt sich nun mit Hilfe von Matrizen ausdrücken.

$$\begin{bmatrix} E_1(0) + \frac{\hbar^2 k^2}{2m_0} - E_1(\vec{k}) & \frac{\hbar}{m_0}\vec{k}\cdot\hat{p}_{12} \\ \frac{\hbar}{m_0}\vec{k}\cdot\hat{p}_{21} & E_2(0) + \frac{\hbar^2 k^2}{2m_0} - E_2(\vec{k}) \end{bmatrix} \begin{bmatrix} a_1 \\ a_2 \end{bmatrix} = 0. \quad (E.7)$$

Die Eigenwerte bzw. Eigenvektoren dieser Matrix sind dann die gesuchten Energien und zugehörigen Wellenfunktionen.

E.3 Kane - Modell

Ein geeigneter Satz von Basisfunktionen, ähnlich der im Kane-Modell ist definiert durch [43]:

Leitungsband: $\quad |u_{c,1}\rangle = |iS\uparrow\rangle \quad\quad |u_{c,2}\rangle = |iS\downarrow\rangle$

Valenzband: $\quad |u_{v,1}\rangle = \left|-\frac{(X+iY)}{\sqrt{2}}\uparrow\right\rangle \quad\quad |u_{v,2}\rangle = \left|\frac{(X-iY)}{\sqrt{2}}\uparrow\right\rangle$

$$|u_{v,3}\rangle = |Z\uparrow\rangle \quad\quad |u_{v,4}\rangle = \left|\frac{(X-iY)}{\sqrt{2}}\downarrow\right\rangle$$

$$|u_{v,5}\rangle = \left|-\frac{(X+iY)}{\sqrt{2}}\downarrow\right\rangle \quad\quad |u_{v,6}\rangle = |Z\downarrow\rangle,$$

wobei die Bandkanten-Basisfunktionen s-Zustände ($|S\rangle = |s\rangle$) für das Leitungsband sowie p-Zustände für das Valenzband ($|\alpha\rangle = |p_\alpha\rangle$, $\alpha = x, y, z$) eines Wasserstoffatom-Modell sind. Die ersten harmonischen des Wasserstoff-Modell $Y_{lm}(\theta\phi)$ sind:

$l = 0 \quad\quad$ (s-Zustand) $\quad\rightarrow\quad Y_{00} = |S\rangle = \frac{1}{\sqrt{4\pi}}$

$$l = 1 \quad \text{(p-Zustand)} \quad \rightarrow \quad Y_{10} = |Z\rangle = \sqrt{\frac{3}{8\pi}} \cos\theta = \sqrt{\frac{3}{8\pi}} \frac{z}{r}$$

$$\rightarrow \quad Y_{1\pm 1} = \mp \frac{1}{\sqrt{2}} |X \pm iY\rangle$$

$$= \mp \sqrt{\frac{3}{8\pi}} \sin\theta e^{\pm i\phi} = \sqrt{\frac{3}{8\pi}} \frac{x \pm iy}{r}. \quad \text{(E.8)}$$

Mit diesen Eigenfunktionen, den Spin-Vektoren sowie den Pauli-Spin-Matrizen ergibt sich folgender Hamiltonian:

$$H_K = \frac{\hbar^2 k^2}{2m_0} +$$

$$\begin{bmatrix} E_c & 0 & -\frac{P_2(k_x+ik_y)}{\sqrt{2}} & \frac{P_2(k_x-ik_y)}{\sqrt{2}} & P_1 k_z & 0 & 0 & 0 \\ 0 & E_c & 0 & 0 & 0 & \frac{P_2(k_x-ik_y)}{\sqrt{2}} & -\frac{P_2(k_x+ik_y)}{\sqrt{2}} & P_1 k_z \\ -\frac{P_2(k_x-ik_y)}{\sqrt{2}} & 0 & E_v + \Delta_1 + \Delta_2 & 0 & 0 & 0 & 0 & 0 \\ \frac{P_2(k_x+ik_y)}{\sqrt{2}} & 0 & 0 & E_v + \Delta_1 - \Delta_2 & 0 & 0 & 0 & \sqrt{2}\Delta_3 \\ P_1 k_z & 0 & 0 & 0 & E_v & 0 & \sqrt{2}\Delta_3 & 0 \\ 0 & \frac{P_2(k_x+ik_y)}{\sqrt{2}} & 0 & 0 & 0 & E_v + \Delta_1 + \Delta_2 & 0 & 0 \\ 0 & -\frac{P_2(k_x-ik_y)}{\sqrt{2}} & 0 & 0 & \sqrt{2}\Delta_3 & 0 & E_v + \Delta_1 - \Delta_2 & 0 \\ 0 & P_1 k_z & 0 & \sqrt{2}\Delta_3 & 0 & 0 & 0 & E_v \end{bmatrix}.$$

(E.9)

Die Berechnung der einzelnen Matrixelemente ist in Anhang F ausführlich beschrieben. Δ_1 beschreibt die Kristallfeld-Aufspaltung ($\Delta_1 = \Delta_{cr}$) und $\Delta_{2,3}$ die Spin-Bahn-Wechselwirkung senkrecht und parallel zur optischen Achse ($\Delta_2 = \Delta_{so}^\perp/3$, $\Delta_3 = \Delta_{so}^\parallel/3$). Zur Bestimmung der Dispersionsrelation für Valenz- und Leitungsband muss die folgende Gleichung gelöst werden:

$$0 = \det(H_K - E I_{8x8}) \quad \text{(E.10)}$$

$$= [-(E_c - E')(E_v + \Delta_1 + \Delta_2 - E')((E_v + \Delta_1 - \Delta_2 - E')(E_v - E') - 2\Delta_3^2)$$
$$+ ((E_v + \Delta_1 - E')(E_v - E') - 2\Delta_3^2) P_2^2 (k_x^2 + k_y^2)$$
$$+ (E_v + \Delta_1 + \Delta_2 - E')(E_v + \Delta_1 - \Delta_2 - E') P_1^2 k_z^2]^2, \quad \text{(E.11)}$$

wobei I_{8x8} die Einheitsmatrix ist und $E' = E - (\hbar^2 k^2 / 2m_0)$. Geht man von kleinen k-Werten aus so ergibt sich für die Leitungsbandkante:

$$E(\vec{k}) = E_c + \frac{\hbar^2 k^2}{2m_0} + \left(\frac{(E_g + \Delta_1 + \Delta_2)(E_g + \Delta_2) - \Delta_3^2}{E_g [(E_g + \Delta_1 + \Delta_2)(E_g + 2\Delta_2) - 2\Delta_3^2]} \right) P_2^2 (k_x^2 + k y^2)$$

(E.12)

$$+ \frac{(E_g + 2\Delta_2)}{E_g + \Delta_1 + \Delta_2)(E_g + 2\Delta_2) - 2\Delta_3^2} P_1^2 k_z^2.$$

Diese Gleichung kann wiederum mittels effektiver Massen geschrieben werden.

$$E(\vec{k}) = E_c + \frac{\hbar^2 (k_x^2 + k_y^2)}{2m_e^t} + \frac{\hbar^2 k_z^2}{2m_e^z} \quad \text{(E.13)}$$

E k·p Theorie

Damit gilt schließlich für die Kane-Parameter, welche direkt an die Impuls-Matrixelemente gekoppelt sind [43]:

$$P_1^2 = \frac{\hbar^2}{2m_0}\left(\frac{m_0}{m_e^z} - 1\right) \frac{(E_g + \Delta_1 + \Delta_2)(E_g + 2\Delta_2) - 2\Delta_3^2}{(E_g + 2\Delta_2)}$$
$$P_2^2 = \frac{\hbar^2}{2m_0}\left(\frac{m_0}{m_e^t} - 1\right) \frac{E_g[(E_g + \Delta_1 + \Delta_2)(E_g + 2\Delta_2) - 2\Delta_3^2]}{(E_g + \Delta_1 + \Delta_2)(E_g + 2\Delta_2) - 2\Delta_3^2}.$$ (E.14)

Im Folgenden wird ein einfaches Beispiel eines kubischen Kristalls reduziert auf eine k-Richtung (hier k_z) betrachtet. In einem solchen System ist die Kristallfeld-Aufspaltung (Δ_1) gleich null und die Spin-Bahn-Aufspaltungen identisch ($\Delta_2 = \Delta_3$). Somit lässt sich der Hamiltonian E.9 vereinfachen.

$$H_{8\times 8} = \begin{bmatrix} H_{4\times 4} & 0 \\ 0 & H_{4\times 4} \end{bmatrix}$$ (E.15)

mit

$$H_{4\times 4} = \begin{bmatrix} E_c & 0 & 0 & k_z P_1 \\ 0 & E_v - \Delta_2 & 0 & \sqrt{2}\Delta_2 \\ 0 & 0 & E_v + \Delta_2 & 0 \\ k_z P_1 & \sqrt{2}\Delta_2 & 0 & E_v \end{bmatrix}$$ (E.16)

Wählt man nun die Referenzenergien zu $E_v = -\Delta_2$ und $E_c = E_g$, so ergibt sich für den Hamiltonian E.16:

$$H_{4\times 4} = \begin{bmatrix} E_g & 0 & 0 & k_z P_1 \\ 0 & -2\Delta_2 & 0 & \sqrt{2}\Delta_2 \\ 0 & 0 & 0 & 0 \\ k_z P_1 & \sqrt{2}\Delta_2 & 0 & -\Delta_2 \end{bmatrix}.$$ (E.17)

Für die Eigenwerte E' des Hamiltonian erhält man:

$$E' = 0$$ (E.18)
$$E'(E_g - E')(3\Delta_2 + E') - k_z^2 P^2(E' + 2\Delta_2) = 0.$$ (E.19)

Wie man bereits aus E.17 sieht, ist eines der Bänder von den anderen entkoppelt. Da k_z^2 in E.19 ziemlich klein ist, liegen die Lösungen der Gleichung in der Nähe von $E' = E_g, E' = 0$ und $E' = -3\Delta_2$ was den Bandkanten, bei $k_z = 0$ entspricht. Nun kann man die Lösung in der Nähe dieser Werte entwickeln, wobei man $E' \to E' + \epsilon(k_z^2)$ und $\epsilon << \Delta$ (bzw. $\epsilon << E_g$) annimmt. Für die einzelnen Bänder ergibt sich nun:

1) $\quad E' = E_g + \epsilon(k_z^2) \quad\quad \to \quad \epsilon = \dfrac{k_z^2 P^2 (E_g + 2\Delta_2)}{E_g(E_g + 3\Delta_2)}$

2) $\quad E' = 0 + \epsilon(k_z^2) \quad\quad \to \quad \epsilon = -\dfrac{2k_z^2 P^2}{3E_g}$

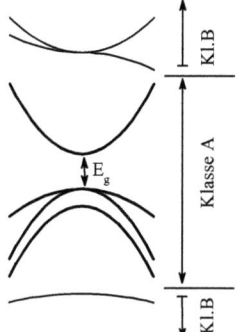

Abbildung E.1: Zur Erklärung der Klasseneinteilung in der Theorie nach Löwdin.

3) $\quad E' = -3\Delta_2 + \epsilon(k_z^2) \qquad \rightarrow \qquad \epsilon = -\dfrac{k_z^2 P^2}{3(E_g + 3\Delta_2)}.$

Wie aus dem Hamiltonian E.9 ersichtlich, gilt: $E' = E_n(k_z) - \dfrac{\hbar^2 k^2}{2m_0}$. Somit ergibt sich für die vier Eigenwerte des Kane-Modell:

Leitungsband (cb) $\qquad E_c(k_z) = E_g + \dfrac{\hbar^2 k_z^2}{2m_0} + \dfrac{k_z^2 P^2 (E_g + 2\Delta_2)}{E_g(E_g + 3\Delta_2)} \qquad$ (E.20)

Schwere Löcher (hh) $\qquad E_{hh}(k_z) = \dfrac{\hbar^2 k_z^2}{2m_0} \qquad$ (E.21)

Leichte Löcher (lh) $\qquad E_{lh}(k_z) = \dfrac{\hbar^2 k_z^2}{2m_0} - \dfrac{2k_z^2 P^2}{3E_g} \qquad$ (E.22)

Abgespaltene Löcher (so) $\quad E_{so}(k_z) = -3\Delta_2 + \dfrac{\hbar^2 k_z^2}{2m_0} - \dfrac{k_z^2 P^2}{3(E_g + 3\Delta_2)}. \qquad$ (E.23)

E.4 Luttinger-Kohn-Modell

Im Luttinger-Kohn-Modell werden nicht nur das energetisch niedrigste Leitungsband und die drei höchsten Valenzbänder betrachtet. Der Einfluss anderer Bänder wird durch die von Löwdin entwickelte Methode beschrieben (Anhang D.2). Die Bänder werden hierbei in zwei Klassen eingeteilt. In Klasse A befinden sich das unterste Leitungsband sowie die drei obersten Valenzbänder. Wie in Abbildung E.1 zu sehen bilden alle weiter außenliegenden Bänder die Klasse B. Nach Löwdin muss anstatt der üblichen Eigenwertgleichung,

$$\sum_{j'}^{A} \left(H_{jj'}^A - E\delta_{jj'} \right) a_{j'}(\vec{k}) = 0 \qquad \text{(E.24)}$$

E k·p Theorie

nun das folgende Eigenwertproblem gelöst werden:

$$\sum_{j'}^{A} \left(U_{jj'}^A - E\delta_{jj'} \right) a_{j'}(\vec{k}) = 0$$

$$U_{jj'}^A = H_{jj'} + \sum_{\gamma \neq j,j'}^{B} \frac{H_{j\gamma} H_{\gamma j'}}{E_0 - E_\gamma} = H_{jj'} + \sum_{\gamma \neq j,j'}^{B} \frac{H'_{j\gamma} H'_{\gamma j'}}{E_0 - E_\gamma}. \quad (E.25)$$

Der erste Term entspricht dem Matrixelement wenn sich beide Bänder in Klasse A befinden $(j, j' \in A)$,

$$H_{jj'} = \langle u_{j0}|H|u_{j'0}\rangle = \left[E_j(0) + \frac{\hbar^2 k^2}{2m_0} \right] \delta_{jj'} \quad (E.26)$$

der zweite Term beschreibt den Einfluss der Bänder in Klasse B auf die der Klasse A.

$$H'_{j\gamma} = \langle u_{j0}|\frac{\hbar}{m_0}\vec{k}\cdot\vec{p}_{j\gamma}|u_{\gamma 0}\rangle \cong \sum_\alpha \frac{\hbar k_\alpha}{m_0} p_{j\gamma}^\alpha \quad (E.27)$$

Mit der Definition $U_{jj'}^A \equiv D_{jj'}$ und den Gleichungen E.25 - E.27 folgt:

$$D_{jj'}^A = \left[E_j(0) + \frac{\hbar^2 k^2}{2m_0} \right] \delta_{jj'} + \frac{\hbar^2}{m_0^2} \sum_{\gamma \neq j,j'}^{B} \sum_{\alpha,\beta} \frac{k_\alpha k_\beta p_{j\gamma}^\alpha p_{\gamma j'}^\beta}{E_0 - E_\gamma}$$

$$= E_j(0)\delta_{jj'} + \frac{\hbar^2}{2m_0}\delta_{jj'}\sum_{\alpha,\beta} k_\alpha k_\beta \delta_{\alpha\beta} + \frac{\hbar^2}{2m_0}\sum_{\alpha,\beta}\sum_{\gamma}^{B} \frac{p_{j\gamma}^\alpha p_{\gamma j'}^\beta + p_{j\gamma}^\beta p_{\gamma j'}^\alpha}{m_0(E_0 - E_\gamma)} k_\alpha k_\beta$$

$$= E_j(0)\delta_{jj'} + \underbrace{\sum_{\alpha,\beta} \frac{\hbar^2}{2m_0}\left(\delta_{jj'}\delta_{\alpha\beta} + \sum_{\gamma}^{B} \frac{p_{j\gamma}^\alpha p_{\gamma j'}^\beta + p_{j\gamma}^\beta p_{\gamma j'}^\alpha}{m_0(E_0 - E_\gamma)} \right) k_\alpha k_\beta}_{D_{jj'}^{\alpha\beta}}$$

$$D_{jj'} = E_j(0)\delta_{jj'} + \sum_{\alpha,\beta} D_{jj'}^{\alpha\beta} k_\alpha k_\beta. \quad (E.28)$$

Nun werden die gleichen Basisfunktionen der Bänder in der Nähe des Γ-Punkt wie im Kane-Modell E.8 benutzt. Somit ergibt sich der neue Hamiltonian aus der Addition der ersten Näherung (Gl. E.9) mit der zweiten (Gl. E.28).

$$H = H_{Kane} + D_{jj'}$$
$$= \begin{pmatrix} \widetilde{H}_{cc} & \widetilde{H}_{cv} \\ \widetilde{H}_{cv}^T & \widetilde{H}_{vv} \end{pmatrix} \quad (E.29)$$

$\widetilde{H}_{cc}$ und $\widetilde{H}_{vv}$ beschreiben die Dispersion des Leitungs- sowie der Valenzbänder ohne Wechselwirkung untereinander. Die Wechselwirkung der Valenzbänder mit dem Leitungsband wird durch die

Matrix $\widetilde{H}_{cv}$ beschrieben. Für diese gilt:

$$\widetilde{H}_{cv} = \begin{pmatrix} -\frac{P_2(k_x+ik_y)}{\sqrt{2}} & \frac{P_2(k_x-ik_y)}{\sqrt{2}} & P_1 k_z & 0 & 0 & 0 \\ 0 & 0 & 0 & \frac{P_2(k_x-ik_y)}{\sqrt{2}} & -\frac{P_2(k_x+ik_y)}{\sqrt{2}} & P_1 k_z \end{pmatrix}. \quad \text{(E.30)}$$

Hierbei ergibt sich für P_1 und P_2:

$$\begin{aligned} P_1^2 &= \frac{\hbar^2}{2m_0} \left(\frac{m_0}{m_e^\parallel} - \frac{m_0}{m_c^\parallel} \right) \frac{(E_g + \Delta_1 + \Delta_2)(E_g + 2\Delta_2) - 2\Delta_3^2}{(E_g + 2\Delta_2)} \\ P_2^2 &= \frac{\hbar^2}{2m_0} \left(\frac{m_0}{m_e^\perp} - \frac{m_0}{m_c^\perp} \right) \frac{E_g[(E_g + \Delta_1 + \Delta_2)(E_g + 2\Delta_2) - 2\Delta_3^2]}{(E_g + \Delta_1 + \Delta_2)(E_g + \Delta_2) - 2\Delta_3^2}. \end{aligned} \quad \text{(E.31)}$$

$m_e^\parallel$ und $m_e^\perp$ sind die effektiven Elektronenmassen parallel und senkrecht zur optischen Achse. Der Einfluss von höherenergetischen Bändern wird durch $m_c^\parallel$ und $m_c^\perp$ beschrieben. Wird dieser Einfluss vernachlässigt ($m_c^\parallel = m_c^\perp = m_0$), so führt dies zu den bereits in Gleichung E.14 beschriebenen Kane Parametern. Im Weiteren betrachten wir nur Halbleiter mit großer Bandlücke. Dadurch kann die Wechselwirkung zwischen dem Leitungsband und den Valenzbändern, selbst bei InAs (E_g=0.355eV), vernachlässigt werden [233]. Daraufhin lässt sich der 8×8 Hamiltonian E.29 in einen 2×2 Hamiltonian H_{cc} für das Leitungsband und einen 6×6 Hamiltonian H_{vv} für die Valenzbänder aufspalten. Für die beiden entkoppelten Systeme ergibt sich dann:

$$H_{cc} = \begin{pmatrix} E_c & 0 \\ 0 & E_c \end{pmatrix} \quad \text{(E.32)}$$

und

$$H_{vv} = \begin{pmatrix} F & -K^* & -H^* & 0 & 0 & 0 \\ -K & G & H & 0 & 0 & \sqrt{2}\Delta_3 \\ -H & H^* & \lambda & 0 & \sqrt{2}\Delta_3 & 0 \\ 0 & 0 & 0 & F & -K & H \\ 0 & 0 & \sqrt{2}\Delta_3 & -K^* & G & -H^* \\ 0 & \sqrt{2}\Delta_3 & 0 & H^* & -H & \lambda \end{pmatrix}. \quad \text{(E.33)}$$

E k·p Theorie

F Matrixelemente

F.1 Kane-Matrixelemente

Für die Berechnung der Matrixelemente des Hamiltonian E.9 gilt allgemein:

$$\uparrow \cdot \uparrow = 1; \qquad \downarrow \cdot \downarrow = 1; \qquad \uparrow \cdot \downarrow = \downarrow \cdot \uparrow = 0$$

$$\uparrow \cdot (\sigma_x \uparrow) = \uparrow \cdot \downarrow = 0, \qquad \uparrow \cdot (\sigma_x \downarrow) = \uparrow \cdot \uparrow = 1$$

$$\uparrow \cdot (\sigma_y \uparrow) = \uparrow \cdot i \downarrow = 0, \qquad \uparrow \cdot (\sigma_y \downarrow) = \uparrow \cdot i \uparrow = i1 \qquad \text{(F.1)}$$

$$\uparrow \cdot (\sigma_z \uparrow) = \uparrow \cdot \uparrow = 1, \qquad \uparrow \cdot (\sigma_z \downarrow) = \uparrow \cdot \downarrow = 0$$

Somit ergibt sich:

$$H_{11} = \langle iS \uparrow | H_0 + \frac{\hbar}{m_0} \vec{k} \cdot \hat{p} + [\nabla V \times \hat{p}] \cdot \overline{\overline{\sigma}} | (iS)^* \uparrow \rangle$$

$$= \langle iS \uparrow | H_0 + \frac{\hbar}{m_0} \vec{k} \cdot \hat{p} + [\nabla V \times \hat{p}] \cdot \overline{\overline{\sigma}} | - iS \uparrow \rangle$$

$$= \underbrace{\langle iS \uparrow | H_0 | iS \uparrow \rangle}_{-i^2 \langle S | H_0 | S \rangle = E_c} + \underbrace{\langle iS \uparrow | \frac{\hbar}{m_0} \vec{k} \cdot \hat{p} | - iS \uparrow \rangle}_{i\frac{\hbar^2}{m_0} \vec{k} \langle S | \nabla | S \rangle \sim S \cdot \nabla S = 0} + \underbrace{\langle iS \uparrow | [\nabla V \times \hat{p}] \cdot \sigma_z | - iS \uparrow \rangle}_{\left(\frac{\partial V}{\partial x} p_y - \frac{\partial V}{\partial y} p_x\right) = 0}$$

$$\underline{\underline{H_{11} = E_c}} \qquad \text{(F.2)}$$

$$H_{12} = \langle iS \uparrow | H_0 + \frac{\hbar}{m_0} \vec{k} \cdot \hat{p} + [\nabla V \times \hat{p}] \cdot \overline{\overline{\sigma}} | - iS \downarrow \rangle$$

F Matrixelemente

$$= \underbrace{\langle iS\uparrow|H_0 + \frac{\hbar}{m_0}\vec{k}\cdot\hat{p}|-iS\downarrow\rangle}_{0\ (\text{da }\uparrow\cdot\downarrow = 0)} + \langle iS|\left(\frac{\partial V}{\partial y}p_z - \frac{\partial V}{\partial z}p_y\right)|-iS\rangle + \langle iS|\left(\frac{\partial V}{\partial z}p_x - \frac{\partial V}{\partial x}p_z\right)|-iS\rangle$$

$$\underline{\underline{H_{12} = 0}} \tag{F.3}$$

$$H_{13} = \langle iS\uparrow|H_0 + \frac{\hbar}{m_0}\vec{k}\cdot\hat{p} + [\nabla V \times \hat{p}]\cdot\vec{\overline{\sigma}}|-\frac{1}{\sqrt{2}}(X-iY)\uparrow\rangle$$

$$= \underbrace{\langle iS\uparrow|H_0|-\frac{1}{\sqrt{2}}(X-iY)\uparrow\rangle}_{\langle iS|H_0|X\rangle = \langle iS|H_0|Y\rangle = 0} - \langle iS|\frac{\hbar}{m_0}\vec{k}\cdot\hat{p}|\frac{X}{\sqrt{2}}\rangle + \langle iS|\frac{\hbar}{m_0}\vec{k}\cdot\hat{p}|\frac{iY}{\sqrt{2}}\rangle$$

$$+ \langle iS|[\nabla V \times \hat{p}]\cdot\sigma_z|-\frac{1}{\sqrt{2}}(X-iY)\rangle$$

$$= -\frac{\hbar}{m_0}\underbrace{\langle iS|\frac{\hbar}{i}\frac{\partial}{\partial x}|X\rangle}_{P_2}\frac{k_x}{\sqrt{2}} + \frac{\hbar}{m_0}\underbrace{\langle iS|\frac{\hbar}{i}\frac{\partial}{\partial y}|Y\rangle}_{P_2}\frac{ik_y}{\sqrt{2}} + \langle iS|\underbrace{\left(\frac{\partial V}{\partial x}p_y - \frac{\partial V}{\partial y}p_x\right)}_{=0}|-\frac{1}{\sqrt{2}}(X+iY)\rangle$$

$$\underline{\underline{H_{13} = -\frac{P_2(k_x - ik_y)}{\sqrt{2}}}} \tag{F.4}$$

$$H_{31} = \langle -\frac{1}{\sqrt{2}}(X+iY)\uparrow|H_0 + \frac{\hbar}{m_0}\vec{k}\cdot\hat{p} + [\nabla V \times \hat{p}]\cdot\vec{\overline{\sigma}}|-iS\uparrow\rangle$$

$$= -\frac{\hbar}{m_0}\langle X|\frac{\hbar}{i}\frac{\partial}{\partial x}|-iS\rangle\frac{k_x}{\sqrt{2}} - \frac{\hbar}{m_0}\langle Y|\frac{\hbar}{i}\frac{\partial}{\partial y}|-iS\rangle\frac{ik_y}{\sqrt{2}}$$

$$= \frac{\hbar}{m_0}\underbrace{\langle X|\frac{\hbar}{i}\frac{\partial}{\partial x}|iS\rangle}_{-\langle iS|\frac{\hbar}{i}\frac{\partial}{\partial y}|X\rangle = -P_2}\frac{k_x}{\sqrt{2}} + \frac{\hbar}{m_0}\underbrace{\langle Y|\frac{\hbar}{i}\frac{\partial}{\partial y}|iS\rangle}_{-\langle iS|\frac{\hbar}{i}\frac{\partial}{\partial y}|Y\rangle = -P_2}\frac{ik_y}{\sqrt{2}}$$

F.1 Kane - Matrixelemente

$$\underline{\underline{H_{31}}} = -\frac{P_2(k_x + ik_y)}{\sqrt{2}} \tag{F.5}$$

$$H_{14} = \langle iS \uparrow | H_0 + \frac{\hbar}{m_0}\vec{k}\cdot\hat{p} + [\nabla V \times \hat{p}]\cdot\overline{\overline{\sigma}}| \frac{1}{\sqrt{2}}(X+iY)\uparrow\rangle$$

$$\underline{\underline{H_{14}}} = \frac{P_2(k_x - ik_y)}{\sqrt{2}} \tag{F.6}$$

$$H_{41} = \langle \frac{1}{\sqrt{2}}(X-iY)\uparrow | H_0 + \frac{\hbar}{m_0}\vec{k}\cdot\hat{p} + [\nabla V \times \hat{p}]\cdot\overline{\overline{\sigma}}| -iS\uparrow\rangle$$

$$\underline{\underline{H_{41}}} = \frac{P_2(k_x + ik_y)}{\sqrt{2}} \tag{F.7}$$

$$H_{15} = \langle iS \uparrow | H_0 + \frac{\hbar}{m_0}\vec{k}\cdot\hat{p} + [\nabla V \times \hat{p}]\cdot\overline{\overline{\sigma}}|Z\uparrow\rangle$$

$$= \underbrace{\langle iS\uparrow|H_0|Z\uparrow\rangle}_{\langle iS|H_0|Z\rangle=0} + \underbrace{\frac{\hbar}{m_0}\langle iS|\frac{\hbar}{i}\frac{\partial}{\partial z}|Z\rangle}_{P_1} k_z + \langle iS| \underbrace{\left(\frac{\partial V}{\partial x}p_y - \frac{\partial V}{\partial y}p_x\right)}_{=0}|Z\rangle$$

$$\underline{\underline{H_{15}}} = P_1 k_z \tag{F.8}$$

$$H_{51} = \langle Z\uparrow | H_0 + \frac{\hbar}{m_0}\vec{k}\cdot\hat{p} + [\nabla V \times \hat{p}]\cdot\overline{\overline{\sigma}}| -iS\uparrow\rangle$$

F Matrixelemente

$$= \underbrace{\langle Z \uparrow | H_0 | - iS \uparrow \rangle}_{= 0} + \frac{\hbar}{m_0} \underbrace{\langle Z | \frac{\hbar}{i} \frac{\partial}{\partial z} | - iS \rangle}_{-(-\langle iS | \frac{\hbar}{i} \frac{\partial}{\partial z} | Z \rangle)} k_z + \underbrace{\langle Z | \left(\frac{\partial V}{\partial x} p_y - \frac{\partial V}{\partial y} p_x \right) | - iS \rangle}_{= 0}$$

$$\underbrace{P_1}$$

$$\underline{\underline{H_{51} = P_1 k_z}} \tag{F.9}$$

$$H_{16} = \langle iS \uparrow | H_0 + \frac{\hbar}{m_0} \vec{k} \cdot \hat{p} + [\nabla V \times \hat{p}] \cdot \overline{\overline{\vec{\sigma}}} | \frac{1}{\sqrt{2}} (X - iY) \downarrow \rangle$$

$$= \underbrace{\langle iS \uparrow | H_0 + \frac{\hbar}{m_0} \vec{k} \cdot \hat{p} | \frac{1}{\sqrt{2}} (X - iY) \downarrow \rangle}_{0 \ (\text{da } \uparrow \cdot \downarrow = 0)}$$

$$+ \langle iS | \underbrace{\left(\frac{\partial V}{\partial y} p_z - \frac{\partial V}{\partial z} p_y \right)}_{= 0 \ (\text{s.h. oben})} + \underbrace{\left(\frac{\partial V}{\partial z} p_x - \frac{\partial V}{\partial x} p_z \right)}_{= 0} | \frac{1}{\sqrt{2}} (X - iY) \rangle$$

$$\underline{\underline{H_{16} = 0}} \tag{F.10}$$

$$H_{33} = \langle -\frac{1}{\sqrt{2}} (X + iY) \uparrow | H_0 + \frac{\hbar}{m_0} \vec{k} \cdot \hat{p} + [\nabla V \times \hat{p}] \cdot \overline{\overline{\vec{\sigma}}} | -\frac{1}{\sqrt{2}} (X - iY) \uparrow \rangle$$

$$= \frac{1}{2} \underbrace{\langle X | H_0 | X \rangle}_{E_v + \Delta_1} - \frac{i^2}{2} \underbrace{\langle Y | H_0 | Y \rangle}_{E_v + \Delta_1} - \underbrace{\frac{i}{2} \langle X | H_0 | Y \rangle}_{= 0 \ (\text{s.h. oben})} + \underbrace{\frac{i}{2} \langle Y | H_0 | X \rangle}_{= 0}$$

$$+ \underbrace{\langle -\frac{1}{\sqrt{2}} (X + iY) | \frac{\hbar}{m_0} \vec{k} \cdot \hat{p} | -\frac{1}{\sqrt{2}} (X - iY) \rangle}_{= 0 \ (\text{s.h. oben})}$$

$$\tag{F.11}$$

F.2 Luttinger - Kohn - Matrixelemente

Für einen besseren Überblick berechnen wir die Matrix $D_{jj'}$ aus Gleichung (E.28) zunächst für die einfachen Basisfunktionen $j, j' = X, Y, Z$.

$$D_{3\times 3} = \begin{pmatrix} L_1 k_x^2 + M_1 k_y^2 + M_2 k_z^2 & N_1 k_x k_y & N_2 k_x k_z \\ N_1 k_x k_y & M_1 k_x^2 + L_1 k_y^2 + M_2 k_z^2 & N_2 k_y k_x \\ N_2 k_x k_y & N_2 k_y k_x & M_3 (k_x^2 + k_y^2) + L_2 k_z^2 \end{pmatrix} \begin{matrix} |X\rangle \\ |Y\rangle \\ |Z\rangle \end{matrix} \quad (\text{F.12})$$

mit Spaltenbezeichnungen $|X\rangle$, $|Y\rangle$, $|Z\rangle$.

Für das Element D_{XX} gilt beispielhaft:

$$D_{XX} = \sum_{\alpha,\beta} D_{XX}^{\alpha\beta} k_\alpha k_\beta$$

$$= \frac{\hbar^2}{2m_0} \left[(1 + D_{XX}^{xx}) k_x^2 + (0 + D_{XX}^{xy}) k_x k_y + (0 + D_{XX}^{xz}) k_x k_z \right.$$

$$+ (0 + D_{XX}^{yx}) k_x k_y + (1 + D_{XX}^{yy}) k_y^2 + (0 + D_{XX}^{yz}) k_x k_z$$

$$\left. + (0 + D_{XX}^{zx}) k_z k_x + (0 + D_{XX}^{zy}) k_z k_y + (1 + D_{XX}^{zz}) k_z^2 \right]$$

$$= \underbrace{\frac{\hbar^2}{2m_0} \left(1 + \sum_\gamma^B \frac{2 p_{X\gamma}^x p_{\gamma X}^x}{m_0 (E_0 - E_\gamma)}\right)}_{L_1} k_x^2 + \underbrace{\frac{\hbar^2}{2m_0} \left(1 + \sum_\gamma^B \frac{2 p_{X\gamma}^y p_{\gamma X}^y}{m_0 (E_0 - E_\gamma)}\right)}_{M_1} k_y^2$$

$$+ \underbrace{\frac{\hbar^2}{2m_0} \left(1 + \sum_\gamma^B \frac{2 p_{X\gamma}^z p_{\gamma X}^z}{m_0 (E_0 - E_\gamma)}\right)}_{M_2} k_z^2$$

$$= L_1 k_x^2 + M_1 k_y^2 + M_2 k_z^2 \quad (\text{F.13})$$

Die Bandstruktur-Parameter aus F.12 sind definiert als:

$$L_1 = \frac{\hbar^2}{2m_0} \left(1 + \sum_\gamma^B \frac{2 p_{X\gamma}^x p_{\gamma X}^x}{m_0 (E_0 - E_\gamma)}\right) = \frac{\hbar^2}{2m_0} \left(1 + \sum_\gamma^B \frac{2 p_{Y\gamma}^y p_{\gamma Y}^y}{m_0 (E_0 - E_\gamma)}\right) \quad (\text{F.14})$$

$$L_2 = \frac{\hbar^2}{2m_0} \left(1 + \sum_\gamma^B \frac{2 p_{Z\gamma}^z p_{\gamma Z}^z}{m_0 (E_0 - E_\gamma)}\right) \quad (\text{F.15})$$

F Matrixelemente

$$M_1 = \frac{\hbar^2}{2m_0}\left(1 + \sum_\gamma^B \frac{2p^y_{X\gamma}p^y_{\gamma X}}{m_0(E_0 - E_\gamma)}\right) = \frac{\hbar^2}{2m_0}\left(1 + \sum_\gamma^B \frac{2p^x_{Y\gamma}p^x_{\gamma Y}}{m_0(E_0 - E_\gamma)}\right) \tag{F.16}$$

$$M_2 = \frac{\hbar^2}{2m_0}\left(1 + \sum_\gamma^B \frac{2p^z_{X\gamma}p^z_{\gamma X}}{m_0(E_0 - E_\gamma)}\right) = \frac{\hbar^2}{2m_0}\left(1 + \sum_\gamma^B \frac{2p^z_{Y\gamma}p^z_{\gamma Y}}{m_0(E_0 - E_\gamma)}\right) \tag{F.17}$$

$$M_3 = \frac{\hbar^2}{2m_0}\left(1 + \sum_\gamma^B \frac{2p^x_{Z\gamma}p^x_{\gamma Z}}{m_0(E_0 - E_\gamma)}\right) = \frac{\hbar^2}{2m_0}\left(1 + \sum_\gamma^B \frac{2p^y_{Z\gamma}p^y_{\gamma Z}}{m_0(E_0 - E_\gamma)}\right) \tag{F.18}$$

$$N_1 = \frac{\hbar^2}{2m_0}\sum_\gamma^B \frac{p^x_{X\gamma}p^y_{\gamma Y} + p^y_{X\gamma}p^x_{\gamma Y}}{E_0 - E_\gamma} \tag{F.19}$$

$$N_2 = \frac{\hbar^2}{2m_0}\sum_\gamma^B \frac{p^x_{X\gamma}p^z_{\gamma Z} + p^z_{X\gamma}p^x_{\gamma Z}}{E_0 - E_\gamma} = \frac{\hbar^2}{2m_0}\sum_\gamma^B \frac{p^y_{Y\gamma}p^z_{\gamma Z} + p^z_{Y\gamma}p^y_{\gamma Z}}{E_0 - E_\gamma} \tag{F.20}$$

Betrachtet man ein kubisches System in dem alle drei Richtungen gleich sind so entsprechen diese Bandstruktur-Parameter den Luttinger-Kohn-Parametern.

$$L_1 = L_2 = \gamma_1 \tag{F.21}$$

$$M_1 = M_2 = \gamma_2 \tag{F.22}$$

$$N_1 = N_2 = \gamma_3 \tag{F.23}$$

Geht man nun nicht von diesen einfachen Basisfunktionen aus sondern verwendet die üblichen aus E.8, so ergibt sich folgender 6×6 Hamiltonian:

$$D_{6\times 6} = \begin{pmatrix} D_{11} & D_{21}^* & -D_{23}^* & 0 & 0 & 0 \\ D_{21} & D_{11} & D_{23} & 0 & 0 & 0 \\ -D_{23} & D_{23}^* & D_{zz} & 0 & 0 & 0 \\ 0 & 0 & 0 & D_{11} & D_{21} & D_{23} \\ 0 & 0 & 0 & D_{21}^* & D_{11} & -D_{23}^* \\ 0 & 0 & 0 & D_{23}^* & -D_{23} & D_{zz} \end{pmatrix}. \tag{F.24}$$

Hierbei kann man die gesamte Matrix mit Hilfe von nur vier Matrixelementen ausdrücken:

$$D_{11} = \left(\frac{L_1 + M_1}{2}\right)(k_x^2 + k_y^2) + M_2 k_z^2$$
$$D_{zz} = M_3(k_x^2 + k_y^2) + L_2 k_z^2$$
$$D_{21} = -\frac{1}{2}N_1(k_x + ik_y)^2$$

F.2 Luttinger - Kohn - Matrixelemente

$$D_{23} = \frac{1}{\sqrt{2}} N_2 \left(k_x + ik_y\right) k_z.$$

Zwischen den hier eingeführten Bandstruktur-Parametern und den oft gebräuchlichen A-Parameter aus dem Pikus-Bir-Modell besteht folgender Zusammenhang:

$$\begin{aligned}
A_1 &= \frac{2m_0}{\hbar^2} L_1, & A_2 &= \frac{2m_0}{\hbar^2} M_3, & A_3 &= \frac{2m_0}{\hbar^2}(M_2 - L_2) \\
A_4 &= \frac{m_0}{\hbar^2}(L_1 + M_1 - 2M_3), & A_5 &= \frac{m_0}{\hbar^2} N_1, & A_6 &= \frac{2m_0}{\hbar^2} \frac{N_2}{\sqrt{2}}
\end{aligned} \quad (F.25)$$

Verwendet man nun diese Zusammenhänge im Hamiltonian F.24 so erhält man den oft verwendeten Hamiltonian 3.41 zur Beschreibung der Valenzband-Dispersion in Halbleitern.

F Matrixelemente

Literaturverzeichnis

[1] M. Razeghi, A. Rogalski, *Semiconductor ultraviolet detectors*, J. Appl. Phys. **79**, 7433 (1996)

[2] H.J. Looi, M.D. Whitfield, R.B. Jackman, *Semiconductor ultraviolet detectors*, Appl. Phys. Lett. **74**, 3332 (1999)

[3] U. Karrer, A. Dobner, O. Ambacher, M. Stutzmann, *AlGaN-based ultraviolet light detectors with integrated optical filters*, J. Vac. Sci. Technol. B **18**, 757 (2000)

[4] C. Gmachl, H.M. Ng, A.Y. Cho, *Intersubband absorption in degenerately doped GaN/AlxGa1xN coupled double quantum wells*, Appl. Phys. Lett. **79**, 1590 (2001)

[5] A. Lloyd-Spetz, A. Baranzahi, P. Tobias, I. Lundström, *High Temperature Sensors on Metal-Insulator-Silicon Carbide Devices*, Phys. stat. sol. (a) **162**, 493 (1997)

[6] A. Ozgur, W. Kim, Z. Fan, A. Botchkarev, A. Salvador, S.N. Mohammad, B. Sverdlov, H. Morkoc, *High transconductance normally-off GaN MODFETs*, Electron. Lett. **31**, 1389 (1995)

[7] M.A. Khan, Q. Chen, J.W. Yang, M.S. Shur, B.T. Dermott, J.A. Higgins, *Microwa-ve operation of GaN/AlGaN-doped channel heterostructure field effect transistors*, IEEE Electron Dev. Lett **17**, 325 (1996)

[8] S. Nakamura, T. Mukai, M. Senoh, *High-Power GaN p-n junction Blue-light emitting Diodes*, Jap. J. of Appl. Phys **30**, L1998 (1991)

[9] S. Nakamura, T. Mukai, M. Senoh, *p-GaN/n-InGaN/n-GaN doubleheterostructure blue light emitting diodes*, Jap. J. of Appl. Phys **32**, L8 (1993)

[10] S. Nakamura, S. Nagahama N. Iwasa T. Mukai, M. Senoh, $In_xGa_{1-x}N/In_yGa_{1-y}N$ *superlattices grown on GaN films*, J. of Appl. Phys **74**, 3911 (1993)

[11] S. Nakamura, N. Iwasa M. Senoh, S.-I. Nagahama, *High-power InGaN single-quantum-well-structure blue and violet light-emitting diodes*, Appl. Phys. Lett. **67**, 1868 (1995)

[12] S. Nakamura, *InGaN/AlGaN blue light-emitting diodes*, J. Vac. Sci. Technol. A **13**, 705 (1995)

[13] S. Nakamura, S.-I. Nagahama T. Yamada M. Senoh, N. Iwasa, T. Mukai, *Superbright green InGaN single-quantum-well-structure light-emitting diodes*, Jap. J. of Appl. Phys. **34**, L1332 (1995)

Literaturverzeichnis

[14] S. Nakamura, S.-I. Nagahama M. Senoh, N. Iwasa, *High-brightness InGaN blue, green and yellow light-emitting diodes with quantum well structures*, Jap. J. of Appl. Phys. **34**, L797 (1995)

[15] T. Yoshitaka, M. Kasu, T. Makimoto, *An aluminium nitride light-emitting diode with a wavelength of 210 nanometers*, Nature **441**, 325 (2006)

[16] M. Suzuki, T. Uenoyama, A. Yanase, *First-principle calculations of effective-mass parameters of AlN and GaN*, Phys. Rev. B **54**, 2491 (1995)

[17] K. Shimada, T. Sota, K. Suzuki, *First-principles study on electronic and elastic properties of BN, AlN, and GaN*, J. Appl. Phys. **84**, 4951 (1996)

[18] L.X. Benedict, T. Wethkamp, K. Wilmers, C. Cobet, N. Esser, E.L. Shirley, W. Richter, M. Cardona, *Dielectric Function of Wurtzite GaN and AlN thin films*, Sol. Stat. Com. **112**, 129 (1999)

[19] J.M. Wagner, F. Bechstedt, *Properties of strained wurtzite GaN and AlN: Ab initio studies*, Phys. Rev. B **66**, 115202 (2002)

[20] W.M. Yim, E.J. Stofko, P.J. Zanzucchi, J.I. Pankove, M. Ettenberg, S.L. Gilbert, *Epitaxially grown AlN and its optical band gap*, J. Appl. Phys. **44**, 292 (1972)

[21] P.B. Perry, R.F. Rutz, *The optical absorption edge of single-crystal AlN prepared by a closed-spaced vapor process*, Appl. Phys. Lett. **33**, 319 (1978)

[22] L. Chen, B.J. Skromme, R.F. Dalmau, R. Schlesser, Z. Sitar, C. Chen, W. Sun, J. Yang, M.A. Khan, M.L. Nakarmi, J.Y. Lin, H.X. Jiang, *Band-edge exciton states in AlN single crystals and epitaxial layers*, Appl. Phys. Lett. **85**, 4334 (2005)

[23] E. Silveira, J.A. Freitas, O.J. Glembocki, G.A. Slack, L.J. Schowalter, *Exzitonic structure of bulk AlN from optical reflectivity and cathodoluminescence measurements*, Phys. Rev. B **71**, 041201 (2005)

[24] H. Ikeda, T. Okamura, K. Matsukawa, T. Sota, M. Sugawara, T. Hoshi, P. Cantu, R. Sharma, J.F. Kaeding, S. Keller, U.K. Mishra, K. Kosaka, K. Asai, S. Sumiya, T. Shibata, M. Tanaka, J.S. Speck, S.P. DenBaars, S. Nakamura, T. Koyama, T. Onuma, S.F. Chichibu, *Impact of strain on free-exciton resonance energies in wurtzite AlN*, J. Appl. Phys. **102**, 123707 (2007)

[25] Y. Yamada, K. Choi, s. Shin, H. Murotani, T. Taguchi, N. Okada, H. Amano, *Photoluminescence from higghly excited AlN epitaxial layers*, Appl. Phys. Lett. **92**, 131912 (2008)

[26] A. Sedhain, N. Nepal, M.L. Nakarmi, T.M. Al-Tahtamouni, J.Y. Lin, H.X. Jiang, Z. Gu, J.H. Edgar, *Photoluminescence properties of AlN homoepilayers with different orientations*, Appl. Phys. Lett. **93**, 041905 (2008)

[27] H. Murotani, T. Kuronaka, Y. Yamada, T. Taguchi, N. Okada, H. Amano, *Temperature dependence of excitonic transitions in a-plane AlN epitaxial layers*, J. Appl. Phys. **105**, 083533 (2009)

[28] M. Feneberg, R.A.R. Leute, B. Neuschl, K. Thonke, M. Bickermann, *High-excitation and high-resolution photoluminescence spectra of bulk AlN*, Phys. Rev. B **82**, 075208 (2010)

[29] Y. Kumagai, T. Yamane, A. Koukitu, *Growth of thick AlN layers by hydride vapor-phase epitaxy*, J. Crys. Growth **218**, 62 (2005)

[30] K. Eriguchi, T. Hiratsuka, H. Murakami, Y. Kumagai, A. Koukitu, *High-temperature growth of thick AlN layers on sapphire (0001) substrates by solid source halide vapor-phase epitaxy*, J. Crys. Growth **310**, 4016 (2008)

[31] Y. Kumagai, T. Tajima, M. Ishizuki, T. Nagashima, H. Murakami, K. Takada, A. Koukitu, *Self-separation of a thick AlN layer from a sapphire substrate via interfacial voids formed by the decomposition of sapphire*, J. Crys. Growth **1**, 045003 (2008)

[32] J. Brault, E. Bellet-Amalric, S. Tanaka, F. Enjalbert, D.L. Dang, E. Sarigiannidou, J.L. Rouviere, G. Feuillet, B. Daudin, *Characteristics of AlN growth on vicinal SiC(0001) substrates by molecular beam epitaxy*, Phys. Stat. Sol. (b) **240**, 314 (2003)

[33] T. Schupp, K. Lischka, D.J. As, *MBE growth of atomically smooth non-polar cubic AlN*, J. Chrys. Growth **312**, 1500 (2010)

[34] D.J. As, *Cubic group-III nitride-based nanostructures-basics and applications in optoelectronics*, Microelectronic J. **40**, 204 (2009)

[35] T. Schupp, G. Rossbach, P. Schley, R. Goldhahn, M. Röppischer, N. Esser, C. Cobet, K. Lischka, D.J. As, *MBE growth of cubic AlN on 3C-SiC substrate*, Phys. Stat. Sol. (a) **207**, 1365 (2010)

[36] T. Schupp, G. Rossbach, P. Schley, R. Goldhahn, K. Lischka, D.J. As, *Growth of atomically smooth cubic AlN by molecular beam epitaxy*, Phys. Stat. Sol. (c) **7**, 17 (2010)

[37] F. Sökeland, M. Rohlfing, P. Krüger, J. Pollmann, Phys. Rev. B **68**, 075203 (2003)

[38] A. Qteish, A. I. Al-Sharif, M. Fuchs, M. Scheffler, S. Boeck, J. Neugebauer, Phys. Rev. B **72**, 155317 (2005)

[39] F. Bechstedt, K. Seino, P. H. Hahn, W. G. Schmidt, Phys. Rev. B **72**, 245114 (2005)

[40] F. Litimein, B. Bouhafs, Z. Dridi, P. Ruterana, New J. Phys. **4**, 64 (2002)

[41] C. Cobet, *Linear optical properties of III-nitride semiconductors between 3 and 30 eV*, Dissertation, Berlin (2005)

[42] C. Cobet, R. Goldhahn, W. Richter, N. Esser, *Identification of van Hove singularities in the GaN dielectric function: a comparison of cubic and hexagonal phase*, Phys. Stat. Sol. (b) **246**, 1440 (2010)

[43] S.L. Chuang, C.S. Chang, *kp methode for strained wurtzite semiconductor*, Phys. Rev. B **54**, 2491 (1996)

[44] H.Y. Peng, Y.M. Gupta, M.D. McCluskey, *Shock-induced band-gap shift in GaN: Anisotropy of the deformation potentials*, Phys. Rev. B **71**, 115207 (2005)

[45] R.L. Kronig, *ON THE THEORY OF DISPERSION OF X-RAYS*, J. Opt. Soc. Am. **12**, 547 (1926)

[46] W. Demtröder, *Experimentalphysik 3: Atome, Moleküle and Festkörper*, Band 4 (Springer-Verlag, Berlin Heidelberg, 1996)

[47] M. Cardona, F.H. Pollak, *Energy-band structure of Germanium and silicon - kp method*, Phys. Rev. **142**, 530 (1966)

[48] P.Y. Yu, M. Cardona, *Fundamentals of Semiconductors: Physics and Materials Properties*, Band 4 (Springer-Verlag, Heidelberg, 2010)

[49] G.H. Wannier, *The Structure of Electronic Excitation Levels in Insulating Crystals*, Phys. Rev. **52**, 191 (1937)

[50] N.F. Mott, *Conduction in polar crystals II. The conduction band and ultra-violet absorption of alkali-halide crystals*, Transactions of the Faraday Society **34**, 500 (1938)

[51] G.G. Macfarlane, T.P. Mclean, J.E. Quarrington, V. Roberts, *Exziton and phonon effects in the absorption spectra of Germanium and Silicon*, J. Phys. Chem. Solids **8**, 388 (1959)

[52] W.Y. Liang, A.D. Yoffe, *Transmission Spectra of ZnO Single Crystals*, Phys. Rev. Lett. **20**, 59 (1968)

[53] A.J. Fischer, W. Shan, J.J. Song, Y.C. Chang, R. Horning, B. Goldenberg, *Temperature-dependent absorption measurements of excitons in GaN epilayers*, Appl. Phys. Lett. **71**, 1981 (1997)

[54] J.F. Muth, J.H. Lee, I.K. Shmagin, R.M. Kolbas, H.C. Casey Jr., B.P. Keller, U.K. Mishra, S.P. DenBaars, *Absorption coefficient, energy gap, exciton binding energy, and recombination lifetime of GaN obtained from transmission measurements*, Appl. Phys. Lett. **71**, 2572 (1997)

[55] J.F. Muth, R.M. Kolbas, A.K. Sharma, S. Oktyabrsky, J. Narayan, *Excitonic structure and absorption coefficient measurements of ZnO single crystal epitaxial films deposited by pulsed laser deposition*, J. Appl. Phys. **85**, 7884 (1999)

[56] P.L. Washington, H.C. Ong, J.Y. Dai, R.P.H. Chang, *Determination of the optical constants of zinc oxide thin films by spectroscopic ellipsometry*, Appl. Phys. Lett. **72**, 3261 (1998)

[57] J. Dillinger, È. Koòák, V. Prosser, J. Sak, M. Zvára, *Phonon-Assisted Exciton Transitions in II-VI Semiconductors*, Phys. Stat. Sol. (b) **29**, 707 (1968)

[58] R. Zimmermann, C. Trallero-Giner, *Exciton-phonon resonance in the continuum absorption of bulk semiconductors*, Phys. Rev. B **56**, 9488 (1997)

[59] Y. Toyozawa, J. Hermanson, *Exciton-Phonon Bound State and the Vibronic Spectra of Solids*, Phys. Rev. B **2**, 5043 (1970)

[60] J. Sak, *Phonon Sideband in Exciton Absorption: Perturbation Theory*, Phys. Rev. Lett. **25**, 1654 (1970)

[61] K. Hannewald, P. A. Bobbert, *Nonperturbative theory of exciton-phonon resonances in semiconductor absorption*, Phys. Rev. B **72**, 113202 (2005)

[62] S. Shokhovets, O. Ambacher, B.K. Meyer, G. Gobsch, *Anisotropy of the momentum matrix element, dichroism, and conduction-band dispersion relation of wurtzite semiconductors*, Phys. Rev. B. **78**, 035207 (2008)

[63] H. Föhlich, *Electrons in lattice fields*, Advances in Physics **3**, 325 (1954)

[64] A. Müller, G. Benndorf, S. Heitscha, C. Sturma, M. Grundmann, *Exciton phonon coupling and exciton thermalization in $Mg_xZn_{1-x}O$ thin films*, Sol. Stat. Comm. **148**, 570 (2008)

[65] R. Ulbrich, *Materials Science and Technology*, W. Schröter (Hg.), Kapitel: Electrical and Optical Characteristics of Crystalline

[66] D.E. Aspnes, *Approximate solution of ellipsometric equations for optical biaxial crystals*, J. Opt. Soc. Am. **70**, 1275 (1980)

[67] R.M.A. Azzam, N.B. Bashara, *Ellipsometry and polarized light* (North-Holland Personal Library, Amsterdam, 1987)

[68] K. Hingerl, D.E. Aspnes, I. Kamiya, L.T. Florez, *Relationship among reflectance-difference spectroscopy, surface photoabsorption and spectroellipsometry*, Appl. Phys. Lett. **63**, 885 (1993)

[69] D.E. Aspnes, *The Accurate Determination of optical properties by ellipsometry*, in E.D. Palik (Hg.), *Handbook of optical constants of solids*, 89–112 (Academic Press, Amsterdam, 1985)

[70] D.E. Aspnes, J.B. Theeten, F. Hottier, *Investigation of effective-medium models of surface roughness by spectroscopic ellipsometry*, Phys. Rev. B **20**, 3292 (1979)

Literaturverzeichnis

[71] D.E. Aspnes, *Thin solid films*, Akademie-Verlag, Berlin **89**, 249 (1982)

[72] D.A.G. Bruggeman, *Berechnung verschiedener physikalischer Konstanten von heterogenen Substanzen*, Ann. Phys. (Leipzig) **24**, 636 (1935)

[73] A. Röseler, *Infrared spectroscopic ellipsometry*, Akademie-Verlag, Berlin (1990)

[74] H.G. Tompkins, *A user's guide to ellipsometry* (Academic Press, San Diego, 1993)

[75] R. Goldhahn, Acta Phys. Polonica A **104**, 123 (2003)

[76] B. Johs, C.M. Herzinger, J.H. Dinan, A. Cornfeld, J.D. Benson, *Development of a parametric optical constant model for $Hg1-xCdxTe$ for control of composition by spectroscopic ellipsometry during MBE growth*, Thin Solid Films **313**, 137 (1998)

[77] B. Johs, *Dielectric function parametric model, and method of use* (US-Patent No. 5,796,983, 1998)

[78] D.E. Aspnes, J.E. Rowe, *Resonant nonlinear optical susceptibility: Electroreflectance in the low-field limit*, Phys. Rev. B **5**, 4022 (1972)

[79] D.E. Aspnes, *Resonant nonlinear optical susceptibility: Electroreflectance in the low-field limit*, Phys. Rev. Lett. **28**, 168 (1972)

[80] R.J. Elliot, *Intensity of Optical Absorption by Excitons*, Phys. Rev. **108**, 1384 (1957)

[81] W. Paszkowicz, S. Podsiadlo, R. Minikayev, *Rietveld-refinement study of aluminium and gallium nitrides*, J. Alloys Compounds **382**, 100 (2004)

[82] W. Paszkowicz, R. Cerny, S. Krukowski, *Rietveld refinement for indium nitride in the 105-295 K range*, Powder Diffr. **18**, 114 (2003)

[83] X.H. Zhenga, Y.T. Wanga, Z.H. Fenga, H. Yanga, H. Chenb, J.M. Zhoub, J.W. Lianga, *Method for measurement of lattice parameter of cubic GaN layers on GaAs (001)*, J. Chrys. Growth **250**, 345 (2003)

[84] Y.K. Kuo, B.T. Liou, S.H. Yen, H.Y. Chu, *Vegard's law deviation in lattice constant and band gap bowing parameter of zincblende $In_xGa_{1-x}N$*, Opt. Comm. **237**, 363 (2004)

[85] Hohenberg K., Kohn W., *Inhomogeneous Electron Gas*, Phys. Rev. B **136**, 864 (1964)

[86] W. Kohn, L.J. Sham, *Self-consistent equations including exchange and correlation effects*, Phys. Rev. B **140**, 1133 (1965)

[87] W.R.L. Lambrecht, B. Segal, S. Strite, G. Martin, A. Agarwal, H. Morkoc, A. Rockett, *X-ray photoelectron spectroscopy and theory of the valence band and semicore Ga 3d states in GaN*, Phys. Rev. B **50**, 14155 (1994)

[88] M. Rohlfing, *Quasiteilchen-Bandstrukturenvon Halbleitern and Halbleiter-Oberflächen*, Dissertation, Münster (1996)

[89] W.R.L. Lambrecht, B. Segall, J. Rife, W.R. Hunter, D.K. Wickende, *UV reflectivity of GaN: Theory and experiment*, Phys. Rev. B **51**, 13516 (1995)

[90] W.R.L. Lambrecht, M. Prikhodko, *Anisotropy of UV-reflectivity in wurtzite crystals: A comparison between GaN and CdSe*, Solid State Communications **121**, 549 (2002)

[91] K. Lawniczak-Jablonska, T. Suski, I. Gorczyca, N.E. Christensen, K.E. Attenkofer, R.C.C Perera, E.M. Gullikson, J.H. Underwood, D.L. Ederer, Z.L. Weber, *Electronic states in valence and conduction bands of group-III-nitrides: Experiment and theory*, Phys. Rev. B **61**, 16623 (2000)

[92] P. Dudesek, L. Benco, C. Daul, K. Schwarz, *d-to-s bonding in GaN*, J. Phys. Condens. Matter **10**, 7155 (1998)

[93] Y.N. Xu, W.Y. Ching, *Electronic, optical and structural properties of some wurtzite crystals*, Phys. Rev. B **48**, 4335 (1993)

[94] J. Bardeen, *An improved calculation of the energies of metallic Li and Na*, J. Chem. Phys. **6**, 367 (1938)

[95] F. Seitz, *The Modern Theory of Solids*, New York 352 (1940)

[96] J.M. Luttinger, W. Kohn, *Motion of Elektrons and Holes in Perturbed Periodic Fields*, Phys. Rev. **97**, 869 (1955)

[97] E.O. Kane, *Band Structure of Indium Antimonide*, J. Chem. Phys. **1**, 249 (1957)

[98] A. Shikanai, S. Chichibu, A. Kuramata, K. Horion, S. Nakamura, T. Azuhata, T. Sota, *Biaxial strain dependence of exciton resonance energies in wurtzite GaN*, J. Appl. Phys. **81**, 417 (1997)

[99] G.F. Koster, *Space Groups and their Representations*, Solid State Phys. **5**, 173 (1957)

[100] G.F. Koster, J.O. Dimmock, R.G. Wheeler, H. Statz, *Properties of the Thirty- Two Point Groups* (MIT Press, Cambridge, Massachusetts, 1963)

[101] S.H. Wei, A. Zunger, *Valence band splittings and band offsets of AlN, GaN and InN*, Appl. Phys. Lett. **69**, 2719 (1996)

[102] J. Bhattacharyya, S. Ghosh, Phys. Stat. Sol. (a) **204**, 439 (2007)

[103] G.L. Bir, G.E. Pikus, *Symmetry and Strain-Induced Effects in Semiconductors*, Wiley, New York, 1974

[104] J. Bhattacharyya, S. Ghosh, H.T. Grahn, *Optical polarization properties of interband transitions in strained group-III-nitride alloy films on GaN substrates with nonpolar orientation*, Appl. Phys. Lett. **93**, 051913 (2008)

[105] I. Vurgaftman, J.R. Meyer, *Band parameters for nitrogen-containing semiconductors*, J. Appl. Phys. **94**, 3675 (2003)

[106] A. Polian, M. Grimsditch, Grzegory, *Analytical solutions of the block-diagonalized Hamiltonian for strained wurtzite semiconductors*, J. Appl. Phys. **79**, 3343 (1996)

[107] P. Schley, R. Goldhahn, C. Napierala, G. Gobsch, J. Schörmann, D. J. As, K. Lischka, M. Feneberg, K. Thonke, *Dielectric function of cubic InN from the mid-infrared to the visible spectral range*, Semiconductor Science and Technology **23**, 055001 (2008)

[108] S. Ghosh, P. Waltereit, O. Brandt, H.T. Grahn, K.H. Ploog, *Electronic band strukture of wurtzite GaN under biaxial strain in the M plane investigated with photoreflection spectroscopy*, Phys. Rev. B **65**, 075202 (2002)

[109] Shimada K., Sota T., Suzuki K., , J. Appl. Phys. **84**, 4951 (1998)

[110] J.M. Wagner, F. Bechstedt, *Dielectric function spectra of GaN, AlGaN and GaN/AlGaN heterostructures*, J. Appl. Phys. **89**, 2779 (2001)

[111] C. Roder, S. Einfeldt, S. Figge, T. Paskova, D. Hommel, P.P. Paskov, B. Monemar, U. Behn, B.A. Haskell, P.T. Fini, S. Nakamura, *Stress and wafer bending of a-plane GaN layers on r-plane sapphire substrates*, J. Appl. Phys. **100**, 103511 (2006)

[112] A. Alemu, B. Gil, M. Julier, S. Nakamura, *Optical properties of wurtzite GaN epilayers grwon on A-plane sapphire* , Phys. Rev. B **57**, 3761 (1998)

[113] V. Darakchieva, P. P. Paskov, T. Paskova, E. Valcheva, B. Monemar, *Lattice parameters of GaN layers grown on a-plane sapphire: Effect of in-plane strain anisotropy*, Appl. Phys. Lett. **82**, 703 (2003)

[114] M. Röppischer, R. Goldhahn, C. Buchheim, F. Furtmayr, T. Wassner, M. Eickhoff, C. Cobet, N. Esser, *Analysis of polarization-dependent photoreflectance studies for c-plane GaN films grown on a-plane sapphire*, Phys. Stat. Sol. (a) **206**, 773 (2009)

[115] S. Ghosh, P. Waltereit, A. Thamm, O. Brandt, H.T. Grahn, K.H. Ploog, *Comparative study of the electronic band structure of strained c-plane and m-plane GaN films by polarized photoreflectance spectroscopy*, Phys. Stat. Sol. (a) **192**, 72 (2002)

[116] S. Ghosh, P. Mishra, H.T. Grahn, B. Imer, S. Nakamura, S.P. DenBaars, J.S. Speck, *Polarized photoreflectance spectroscopy of strained a-plane GaN films on r-plane sapphire*, J. Appl. Phys. **98**, 026105 (2005)

Literaturverzeichnis

[117] S. Ghosh, P. Misra, H.T. Grahn, B. Imer, S. Nakamura, S.P. DenBaars, J.S. Speck, *Optical polarization anisotropy in strained a-plane GaN films on r-plane sapphire*, Phys. Stat. Sol. (b) **7**, 243 (2006)

[118] S. Ghosh, C. Rivera, J.P. Pau, E. Munoz, O. Brandt, H.T. Grahn, *Very narrow-band ultraviolet photodetection based on strained m-plane GaN films*, Appl. Phys. Lett. **90**, 091110 (2007)

[119] B. Gil, A. Alemu, *Optical anisotropy of excitons in strained GaN epilayers grown along the <10-10> direction*, Phys. Rev. B **56**, 12446 (1997)

[120] J. Bhattacharyya, S. Ghosh, M.R. Gokhale, B.M. Arora, *Polarized photoluminescence and absorption in a-plane InN films*, Appl. Phys. Lett. **89**, 151910 (2006)

[121] P. Misra, Y.J. Sun, O. Brandt, H.T. Grahn, *Angular dependence of the in-plane polarization anisotropy in the absorption coefficient of strained m-plane GaN films on γ-LiAlO$_2$*, Phys. Stat. Sol. (b) **240**, 293 (2003)

[122] P. Misra, Y.J. Sun, O. Brandt, H.T. Grahn, *Polarization filtering by nonpolar m-plane GaN films on LiAlO$_2$*, J. Appl. Phys. **96**, 7029 (2004)

[123] P. Misra, U. Behn, O. Brandt, H.T. Grahn, B. Imer, S. Nakamura, S.P. DenBaars, J.S. Speck, *Polarization anisotropy in GaN films for different nonpolar orientations studied by polarized photoreflectance spectroscopy*, Appl. Phys. Lett. **88**, 161920 (2006)

[124] C. Rivera, J.L. Pau, E. Munoz, P. Misra, O. Brandt, H.T. Grahn, K.H. Ploog, *Polarization-sensitive ultraviolet photodetectors based on m-plane GaN grown on LiAlO$_2$ substrates*, Appl. Phys. Lett. **88**, 213507 (2006)

[125] C. Rivera, P. Misra, J.L. Pau, E. Munoz, O. Brandt, H.T. Grahn, K.H. Ploog, *Intrinsic photoluminescence of m-plane GaN films on LiAlO$_2$ substrates*, J. Appl. Phys. **101**, 053527 (2007)

[126] U. Behn, P. Misra H.T. Grahn, B. Imer, S. Nakamura, *Polarization anisotropy in nonpolar oriented GaN films studied by polarized photoreflectance spectroscopy*, Phys. Stat. Sol. (a) **204**, 299 (2007)

[127] V. Darakchieva, T. Paskova, M. Schubert, H. Arwin, P. P. Paskov B. Monemar, D. Hommel, M. Heuken, J. Off, F. Scholz, B.A. Haskel, P.T. Fini, J.S. Speck, S. Nakamura, *Anisotropic strain and phonon deformation potentials in GaN*, Phys. Rev. B **75**, 195217 (2007)

[128] R. Stepniewski, M. Potemski, A. Wysmolek, K. Pakula, J.M. Baranowski, J. Lusakowski, I. Grzegory, S. Porowski, G. Martinez, P. Wyder, *Symmetry of excitons in GaN*, Phys. Rev. B **60**, 4438 (1999)

Literaturverzeichnis

[129] J. Schörmann, S. Potthast, D.J. As, K. Lischka, *In situ growth regime characterization of cubic GaN using reflection high energy electron diffraction*, Appl. Phys. Lett. **90**, 041918 (2007)

[130] S. Logothetidis, J. Petalas, M. Cardona, T.D. Moustakas, *Optical properties and temperature dependence of the interband transitions of cubic and hexagonal GaN*, Phys Rev. B **50**, 18017 (1994)

[131] A. Kasic, M. Schubert, T. Frey, U. Köhler, D.J. As, C.M. Herzinger, *Optical phonon modes and interband transitions in cubic $Al_xGa_{1-x}N$ films*, Phys Rev. B **65**, 184302 (2002)

[132] D.E. Aspnes, S.M. Kelso, R.A.L.R. Bhat, *Optical properties of $Al_xGa_{1-x}As$*, J. Appl. Phys. **60**, 754 (1986)

[133] M. Cardona, N.E. Christensen, *Spin-orbit splittings in AlN, GaN and InN*, Solid State Commun. **116(8)**, 421 (2000)

[134] S. Adachi, *Excitonic effects in the optical spectrum of GaAs*, Phys. Rev. B **41**, 1003 (1990)

[135] W.R.L. Lambrecht, S.N. Rashkeev, *From band structures to linear and nonlinear optical spectra in semiconductors*, Phys. Stat. Sol. (b) **217**, 599 (2000)

[136] L.X. Benedict, E. Shirley, *Ab initio calculation of epsilon(2)(omega) including the electron-hole interaction: Application to GaN and CaF2*, Phys. Rev. B **59**, 5441 (1999)

[137] A. Philippe, C. Bru-Chavallier, M. Varney, G. Guillot, J. Hübner, B. Daudin, G. Feuillet, *Optical properties of cubic GaN grown on SiC/Si substrates*, Mater. Sci. Engng. B **59**, 168 (1999)

[138] D.J As, F. Schmilgus, C. Wang, B. Schöttker, D. Schikora, K. Lischka, *The near band edge photoluminescence of cubic GaN epilayers*, Appl. Phys. Lett. **70**, 1311 (1997)

[139] C. Bru-Chavallier, S. Fanget, A. Philippe, C. Dubois, E. Martinez-Guerrero, B. Daudin, P.A. Nz, Y. Monteil, *Optical properties of cubic gallium nitride on SiC/Si pseudo-substrates*, Phys. Stat. Sol. (a) **183**, 67 (2001)

[140] D.E. Aspnes, *Third-derivative modulation spectroscopy with low-field electroreflectance*, Surf. Sci. **37**, 418 (1973)

[141] J. Menniger, U. Jahn, O. Brandt, H. Yang, K. Ploog, *Identification of optical transitions in cubic and hexagonal GaN by spatially resolved cathodoluminescence*, Phys. Rev. B **53**, 1881 (1996)

[142] C. Bru-Chavallier, S. Fanget, A. Philippe, *Photoreflectance on wide bandgap nitride semiconductors*, Phys. Stat. Sol. (a) **202**, 1292 (2005)

[143] C.G. Vand de Walle, J. Neugebauer, *Small valence-band offsets at GaN/InGaN heterojunctions*, Appl. Phys. Lett. **70**, 1881 (1997)

[144] A.F. Wrigth, *Elastic properties of zinc-blende and wurtzite AlN, GaN, and InN*, J. Appl. Phys. **82**, 2833 (1997)

[145] M. Suzuki, T. Uenoyama, in B. Gil (Hg.), *Group III Nitride Semiconductor Compounds: Physics and Applications*, 307–342 (Clarendon Press, Oxford, 1998)

[146] O.C. Noriega, A. Tabata, J.A.N.T. Soares, S.C.P. Rodrigues, J.R. Leite, E. Ribeiro, J.R.L. Fernandez, E.A. Meneses, F. Cerdeira, D.J. As, D. Schikora, K. Lischka, *Photoreflectance studies of optical transitions in cubic GaN grown on GaAs(001) substrates*, J. Crys. Growth **252**, 208 (2003)

[147] S. Logothetidis, M. Cardona, P. Lautenschlager, M. Garriga, *Temperature-dependence of the dielectric function and the interband critical-points of CdSe*, Phys. Rev. B **34** (1986)

[148] A. Philippe, C. Bru-Chevallier, H. Gamez-Cuatzin, G. Guillot, E. Martinez-Guerrero, G. Feuillet, B. Daudin, P Aboughe-Nze, Y. Monteil, *Optical study of cubic gallium nitride band-edge and relation with residual strain*, Phys. Stat. Sol. (b) **216**, 247 (1999)

[149] K.P. Korona, A. Wysmolek, K. Pakula, R. Stepniewski, J.M. Baranowski, I. Grzegory, B. Lucznik, M. Wróblewski, S. Porowski, *Exciton region reflectance of homoepitaxial GaN layers*, Appl. Phys. Lett. **69**, 788 (1996)

[150] R. Kudrawiec, M. Rudzinski, J. Serafinczuk, M. Zajac, J. Misiewicz, *Photoreflectance study of exciton energies and linewidths for homoepitaxial and heteroepitaxial GaN layers*, J. Appl. Phys. **105**, 093541 (2009)

[151] V. Cimalla, V. Lebedev, U. Kaiser, R. Goldhahn, C. Foerster, J. Pezoldt, O. Ambacher, *Polytype control and properties of AlN on silicon*, Phys. Status Solidi C **2**, 2199 (2005)

[152] E. Martinez-Guerrero, F. Enjalbert, J. Barjon, E. Bellet-Almaric, B. Daudin, G. Ferro, D. Jalabert, Le Si Dang, H. Mariette, Y. Monteil, G. Mula, *Optical Characterization of MBE Grown Zinc-Blende AlGaN*, Phys. Status Solidi A **188**, 695 (2001)

[153] M. Röppischer, R. Goldhahn, G. Rossbach, P. Schley, C. Cobet, N. Esser, T. Schupp, K. Lischka, D.J. As, *Dielectric function of zinc-blende AlN from 1 to 20 eV: Band gap and van Hove singularities*, J. Appl. Phys. **106**, 076104 (2009)

[154] M.P. Thompson, G.W. Auner, T.S. Zheleva, K.A. Jones, S.J. Simko, J.N. Hilfiker, *Deposition factors and band gap of zinc-blende AlN*, Phys. Status Solidi A **89**, 3331 (2001)

[155] W.R.L. Lambrecht, B. Segall, *Electronic structure and bonding at SiC/AlN and SiC/BP interfaces*, Phys. Rev. B **43**, 7070 (1991)

Literaturverzeichnis

[156] A. Riefer, F. Fuchs, C. Rödl, A. Schleife, F. Bechstedt, R. Goldhahn, *Interplay of excitonic effects and van Hove singularities in optical spectra: CaO and AlN polymorphs*, Phys. Rev. B (2010)

[157] D.J As, T. Frey, M. Bartels, A. Pawlis, K. Lischka, A. Tabata, J.R.L. Fernandez, M.T.O. Silva, J.R. Leite, C. Haug, R. Brenn, *Structural and vibrational properties of molecular beam epitaxy grown cubic (Al, Ga)N/GaN heterostructures*, J. Appl. Phys. **89**, 2631 (2001)

[158] D.J As, T. Frey, M. Bartels, K. Lischka, R. Goldhahn, S. Shokhovets, A. Tabata, J.R.L. Fernandez, *MBE growth of cubic AlyGa1-yN/GaN heterostructures structural, vibrational and optical properties*, J. Crys. Growth **230**, 421 (2001)

[159] V. Holy, U. Pietsch, T. Baumbach, *High-Resolution X-Ray Scattering from thin Films and Multilayers* (Springer, Berlin, 1999)

[160] R. de Paiva, J.L.A. Alves, R.A. Nogueira, C. de Oliveira, H.W.L. Alves, L.M.R. Scolfaro, J.R. Leite, *Theoretical study of the $Al_xGa_{1-x}N$ alloys*, Mat. Sci. Eng. **93**, 2 (2002)

[161] E.A. Albanesi, W.R.L. Lambrecht, B. Segall, *Electronic structure and equilibrium properties of $Al_xGa_{1-x}N$ alloys*, Phys Rev. B **48**, 17841 (1993)

[162] T. Suzuki, H. Yaguchi, H. Okumura, Y. Ishida, S. Yoshida, *Optical constants of cubic GaN, AlN, and AlGaN alloys*, Jpn. J. Appl. Phys. **39**, 497 (2000)

[163] S.R. Lee, A.F. Wrigth, M.H. Crawford, G.A. Petersen, J. Han, R.M. Biefeld, *The band-gap bowing of AlxGa1-xN alloys*, J. Appl. Phys. **74**, 3344 (1999)

[164] S. Shokhovets, R. Goldhahn, G. Gobsch, S. Piekh, R. Lantier, A. Rizzi, V. Lebedev, W. Richter, *Determination of the anisotropic dielectric function for wurtzite AlN and GaN by spectroscopic ellipsometry*, J. Appl. Phys. **94**, 307 (2003)

[165] J. Ibáñez, S. Hernández, E. Alarcón-Lladó, R. Cuscó, L. Artús, S.V. Novikov, C.T. Foxon, E. Calleja, *Far-infrared transmission in GaN, AlN, and AlGaN thin films grown by molecular beam epitaxy*, J. Appl. Phys. **104**, 033544 (2008)

[166] C. Persson, A. Ferreira da Silva, *Linear optical response of zinc-blende and wurtzite III-N*, J. Cryst. Growth **305**, 408 (2007)

[167] P. Schley, *Optische Eigenschaften von InN und InN-basierten Halbleitern*, Dissertation, Ilmenau (2010)

[168] J.L. Birman, *Simplified LCAO Method for Zincblende, Wurtzite, and Mixed Crystal Structures*, Phys. Rev. B **2115**, 1493 (1959)

[169] S. Bloom, G. Harbeke, E. Meier, I. Ortenburger, *Bandstructure and Reflectivity of GaN*, Phys. Stat. Sol. (b) **66**, 161 (1974)

[170] T. Schmidtling, M. Drago, U.W. Pohl, W. Richter, *Spectroscopic ellipsometry during metalorganic vapor phase epitaxy of InN*, J. Cryst. Growth **248**, 523 (2003)

[171] M. Drago, T. Schmidtling, C. Werner, M. Pristovsek, U.W. Pohl, W. Richter, *InN growth and annealing investigations using in-situ spectroscopic ellipsometry*, J. Crys. Growth **272**, 87 (2004)

[172] M. Drago, P. Vogt, W. Richter, *MOVPE growth of InN with ammonia on sapphire*, Phys. Stat. Sol. (a) **203**, 116 (2006)

[173] R. Goldhahn, A.T. Winzer, V. Cimalla, O. Ambacher, C. Cobet, W. Richter, N. Esser, J. Furthmüller, F. Bechstedt, H. Lu, W.J. Schaff, *Anisotropy of the dielectric function for wurtzite InN*, Superlattices Microstructures **36**, 591 (2004)

[174] P. Schley, J. Räthel, E. Sakalauskas, G. Gobsch, M. Wieneke, J. Bläsing, A. Krost, G. Koblmüller, S. Speck, R. Goldhahn, *Optical anisotropy of A- and M-plane InN grown on freestanding GaN substrates*, Phys. Stat. Sol. (a) **207**, 1062 (2010)

[175] R. Goldhahn, P. Schley, A.T. Winzer, G. Gobsch, V. Cimalla, O. Ambacher, M. Rakel, C. Cobet, N. Esser, H. Lu, W.J. Schaff, *Detailed analysis of the dielectric function for wurtzite InN and In-rich InAlN alloys*, Phys. Stat. Sol. (a) **203**, 42 (2006)

[176] F. Fuchs, C. Rödl, A. Schleife F. Bechstedt, *Efficient O(N-2) approach to solve the Bethe-Salpeter equation for excitonic bound states*, Phys. Rev. B **78**, 085103 (2008)

[177] C. Merz, M. Kunzer, U. Kaufmann, I. Akasaki, H. Amano, *Free and bound excitons in thin wurtzite GaN layers on sapphire*, Sem. Sc. Tech. **11**, 712 (1996)

[178] D.C. Reynolds, D.C. Look, W. Kim, O. Aktas, A. Botchkarev, A. Salvador, H. Morkoc, D.N. Talwar, *Ground and excited state exciton spectra from GaN grown by molecular-beam epitaxy*, J. Appl. Phys. **80**, 594 (1996)

[179] T. Onuma, T. Shibata, K. Kosaka, K. Asai, S. Sumiya, M. Tanaka, T. Sota, A. Uedono, S.F. Chichibu, *Free and bound exciton fine structures in AlN epilayers grown by low-pressure metalorganic vapor phase epitaxy*, J. Appl. Phys. **105**, 023529 (2009)

[180] J. Petalas, S. Logothetidis, s. Boultadakis, M. Alouani, J.M. Wills, *Optical and electronic-structure of cubic and hexagonal GaN thin films*, Phys Rev. B **52**, 8082 (1995)

[181] R. Laskowski, N.E. Christensen, G. Santi, C. Ambrosch-Draxl, *Ab initio calculations of excitons in GaN*, Phys. Rev. B **72**, 035204 (2005)

[182] M . Bickermann, B.M. Epelbaum, O. Filip, P. Heinmann, S. Nagata, A. Winnacker, *Structural properties of AlN crystals grown by physical vapor transport*, Phys. Stat. Sol. (c) **2**, 2044 (2010)

[183] C. Buchheim, R. Goldhahn, M. Rakel, C. Cobet, N. Esser, U. Rossow, D. Fuhrmann, A. Hangleiter, *Dielectric function and critical points of the band structure for AlGaN alloys*, Phys. Stat. Sol. (b) **242**, 2610 (2005)

[184] V. Darakchieva, B. Monemar, A. Usui, *On the lattice parameters of GaN*, Appl. Phys. Lett. **91**, 031911 (2007)

[185] A. Alemu, S. Nakamura, B. Gil, M. Julier, *Optical properties of wurtzite GaN epilayers grown on a-plane sapphire*, Phys. Rev. B **57**, 3761 (1998)

[186] W. Qian, M. Skowronski G.R. Rohrer, *Structural defects and their relationship to nucleation of GaN thin films*, in D.K. Gaskill, C.D. Brandt, R.J. Nemanich (Hg.), *Group III Nitride Semiconductor Compounds: Physics and Applications*, 475–486 (Material Research Society Symposium Proceedings, Pittsburgh, 1996)

[187] C. Buchheim, M. Roeppischer, R. Goldhahn, G. Gobsch, C. Cobet, C. Werner, N. Esser, A. Dadgar, M. Wieneke, J. Blaesing, A. Krost, *Influence of anisotropic strain on excitonic transitions in a-plane GaN films*, Microelectronic J. **40**, 322 (2009)

[188] C. Bucheim, *Dielektrische Funktion and elektrooptische Eigenschaften von (Al,Ga)N/GaN-Heterostrukturen*, Dissertation, Ilmenau (2010)

[189] K. Uchida, A. Watanabe, F. Yano, M. Kouguchi, T. Tanaka, S. Minagawa, *Nitridation process of sapphire substrate surface and its effect on the growth of GaN*, J. Appl. Phys. **79**, 3487 (1996)

[190] H. Amano, Y. Toyoda, N. Sawaki, I. Akasaki, *Metalorganic vapor phase epitaxial growth of high quality GaN films using an AlN buffer layer*, Appl. Phys. Lett. **48**, 353 (1986)

[191] V.Y. Davydov, Y.E. Kitaev, I.N. Goncharuk, A.N. Smirnov, J. Graul, O. Semchinova, D. Uffmann, M.B. Smirnov, A.P. Mirgorodsky, R. A. Evarestov, Phys. Rev. B **58**, 12 899 (1998)

[192] A.S. Barker, M. Ilegems, Phys. Rev. B **7**, 743 (1973)

[193] H. Ando, M. Kumagai, S.L. Chuang, *Analytical solutions of the block-diagonalized Hamiltonian for strained wurtzite semiconductors*, Phys. Rev. B **57**, 15303 (1998)

[194] B. Gil, R.L. Aulombard, O. Briot, *Valence-band physics and the optical properties of GaN epilayers grown onto sapphire with wurtzite symmetry*, Phys. Rev. B **52**, R17028 (1995)

[195] R. Dingle, M. Ilegems, D.D. Sell, S.E. Stokowski, *Absorption, Reflectance, and Luminescence of GaN Epitaxial Layers*, Phys. Rev. B **4**, 1211 (1971)

[196] M. Tchounkeu, J.P. Alexis, R.L. Aulombard, O. Briot, B. Gil, *Optical properties of GaN epilayers on sapphire*, J. Appl. Phys. **80**, 5352 (1996)

[197] A.J. Fischer, J.J. Song, B. Goldenberg, W.G. Perry, M.D. Bremser, R.F. Davis, W. Shan, B.D. Little, *Binding energy for the intrinsic excitons in wurtzite GaN*, Phys. Rev. B **54**, 16369 (1996)

[198] G.A. Jeffrey, G.S. Parry, R.L. Mozzi, *Study of the Wurtzite-Type Binary Compounds. I. Structures of Aluminium Nitirde and Beryllium Oxide*, J. Chem. Phys. **25**, 1024 (1956)

[199] Th. Renner, *Herstellung der Nitride von Bor, Aluminium, Gallium and Indium nach dem Aufwachsverfahren*, Zeitschrift für organische and allgemeine Chemie **298**, 22 (1958)

[200] H.D. Witzke, *Über Wachstum von AlN-Einkristallen aus der Dampfphase*, Phys. Stat. Sol. **2**, 1109 (1962)

[201] C.M. Zetterlinga, M. Östling, K. Wongchotigul, M.G. Spencer, X. Tang, C.I. Harris, N. Nordell, S.S. Wong, *Investigation of alluminium nitride grown by metal-organic chemical-vapor deposition on silicon carbide*, J. Appl. Phys. **82**, 2990 (1997)

[202] K. Kim, W.R.L. Lambrecht, B. Segall, M. van Schulfgaarde, *Effective masses and valenceband splittings in GaN and AlN*, Phys. Rev. B **56**, 7363 (1998)

[203] S.K. Pugh, D.J. Dugdale, S. Brand, R.A. Abram, *Electronic structure calculations on nitride semiconductors*, Semicond. Sci. Technol. **14**, 23 (1998)

[204] G.M. Prinz, A. Ladenburger, M. Schirra, M. Feneberg, K. Thonke, R. Sauer, Y. Taniyasu, M. Kasu andT. Makimoto, *Cathodoluminescence, photoluminescence, and reflectance of an aluminum nitride layer grown on silicon carbide substrate*, J. Appl. Phys. **101**, 023511 (2007)

[205] C. Klingshirn, *ZnO: From basics towards applications*, Phys. Stat. Sol. (b) **244**, 3027 (2007)

[206] J.G. Tischler, J.A. Freitas, *Anharmonic decay of phonons in strain-free wurtzite AlN*, Appl. Phys. Lett. **85**, 1943 (2004)

[207] M. Cobet, C. Cobet, M.R. Wagner, N. Esser, C. Thomsen, A. Hoffmann, *Polariton effects in the dielectric function of ZnO excitons obtained by ellipsometry*, Appl. Phys. Lett. **96**, 031904 (2010)

[208] H. Alawadhi, S. Tsoi, X. Lu, A.K. Ramdas, M. Grimsditch, M. Cardona, R. Lauck, *Effect of temperature on isotopic mass dependence of excitonic band gaps in semiconductors: ZnO*, Phys. Lett. Rev. B **75**, 205207 (2007)

[209] L. Viña, S. Logothetidis, M. Cardona, *Temperature dependence of the dielectric function of germanium*, Phys. Rev. B **30**, 1979 (1984)

Literaturverzeichnis

[210] G. Rossbach, M. Feneberg, M. Röppischer, C. Werner, C. Cobet, N. Esser, T. Meisch, K. Thonke, A. Dadgar, J. Bläsing, A. Krost, R. Goldhahn, *Influence of exciton-phonon coupling and strain on the anisotropic optical response of wurtzite AlN around the band-edge*, Phys. Rev. B **83**, 195202 (2011)

[211] A. Dadgar, A. Krost, J. Christen, B. Bastek, F. Bertram, A. Krtschil, T. Hempel, J. Blaesing, U. Haboeck, A. Hoffmann, *MOVPE growth of high-quality AlN*, J. Cryst. Growth **297**, 306 (2006)

[212] G. Rossbach, M. Röppischer, P. Schley, G. Gobsch, C. Werner, C. Cobet, N. Esser, A. Dadgar, M. Wieneke, A. Krost, R. Goldhahn, Phys. Stat. Sol. (b) **247**, 1679 (2010)

[213] Y. Goldberg, M.E. Levinsthein, *Properties of Advanced Semicondutord Materials GaN, AlN, SiC, BN, SiGe*, M.E. Levinsthein, S.L. Rumyantsev, M.S. Shur and (Hg.)

[214] Y. Okada, Y. Tokumaru, *PRECISE DETERMINATION OF LATTICE-PARAMETER AND THERMAL-EXPANSION COEFFICIENT OF SILICON BETWEEN 300-K AND 1500-K*, J. Appl. Phys. **56**, 314 (1984)

[215] G. Rossbach, *Optische Eigenschaften von hexagonalem Aluminiumnitrid*, Diplomarbeit, Ilmenau (2009)

[216] N. Safta, H. Mejri, H. Belmabrouk, M.A. Zaïdi, *Effects of high doping on the bandgap bowing for $Al_xGa_{1-x}N$*, Micro Elec. J. **37**, 1289 (2006)

[217] M.J. Bergmann, U. Ozgur, H.C. Casey, H.O. Everitt, J.F. Muth, *Ordinary and extraordinary refractive indices for $Al_xGa_{1-x}N$ epitaxial layers*, Appl. Phys. Lett. **75**, 67 (1999)

[218] G. Yu, G. Wang, H. Ishikawa, M. Umeno, T. Soga, T. Egawa, J. Watanabe, T. Jimbo, *Optical properties of wurtzite structure GaN on sapphire around fundamental absorption edge (0.78-4.77 eV) by spectroscopic ellipsometry and the optical transmission method*, J. Appl. Phys. **70**, 3209 (1997)

[219] D. Blanc, A.M. Bouchoux, C. Plumereau, A. Cachard, J.F. Roux, *Frequency-doubling in an aluminium nitride wave-guide with a tunable laser source*, Appl. Phys. Lett. **66**, 659 (1995)

[220] K. Karch, J.M. Wagner, F. Bechstedt, *Ab initio study of structural, dielectric, and dynamical properties of GaN*, Phys. Rev. B **57**, 7043 (1998)

[221] V.I. Gavrilenko, R.Q. Wu, *Linear and nonlinear optical properties of group-III nitrides*, Phys. Rev. B **61**, 2632 (2000)

[222] K. Kopitzki, P. Herzog, *Einführung in die Festkörperphysik*, Band 6 (Taubner GmbH, Wiesbaden, 2007)

[223] W. Kohn, M. Holthausen, *A Chemist's Guide to Density Functional Theory*, 2nd Aufl. (Wiley-VCH, Weinheim, 2001)

[224] Perdew J.P., Yue W., *Accurate and Simple Density Functional for the Electronic Exchange Energy: Generalized gradient approximation*, Phys. Rev. B **33**, 8800 (1986)

[225] Becke A.D., *Density-Functional Exchange-Energy Approximation with Correct Asymptotic Behavior*, Phys. Rev. A **38**, 3098 (1988)

[226] C. Lee, W. Yang, R.G. Parr, *Development of the Colle-Salvetti Correlation Energy Formula into a Functional of the Electron Density*, Phys. Rev. B **37**, 785 (1988)

[227] Becke A.D., *Density-Functional Thermochemistry II: The Effect of the Perdew-Wang Generalized-Gradient Correlation Correction*, J. Chem. Phys. **97**, 9173 (1992)

[228] J.W. Perdew, K. Burke, M. Ernzerhof, *Generalized gradient approximation made simple*, Phys. Rev. Lett. **77**, 3865 (1996)

[229] F. Nogueira, C. Alberto, M.A. Marques, *Density Functionals: Theory and Applications*, Berlin, Springer (Lecture Notes in Physics, Bd 500) 219 (1998)

[230] F. Jensen, *Introduction to Computational Chemistry*, Chichester, John Wiley & Sons (1999)

[231] P.O. Löwdin, *A Note on the Quantum-Mechanical Perturbation Theory*, J. Chem. Phys. **19**, 1396 (1951)

[232] E. Feenberg, *A Note on Perturbation Theory*, Phys. Rev. **74**, 206 (1948)

[233] M. Suzuki, T. Uenoyama, A. Yanase, *First-Principles calculations of effective-mass parameters of AlN and GaN*, Phys. Rev. B **52**, 8132 (1995)

Literaturverzeichnis

Danksagung

Die Realisierung einer solchen Arbeit ist ohne die Zusammenarbeit mit vielen Leute nicht möglich. Deshalb möchte ich hier die Gelegenheit nutzen mich bei den Personen zu bedanken die mich bei meinen Forschungen sowie der Anfertigung der Arbeit unterstützt haben.

Ich danke Prof. Dr. Norbert Esser sowohl für die Möglichkeit meine Forschungen am Institut für Analytische Wissenschaften - ISAS durchzuführen als auch für sein Interesse am steten Fortgang der Arbeit.

Der größte Danke geht an Dr. Christoph Cobet für seine hervorragende fachliche Betreuung. Seine langjährigen Erfahrungen auf dem Gebiet der spektralen Ellipsometrie waren dabei Grundlage der erzielten Messergebnisse. Darüber hinaus stand er mir jeder Zeit für Fragen und kritische Diskussionen zur Seite.

Ein besonderer Dank gilt Prof. Dr. Rüdiger Goldhahn für die vielen interessanten und fruchtbaren Diskussionen auf dem Gebiet der Nitridhalbleiter sowie seinem Engagement zum Gelingen dieser Arbeit.

Pascal Schley, Georg Rossbach und Egidijus Sakalauskas danke ich für die Durchführung vieler Messungen mit dem Labor-Ellipsometer an der TU Ilmenau. Überdies waren sie hervorragende Mitstreiter zur Untersuchung von III - V Halbleitern und standen stets für fachliche Gespräche bereit.

Ein großer Dank gilt Olivia Pulci und der Arbeitsgruppe um Prof. Rodolfo Del Sole an der Universität Tor Vergata in Rom für die Schulung im Umgang mit der Software zu DFT - Berechnungen.

Für die Organisation vieler Proben und dem stetigen Austausch und Diskussion von Ergebnissen bin ich Martin Feneberg sehr dankbar.

Da man als Analytiker auf die Unterstützung von vielen Wachstumsgruppen angewiesen ist möchte ich mich auf diesem Weg bei diesen bedanken. Der meiste Danke geht hierbei an die Arbeitsgruppe von Donat J. As von der TU Paderborn. Sämtliche in dieser Arbeit untersuchten kubischen Nitrid-Proben wurden von Torsten Schupp, Jörg Schörmann, Klaus Lischka und Donat As gewachsen und vorcharakterisiert. Für die Bereitstellung der hexagonalen AlN Probe danke ich Matthias Bickermann von der Universität Erlangen. Sowohl die c-orientierten AlN als auch die a-plane GaN Schichten wurden von Armin Dadgar, Matthias Wieneke, Jürgen Bläsing und Alois Krost an der

Literaturverzeichnis

Otto - von - Guericke - Universität Magdeburg gewachsen. Dafür vielen Dank. Des Weiteren danke ich der Arbeitsgruppe um Frank Lipski, Kamran Forghani, Martin Klein und Ferdinand Scholz für die Bereitstellung der hexagonalen AlGaN Schichten. Uwe Rossow und K. Tonisch gilt ein Dank für die m-plane AlGaN sowie eine c - orientierte GaN Probe.

Maciej Neumann, Eugen Speiser und Christoph Werner bin ich für viele Diskussionen, Anregungen und Hilfe bei Messungen sowie der Erstellung der Arbeit dankbar.

Allen Weiteren noch nicht genannten Mitarbeitern des Leibniz - Institut für Analytische Wissenschaften - ISAS - e.V. die Anteil am Gelingen dieser Arbeit hatten danke ich für ihren Einsatz und die angenehmen Arbeitsatmosphäre.

Zum Schluss geht ein ganz großer Dank an meine Familie, im Besonderen an meine Eltern, für die Unterstützung, Aufmunterung und Motivation während der gesamten Promotionszeit.

Die VDM Verlagsservicegesellschaft sucht für wissenschaftliche Verlage abgeschlossene und herausragende

Dissertationen, Habilitationen, Diplomarbeiten, Master Theses, Magisterarbeiten usw.

für die kostenlose Publikation als Fachbuch.

Sie verfügen über eine Arbeit, die hohen inhaltlichen und formalen Ansprüchen genügt, und haben Interesse an einer honorarvergüteten Publikation?

Dann senden Sie bitte erste Informationen über sich und Ihre Arbeit per Email an *info@vdm-vsg.de*.

Sie erhalten kurzfristig unser Feedback!

VDM Verlagsservicegesellschaft mbH
Dudweiler Landstr. 99
D - 66123 Saarbrücken

Telefon +49 681 3720 174
Fax +49 681 3720 1749

www.vdm-vsg.de

Die VDM Verlagsservicegesellschaft mbH vertritt

Printed by Books on Demand GmbH, Norderstedt / Germany